Fach- und Rechtsfragen des Verfahrens und der Sicherung von Bauleitplänen

Berliner Schriften zur Stadt- und Regionalplanung

Herausgegeben von Stephan Mitschang

Band 30

PL ACADEMIC RESEARCH

Stephan Mitschang (Hrsg.)

Fach- und Rechtsfragen des Verfahrens und der Sicherung von Bauleitplänen

PL ACADEMIC RESEARCH

Bibliografische Information der Deutschen Nationalbibliothek
Die Deutsche Nationalbibliothek verzeichnet diese Publikation in der Deutschen Nationalbibliografie; detaillierte bibliografische Daten sind im Internet über http://dnb.d-nb.de abrufbar.

ISSN 1861-762X
ISBN 978-3-631-72610-5 (Print)
E-ISBN 978-3-631-72623-5 (E-PDF)
E-ISBN 978-3-631-72624-2 (EPUB)
E-ISBN 978-3-631-72625-9 (MOBI)
DOI 10.3726/b11332

PL Academic Research ist ein Imprint der Peter Lang GmbH.

Peter Lang – Frankfurt am Main · Bern · Bruxelles · New York · Oxford · Warszawa · Wien

Diese Publikation wurde begutachtet.

www.peterlang.com

Inhaltsverzeichnis

Vorwort

Rechtsstaatliche Planungen wie die Bauleitlplanung unterliegen im Hinblick auf ihre Aufstellung, Änderung, Ergänzung sowie auch für ihre Aufhebung umfangreichen Verfahrensvorschriften, in erster Linie des Städtebaurechts, aber auch etwa des Europa- und Kommunalrechts. Ihre sachliche Berücksichtigung und rechtssichere Anwendung gewährleisten ein fehlerfreies Verfahren. Dennoch werden in der täglichen Planungspraxis nach wie vor und im Hinblick auf die Planerhaltungsvorschriften in auch nicht unerheblichem Umfang mehr oder minder auf die Rechtswirksamkeit der Planungen durchschlagende Vorschriftenverletzungen gemacht. Vor diesem Hintergrund bietet es sich an, die an das Bauleitplanverfahren gerichteten Verfahrensvorschriften näher zu betrachten und die in diesem Zusammenhang für die Planungspraxis wichtigsten Anforderungen herauszustellen. Dabei werden die mit dem Bauleitplanverfahren verflochtenen verfahrensrechtlichen Anforderungen an die Veränderungssperre sowie die Zurückstellung von Bauanträgern ebenso in den Blick genommen wie der Umgang mit UVP-Fehlern, der anlässlich der aktuellen Rechtsprechung des EuGH nach neuen Lösungen verlangt. Dieser Band enthält eine Zusammenstellung der schriftlich ausgearbeiteten Vorträge der am 14. und 15. März 2016 an der Technischen Universität Berlin durchgeführten wissenschaftlichen Fachtagung unter der Themenstellung „Fach- und Rechtsfragen des Verfahrens und der Sicherung von Bauleitplänen". Thematisch behandeln sie die Risiken möglicher Verfahrensfehler, wie sie bei der Aufstellung von Bauleitplänen aufgrund einzelner Anforderungen, insbesondere auch der europarechtlichen Vorgaben sowie der aktuellen Rechtsprechung, auftreten können. Nicht nur den Tagungsteilnehmern sondern auch allen, die mit der Aufstellung und Sicherung von Bauleitplänen beruflich umgehen, soll dieser Tagungsband eine Hilfestellung bieten.

Berlin, im Januar 2017

Universitätsprofessor Dr.-Ing. habil. Stephan Mitschang
am Institut für Stadt- und Regionalplanung der TU Berlin
Fachgebiet Städtebau- und Siedlungswesen; – Orts-, Regional- und Landesplanung –
Hardenbergstraße 40 a
10623 Berlin

Wolfgang Schrödter

Kommunalrecht und Bauleitplanung – Unterschätzte Risiken

Abstract: Unter Bezugnahme auf die einschlägige Rechtsprechung befasst sich der folgende Beitrag mit den verfahrensrechtlichen Fehlern bei der Aufstellung von Bauleitplänen und bei sonstigen städtebaulichen Entscheidungen. Der Autor reflektiert dies vor dem Hintergrund der unterschiedlichen Kommunalgesetze der Länder.

Referring to relevant court ruling the following article deals with procedural errors, which can be made at drawing up binding land-use plans or at other urban development decisions. The author demonstrates these mistakes in context of the different municipal laws in the states of Germany.

Einleitung

Das BauGB[1] hat den Gemeinden in § 1 Abs. 3 Satz 1 BauGB die Bauleitplanung und damit die Aufgabe übertragen, für ihr Gebiet die Bauleitpläne und auch die sonstigen städtebaulichen Satzungen aufzustellen.[2] Die hierfür zuständigen Organe der Gemeinde sowie das Verfahren der Bauleitplanung bestimmen sich nach dem Landesrecht, also den sehr unterschiedlichen Kommunalgesetzen der Länder sowie den auf ihnen beruhenden Hauptsatzungen und Geschäftsordnungen der Gemeinden.[3] Ein Blick in die umfangreiche Rechtsprechung zeigt, dass Bauleitpläne und sonstige städtebauliche Satzungen, insbesondere auch die besonders rechtsmittelanfälligen Veränderungssperren nach § 14 BauGB, immer wieder für unwirksam erklärt wurden, weil die Gemeinden bei der Aufstellung dieser Pläne und Satzungen kommunalrechtliche Fehler begangen haben.[4] In dem folgenden Beitrag

1 I. d. F. v. 20.10.2015, BGBl. I S. 1722.

2 Zu den Gründen dieser Entscheidung überzeugend BVerfG, 09.12.1987, 1 BvL, 17/84, E 77, 288, 300.

3 Die Gemeindeordnungen aller Bundesländer sind abgedruckt bei Schmidt-Eichstaedt, Die Gemeindeordnungen und die Kreisordnungen in der Bundesrepublik Deutschland, Stuttgart, 2. Aufl., Stand Juli 2015.

4 Etwa OVG Lüneburg, Urt. v. 15.01.2015 – 1 KN 10/14 – (Unwirksamkeit einer Veränderungssperre wegen fehlerhaften Aushangs des Aufstellungsbeschlusses)

sollen im Wege einer Übersicht typische und regelmäßig vermeidbare kommunalrechtliche Fehler angesprochen werden.[5]

1 Die für den Satzungs- und Feststellungsbeschluss zuständigen Organe der Gemeinde

Ein Bebauungsplan wird nach der bundesrechtlich zwingenden Vorgabe des § 10 Abs. 1 BauGB als Satzung beschlossen. Für diesen Satzungsbeschluss ist nach den insoweit übereinstimmenden Gemeindeordnungen der Länder die Gemeindevertretung als das oberste Beschlussorgan der Gemeinde zuständig, das aber diese Aufgabe in einzelnen Ländern auf beschließende Ausschüsse übertragen kann.[6] Zu diesem Satzungsbeschluss gehört auch die Abwägung nach § 1 Abs. 7 BauGB und damit insbesondere auch die Entscheidung über die Stellungnahmen der Öffentlichkeit und der Träger öffentlicher Belange, die im Verfahren nach den §§ 3 Abs. 1 und 2 sowie § 4 a BauGB vorgetragen wurden.[7] Diese Abwägung darf somit nicht auf andere Gremien, die Verwaltung oder sonstige „informelle Gesprächskreise" der Gemeindevertretung oder der Ausschüsse ausgelagert werden. Diese Zuständigkeitsregelung gilt mit gewissen Modifikationen auch für alle anderen städtebaulichen Satzungen, etwa die Veränderungssperre (§ 14 BauGB), die Vorkaufssatzung (§ 35 BauGB) sowie die Satzungen, die im Rahmen des Stadtumbaus und der Stadtsanierung erlassen werden.

---

sowie 04.05.2012 – 1 MN 2018/11 – ZfBR 2012, 470 (rechtswidrige Bekanntmachung der Auslegung eines Planentwurfs allein im Internet).

5 Zum Verhältnis zwischen Kommunalrecht und Bauleitplanung ausführlich Strunz/Wallraven-Lindl, BauR 2012, 1584; Otto, ZfBR 2014, 733; Sachsinger/Schrödter, NdsVBl. 2016, 357 sowie W. Schrödter in Schrödter u. a., BauGB, 8. Aufl., Baden Baden 2015, § 2, Rn. 2 bis 50, § 3, Rn. 59 ff. und § 10, Rn. 3 ff., 31 ff. und 40 ff.

6 Dazu im Einzelnen § 39 Abs. 2 Nr. 3 GemO BW; Art. 32 Abs. 2 Nr. 2 BayGO; § 51 Nr. 6 HGO; § 22 Abs. 3 Nr. 6 und 7 KV-MV; § 59 Abs. 2 Nr. 2 NKomVG; § 41 Abs. 1 g GONRW; § 32 Abs. 2 Nr. 1 und § 35 KSVG; § 28 Abs. 2 Nr. 4 SächsGemO; § 44 Abs. 3 Nr. 1 GO LSA; § 26 Nr. 4 GO-SH; § 26 Abs. 2 Nr. 2 ThürKO.

7 Dazu etwa OVG Koblenz, Urt. v. 15.11.2011 – 8 C 10906/11 – BRS 78 Nr. 18 sowie Koch in Ipsen (Hrsg.), Niedersächsisches Kommunalverfassungsgesetz (NKomVG), Kommentar, Stuttgart 2011, § 58, Rn. 66.

Der Flächennutzungsplan nach § 5 BauGB ist zwar keine Satzung oder sonstige Rechtsnorm, sondern nach der bisher h. M. eine *„Planung sui generis"*.[8] Die Gemeindeordnungen der meisten Länder haben aber den „Feststellungsbeschluss" über Darstellungen des Flächennutzungsplanes i. d. R. ebenfalls der Gemeindevertretung übertragen.[9]

Aus dieser Zuständigkeit der Gemeindevertretung bzw. beschließender Ausschüsse für die Bauleitplanung und alle sonstigen Satzungen nach dem BauGB folgt zwingend, dass für das Verfahren und auch die gemeinderechtliche Vorbereitung dieser Beschlüsse die Regelungen der Gemeindeordnungen und der Hauptsatzung „buchstabengenau" anzuwenden sind. Fehler in diesen Verfahren, etwa bei der Ladung, der Anwendung der landesrechtlichen Mitwirkungsverbote sowie der Verkündung der Pläne und Satzungen, „infizieren" regelmäßig den betroffenen Plan bzw. die Satzung. Sie können, soweit das Landesrecht die Möglichkeit eröffnet, anschließend nur in einem regelmäßig schwierigen und zeitaufwändigen Verfahren behoben werden (unten 3. 7.).

2 Keine zwingende Notwendigkeit eines Aufstellungsbeschlusses oder eines Auslegungsbeschlusses für die Bauleitplanung

In der Praxis wird ein Bauleitplanverfahren regelmäßig durch einen förmlichen Aufstellungsbeschluss der Gemeindevertretung sowie die ortsübliche Bekanntmachung dieses Beschlusses eingeleitet. Trotz des nicht eindeutigen Wortlautes des § 2 Abs. 1 BauGB[10] hat das BVerwG zu Recht entschieden, dass ein Aufstellungsbeschluss i. S. d. Bestimmung bundesrechtlich keine zwingende Voraussetzung eines Bauleitplanverfahrens ist.[11] Diese Auslegung

8 Söfker in Ernst/Zinkahn/Bielenberg/Krautzberger, BauGB, § 5, Rn. 8 mit umfangreichen Nachweisen; BVerwG, 18.08.2005 – 4 C 13.04 – NVwZ 2006, 87.

9 Beispiel: § 58 Abs. 2 Satz 1 Nr. 2 des Niedersächsischen Kommunalverfassungsgesetzes (NKomVG); s. auch die in der Fn. 6 aufgeführten landesrechtlichen Bestimmungen.

10 Diese Bestimmung lautet: „Die Bauleitpläne sind von der Gemeinde in eigener Verantwortung aufzustellen. Der Beschluss, einen Bauleitplan aufzustellen, ist ortsüblich bekanntzumachen."

11 Grundlegend BVerwG, Urt. v. 15.04.1988 - 4 N 4.87 - BVerwGE 79, 200 sowie Urt. v. 10.08.2000 – 4 CN 2/99 – NVwZ 2001, 203, 205.

des § 2 Abs. 1 BauGB hat den Vorteil, dass kommunalrechtliche Fehler eines „freiwillig“ gefassten Aufstellungsbeschlusses, etwa bei der Ladung oder Beteiligung befangener Ratsmitglieder (unten 3 1. und 3 6.), sich nicht auf die Rechtmäßigkeit des Bauleitplans auswirken, dessen Aufstellung mit dem Beschluss eingeleitet wurde.[12]

Ein Aufstellungsbeschluss und seine ortsübliche Bekanntmachung sind allerdings zwingende Voraussetzungen für städtebauliche Satzungen und sonstige Entscheidungen, die nach dem BauGB ausdrücklich an diesen Beschluss und seine Bekanntmachung geknüpft sind. Neben der in der gemeindlichen Praxis besonders bedeutsamen Veränderungssperre nach § 14 Abs. 1 BauGB und der Zurückstellung von Baugesuchen nach § 15 Abs. 1 und Abs. 3 BauGB sind zu nennen die Ausübung bestimmter Vorkaufsrechte während des Planaufstellungsverfahrens (§ 24 Abs. 1 Satz 1 Nr. 1 und Nr. 5 i. V. m. Satz 2 und 3 BauGB), die Entstehung der Planreife nach § 33 Abs. 1 BauGB sowie die Bestimmung des für die Anwendung der jeweiligen Fassung des BauGB maßgeblichen Zeitpunktes nach den §§ 233 ff. BauGB.[13]

Auch der in der Praxis übliche förmliche „Auslegungsbeschluss“ der Gemeindevertretung über den nach § 3 Abs. 2 BauGB auszulegenden Planentwurf ist weder bundesrechtlich noch nach den Gemeindeordnungen der Länder die zwingende Voraussetzung eines Bauleitplanverfahrens.[14] Kommunalrechtliche Fehler dieses Aufstellungsbeschlusses können daher den entsprechenden Bauleitplan nicht „infizieren“.[15]

Ungeachtet der kommunalpolitischen Vorteile der förmlich in öffentlicher Sitzung gefassten Aufstellungs- und Aufstellungsbeschlüsse für ein Bauleitplanverfahren kann eine Gemeinde daher einen Satzungs- bzw. Feststellungsbeschluss für einen Bauleitplan auch treffen, wenn kein Aufstellungsbeschluss gefasst wird und/oder die Verwaltung den Planentwurf nach § 3 Abs. 2 BauGB ohne „Absegnung“ durch die Gemeindevertretung ausgelegt hat. Es liegt auf der Hand, dass durch den Verzicht auf diese beiden Beschlüsse das Verfahren

12 Etwa Gierke in Brügelmann, BauGB, § 2 Rn 46 sowie Söfker in Ernst/Zinkahn/Bielenberg/Krautzberger, a. a. O., (Fn. 8), § 2 Rn 23.

13 Vgl. OVG Koblenz, Urt. v. 18.10.2006 – 1 C 10244/06 –, BauR 2007, 332.

14 Vgl. Battis in Battis/Krautzberger/Löhr, BauGB, 13. Aufl. 2016, § 3 Rn 12.

15 Vgl. Söfker in Ernst/Zinkahn/Krautzbeger, a. a. O., (Fn. 8), § 3 Rn. 23; Schrödter in Schrödter u. a., a. a. O., (Fn. 5), § 3 Rn 57; VGH Kassel 05.05.2003 – 9 N 640/00 – ZfBR 2003, 704, Leitsatz.

der Bauleitplanung erheblich beschleunigt werden kann. Zumindest in den Fällen, in denen die Gemeinde nicht die an einen Aufstellungsbeschluss gebundenen Entscheidungen, insbesondere eine Veränderungssperre, erlassen will, kann nach der Öffentlichkeitsbeteiligung nach § 3 Abs. 1 BauGB der Planentwurf unmittelbar nach § 3 Abs. 2 BauGB durch die Verwaltung ausgelegt werden.

3 Vermeidbare kommunalrechtliche Fehler bei der Aufstellung von Bauleitplänen und sonstigen städtebaulichen Satzungen – Übersicht

Im folgenden Teil sollen im Wege einer Übersicht, also unter Verzicht auf eine abschließende Darstellung der Besonderheiten der Gemeindeordnungen der Länder, einige typische kommunalrechtliche Fehler bei der Bauleitplanung benannt werden, die zur Unwirksamkeit des jeweiligen Planes oder der Satzung führen können.[16]

3.1 Fehler bei der Ladung und der Feststellung der Tagesordnung für einen Satzungs- oder Feststellungsbeschluss

Die landesrechtlichen, im Wesentlichen übereinstimmenden Vorschriften über die Ladung der Gemeindevertretung, die öffentliche Bekanntmachung von Zeit, Ort und Tagesordnung der Sitzung sowie die Feststellung der Tagesordnung in der Sitzung sind „ernst“ zu nehmen. Diese Regelungen dienen der Information der Öffentlichkeit über planungsrechtliche Entscheidungen der Gemeinde und sollen zugleich die Mitglieder der Gemeindevertretung in die Lage versetzen, sich auf die Sitzung vorzubereiten.[17] Kritisch zu bewerten ist daher eine nicht seltene Praxis, die Tagesordnung mit Zustimmung aller anwesenden Mitglieder um „bauplanungsrechtliche“ Tagesordnungspunkte zu erweitern, Tagesordnungspunkte zu ändern oder Entscheidungen im „Umlaufverfahren“ zu treffen. Über diese Änderungen würde nämlich die

16 Ausführlich etwa Dusch, NVwZ 2012, 1580; von Komorowski/Kupfer, VBl.BW 2003, 1, 49, 100; Rabe, ZfBR 2001, 229 sowie Schrödter in Schrödter u. a., a. a. O., (Fn. 5)§ 2, Rn. 2 ff.

17 Lesenswert zu den vielfältigen Problemen der Ladung nach dem Niedersächsischen Kommunalverfassungsgesetz Franke, Nds.VBl. 2014, 1 f.

Öffentlichkeit regelmäßig nicht mehr rechtzeitig informiert werden.[18] Wurde etwa, um ein leicht abgewandeltes Beispiel aus der Praxis zu nennen, der Tagesordnungspunkt „Aufstellung des Bebauungsplans Nr. 3 - Industriegebiet an der A1 -" öffentlich bekannt gemacht, kann unter diesem Tagesordnungspunkt auch mit Zustimmung aller Mitglieder der Gemeindevertretung rechtsicher kein Beschluss über eine Veränderungssperre oder den Satzungsbeschluss für den Bebauungsplan getroffen werden.

3.2 Risiken einer Abkürzung von Ladungsfristen oder städtebaulicher „Eilentscheidungen"

Zu warnen ist auch davor, bauplanungsrechtliche Entscheidungen, etwa den Satzungs- oder Feststellungsbeschluss, eine Veränderungssperre oder die Zurückstellung von Bauanträgen von § 15 Abs. 1 und 3 BauGB, aufgrund einer verkürzten Ladungsfrist oder im Wege landesrechtlich unterschiedlich geregelter „Eilentscheidungen" zu erlassen. Denn die landesrechtlichen Voraussetzungen dieser Entscheidungen, etwa

- einer Abkürzung der Ladungsfrist;[19]
- die Entscheidung durch einen Ausschuss[20] oder
- eine Entscheidung allein durch den Hauptverwaltungsbeamten[21]

sind kaum zu rechtfertigen, wenn „aus heiterem Himmel" ein oft seit Jahren laufendes Planungsverfahren durch diese Eilentscheidungen und damit unter Ausschluss der Öffentlichkeit abgeschlossen werden soll. Die hierfür in der Praxis oft vorgetragenen Gründe (Überlastung der Verwaltung, keine weitere Sitzung vor den Ferien, Wünsche des Investors usw.), rechtfertigen weder eine Abkürzung der Ladungsfrist noch, eine an besonders strenge Voraussetzungen geknüpfte Eilentscheidung der hierfür im Normalfall nicht zuständigen Gemeindeorgane.[22] Hinzuweisen ist im Übrigen darauf, dass die Voraussetzungen einer Verkürzung der Ladungsfrist oder einer an noch strengere

18 Franke, Nds.VBl. 2014, 1, 2 m. w. N.

19 Beispiel: VG Oldenburg, Beschl. v. 23.08.2002 – 2 B 2983/02 – juris.

20 Beispiel: § 60 Abs. 1 Satz 1 GO NRW.

21 Beispiele: §§ 58 Satz 1 BbgKVerf und 60 Abs. 2 GO NRW.

22 Anders aber OVG Lüneburg, Urt. v. 17.12.1998 – 1 K 1103/98 – BRS 60 Nr. 59 für die Ergänzung der Tagesordnung um einen Satzungsbeschluss über eine Veränderungssperre mit der Begründung, nur die Veränderungssperre könne

Bedingungen geknüpften Eilentscheidung, gerichtlich uneingeschränkt überprüft werden können.[23]

3.3 „Magna Charta" der zwingenden Öffentlichkeit bauplanungsrechtlicher Entscheidungen

Die Öffentlichkeit der Sitzungen der Gemeindevertretung ist eine „Magna Charta" des Kommunalrechts, die gerade für die Bauleitplanung von besonderer Bedeutung ist.[24] Nach den insoweit im Wesentlichen übereinstimmenden gemeinderechtlichen Regelungen der Länder kann die Öffentlichkeit zwar ausgeschlossen werden, *„soweit das das öffentliche Wohl oder berechtigte Interessen Einzelner den Ausschluss der Öffentlichkeit erfordern"*.[25] Es sind allerdings nach den Erfahrungen der Praxis kaum Fallgestaltungen denkbar, die es selbst bei Anlegung eines großzügigen Maßstabes rechtfertigen könnten, die Öffentlichkeit von der Entscheidung der Gemeindevertretung über einen Bauleitplan oder eine sonstige städtebauliche Satzung, etwa über eine Veränderungssperre oder die Ausübung des Vorkaufsrechts, auszuschließen.[26] Auch die Wünsche eines Investors, einen auf ihn zugeschnittenen projektbezogenen Bauleitplan „geheim" zu halten, ist kein berechtigtes Interesse i. S. d. zitierten gemeinderechtlichen Vorschriften. Abgesehen davon, dass spätestens mit dem Baubeginn die Investition bekannt wird, dient die erwünschte Geheimhaltung dazu, eigene Interessen durchzusetzen. Anders ist dagegen die Frage zu beurteilen, ob, sofern die Bauanträge Gremien vorgelegt werden, alle Aspekte des Bauantrages öffentlich erörtert werden müssen.[27]

Amtshaftungsansprüche wegen einer rechtswidrigen Zurückstellung nach § 15 Abs. 3 BauGB vermeiden.

23 So zu Recht VG Oldenburg, a. a. O., (Fn. 19), juris.

24 Vgl. Schrödter, a. a. O., (Fn. 5), § 2, Rn. 8 ff.

25 Beispiel: § 64 Satz 2 NKomVG.

26 Zur Öffentlichkeit der Entscheidung über Grundstücksgeschäfte ausführlich Ruff, KommJuR 2009, 201.

27 Dazu etwa Rabeling, NVwZ 2010, 411 und Zilkens/Elscher, DVBl. 2003, 163.

3.4 Beteiligung von Gemeindeorganen, die Belange von Gemeindeteilen vertreten

Die Bundesländer haben insbesondere im Rahmen der verschiedenen Gemeindegebietsreformen die Bildung von gemeindlichen „Organen" zugelassen, die Belange von Gemeindeteilen wahrnehmen sollen und aus diesem Grunde bei bestimmten Entscheidungen der „Gemeinde" förmlich zu beteiligen sind. Zu nennen sind nur beispielhaft die Orts- und Stadtbezirksräte sowie die Ortsvorsteherinnen und Ortsvorsteher nach den §§ 93 ff. NKomVG, die Ortsbeiräte nach den §§ 81 f HGO sowie die Ortschafträte nach den §§ 67 ff. GemO BW.[28]

Die Beteiligungsrechte dieser Gremien sind landesrechtlich sehr unterschiedlich ausgestaltet. Während in Niedersachsen diese Gremien zwingend vor der Auslegung nach § 3 Abs. 2 BauGB angehört werden müssen, sind die Ortschaftsräte in Baden-Württemberg sowie die Ortsbeiräte in Hessen *„zu wichtigen Angelegenheiten"*, die die Ortschaft bzw. den Ortsbezirk *„betreffen"*, zu hören.[29] Verstöße gegen die landesrechtlichen Beteiligungsrechte können nach der strengen Rechtsprechung zur Unwirksamkeit des betroffenen Bauleitplans oder der Satzung führen.[30] Den Gemeinden ist daher dringend zu empfehlen, diese Gremien formal und effektiv nach den gesetzlichen Vorgaben anzuhören und auch zu gewährleisten, dass die Stellungnahmen als Teil der baurechtlichen Abwägung rechtzeitig vor dem Satzungs- oder Feststellungsbeschluss der Gemeindevertretung vorgelegt werden.[31] Dabei ist zu beachten, dass für die Ladung, die Öffentlichkeit und die Mitwirkungsverbote die jeweiligen Regelungen, die für die Gemeindevertretung gelten, entsprechend anzuwenden sind.

Hat die Gemeinde die Absicht, für die in § 35 Abs. 3 Satz 3 BauGB aufgeführten Vorhaben, etwa Windkraftanlagen, Vorrangflächen mit Ausschlusswirkung darzustellen, sind alle Gremien zu beteiligen, da sich die

28 Zu den §§ 67 ff. GOBW Niemann, VBl.BW 2010, 183.

29 Dazu § 70 Abs. 1 GemO BW; ähnlich § 82 Abs. 3 Satz 1 HGO.

30 Vgl. VGH Mannheim, Urt. v. 24.09.1999 – 5 S 2519/98 – ZfBR 2000, 143 für einen Bebauungsplan; OVG Saarlouis, 21.08.1996 – 2 N/96 – BRS 58 Nr. 96, UPR 1997, 160 für eine Vorkaufssatzung.

31 Nachweise oben Fußnote 7.

Darstellungen entweder positiv oder negativ auf das gesamte Gemeindegebiet auswirken.[32]

3.5 Hinweise zur ortsüblichen Bekanntmachung von Bauleitplänen und sonstigen städtebaulichen Satzungen

Nach dem BauGB ist in vielen Fällen die ortsübliche Bekanntmachung von Bauleitplänen, Satzungen und sonstigen städtebaulichen Maßnahmen vorgesehen. Zu nennen sind beispielhaft

- die ortsübliche Bekanntmachung des Aufstellungsbeschlusses (§ 2 Abs. 1 Satz 2 BauGB);
- die ortsübliche Bekanntmachung von Ort und Zeit der öffentlichen Auslegung des Planentwurfes (§ 3 Abs. 2 i. V. m. § 4 a BauGB);
- die ortsübliche Bekanntmachung des Verzichtes auf die Umweltprüfung und die eingeschränkte Öffentlichkeitsbeteiligung im beschleunigten Verfahren (§ 13 a Abs. 3 BauGB);
- die ortsübliche Bekanntmachung der Genehmigung bzw., bei genehmigungsfreien Bebauungsplänen, des Bebauungsplanes als Voraussetzung des Inkrafttretens (§§ 6 Abs. 5, 10 Abs. 3 BauGB);
- die ortsübliche Bekanntmachung der Veränderungssperre (§ 16 Abs. 2 BauGB).

Die Gemeinden bestimmen in den Hauptsatzungen, in welcher Weise die ortsüblichen Bekanntmachungen zu erfolgen haben. Die gewählte Form der ortsüblichen Bekanntmachung nach dem BauGB muss, ungeachtet besonderer kommunalrechtlicher Vorgaben der Länder[33], allerdings geeignet sein, den jeweiligen Zweck einer ortsüblichen Bekanntmachung zu erfüllen.[34] In den Hauptsatzungen der Gemeinde werden regelmäßig ein Amtsblatt, örtliche Tageszeitungen, ein sonstiges Mitteilungsblatt der Gemeinde und auch der Aushang als Medien der ortsüblichen Bekanntmachung aufgeführt.[35] Wegen der landesrechtlichen Anforderungen an eine ortsübliche Bekanntmachung darf

32 Vgl. Schrödter, a. a. O., (Fn. 5), § 2, Rn. 37.
33 Zum Landesrecht Strunz/Wallraven-Lindl, BauR 2012, 1584, 1587.
34 Dazu Schrödter, a. a. O., (Fn. 5), § 2, Rn. 37.
35 Beispiel: §§ 4 ff. der Bekanntmachungsverordnung NRW vom 28.08.1999, GV. NRW, S. 516 i. d. F. v. 05.11.2015, GV. NRW, S. 741.

im Übrigen auf die jeweiligen Gemeindeordnungen oder der Verordnungen der Länder verwiesen werden.[36]

Im Folgenden sollen drei Formen der ortsüblichen Bekanntmachung angesprochen werden, die regelmäßig mit erheblichen rechtlichen Risiken für den Bebauungsplan oder die sonstige städtebauliche Entscheidung verbunden sind.[37]

3.5.1 Unzulässigkeit einer ortsüblichen Bekanntmachung allein im Internet

Vor einer ortsüblichen Bekanntmachung der aufgeführten Entscheidungen allein auf der Homepage der Gemeinde ist nach geltendem Recht dringend abzuraten. Das OVG Lüneburg hat mit einer überzeugenden Begründung die Auffassung vertreten, die ortsübliche Bekanntmachung nach § 3 Abs. 2 BauGB allein im Internet sei unzulässig, da nach § 4 a Abs. 4 Satz 1 BauGB das Internet als elektronische Informationstechnologie für die ortsübliche Bekanntmachung nach § 3 Abs. 2 BauGB nur *„ergänzend"* genutzt werden darf.[38] Die Gemeinde muss daher die ortsübliche Bekanntmachung nach § 3 Abs. 2 BauGB nach geltendem Recht in einem „konservativen", also regelmäßig erscheinenden Amtsblatt oder in einer Tageszeitung veröffentlichen. Allerdings besteht die Möglichkeit, in die Hauptsatzung eine Regelung aufzunehmen, nach der die ortsübliche Bekanntmachung „nachrichtlich" auf der Homepage der Gemeinde veröffentlicht wird.[39]

Das OVG Lüneburg hat sich in der erwähnten Entscheidung zwar nur zum Einsatz des Internet als Medium der ortsüblichen Bekanntmachung nach § 3 Abs. 2 BauGB geäußert. Der Hinweis des Gerichtes auf den *„nicht unbeträchtlichen Teil der Bevölkerung, die sich dem privatem Gebrauch des Internet entziehe"*, dürfte aus Gründen der Rechtssicherheit der Bauleitpläne ein

---

36 Abgedruckt bei Schmidt-Eichstaedt, Die Gemeindeordnungen und die Kreisordnungen in der Bundesrepublik Deutschland (Fn. 3).

37 Ausführlich zu den vielfältigen Problemen der ortsüblichen Bekanntmachung nach dem BauGB Strunz/Wallraven-Lindl, BauR 2012, 1584 sowie Kuschnerus, Der sachgerechte Bebauungsplan, Bonn 2010, Rn. 1048 sowie Schrödter, a. a. O., (Fn. 5), § 3, Rn. 58 ff. und § 10, Rn. 43 ff.

38 OVG Lüneburg, Beschl. v. 04.05.2012 – 1 MN 218/11 – Nds. VBl. 2012, 235; ähnlich schon Bunzel, BauR 2008, 301, 305.

39 Sachsinger/Schrödter, NdsVBl. 2016, 357, 363.

Grund dafür sein, das Internet auch nicht als alleinige Form einer ortsüblichen Bekanntmachung nach den §§ 6 Abs. 5 und 10 Abs. 3 BauGB einzusetzen.[40]

3.5.2 Unterschätzte Risiken einer ortsüblichen Bekanntmachung durch Aushang

Viele Gemeinden haben, oft aus Kostengründen, immer noch den Aushang als einzige Form der ortsüblichen Bekanntmachung städtebaulicher Entscheidungen nach dem BauGB festgelegt. Der Aushang als Form einer öffentlichen Bekanntmachung ist zwar grundsätzlich mit dem Rechtsstaatsprinzip vereinbar und kann auch die für eine Bekanntmachung nach § 3 Abs. 2 BauGB notwendige „Anstoßfunktion" erfüllen.[41] Der Aushang, der in einigen Ländern landesrechtlich geregelt ist,[42] ist aber mit zahlreichen rechtlichen Risiken belastet. Insoweit wird auf die Darstellung von *Kuschnerus* verwiesen, der Folgendes ausgeführt hat:[43]

> *„Diese Bekanntmachungsform wirft diverse praktische Probleme auf. Bei einem länger andauernden Aushang ist genau zu dokumentieren, wann der Aushang begonnen und beendet wurde. Dies wird in der Praxis gelegentlich ebenso versäumt wie die Dokumentierung und Archivierung der ggf. erforderlichen Hinweise auf den Aushang. Anders als bei Veröffentlichungen in Zeitungen oder Amtsblättern lässt sich zudem die ordnungsgemäße Abwicklung der Bekanntmachung (Aushang des „richtigen" Plans, dauerhafte Zugänglichkeit und Einsehbarkeit der Bekanntmachungstafel u. a. m.) im Streitfall nicht immer einfach nachweisen. Zur Vermeidung von Fehlern bzw. problematischen Auseinandersetzungen sollte daher auf Bekanntmachung durch Aushang an der Bekanntmachungstafel möglichst verzichtet werden."*

---

40 Nach dem „Entwurf eines Gesetzes zur Umsetzung der Richtlinie 2014/52/EU im Städtebaurecht und zur Stärkung des neuen Zusammenlebens in der Stadt" (Stand 30.12.2016) soll § 4 a Abs. 4 BauGB in der Weise neu gefasst werden, dass der Inhalt der ortsüblichen Bekanntmachung nach § 3 Abs. 2 Satz 2 sowie die nach § 3 Abs. 2 Satz 1 auszulegenden Unterlagen „(…) zusätzlich in das Internet einzustellen und über ein zentrales Internetportal des Landes zugänglich zu machen" sind.

41 Vgl. BVerwG, Beschl. v. 08.07.2007 – 9 B 18/06 – Buchholz 11 Art. 20 GG Nr. 187, Rn. 6.

42 Zum Landesrecht die Darstellungen in den Urteilen des OVG Münster, Urt. v. 14.08.2008 – 7 D 120/07. NE – BauR 2008, 2014 sowie des VG Ansbach 20.03.2009 – 5 K 197/08 –; s. auch Strunz/Wallraven-Lindl, BauR 2012, 1584, 1587.

43 Der sachgerechte Bebauungsplan, 4. Aufl., Bonn 2010, Rn. 1048.

Diesen Ausführungen ist uneingeschränkt zuzustimmen. Soweit eine Gemeinde in verschiedenen Ortsteilen die Unterlagen in einen oder mehrere Aushangkästen aufnimmt, ist die ortsübliche Bekanntmachung erst in dem Zeitpunkt vollzogen, in dem in allen Aushangkästen der Aushang wirksam abgeschlossen wurde.

Diese von einer langjährigen Praxis geprägte Kritik von *Kuschnerus* am Aushang als Form der ortsüblichen Bekanntmachung nach dem BauGB wird eindrucksvoll durch mehrere Entscheidungen des OVG Lüneburg bestätigt, in denen Veränderungssperren für unwirksam erklärt wurden, weil ein ordnungsgemäßer Aushang nicht nachgewiesen werden konnte.[44]

3.5.3 Ortsübliche Bekanntmachung in Anzeigenblättern und gemeindlichen Informationsblättern

Den Gemeinden kann auch nicht empfohlen werden, die ortsübliche Bekanntmachung nach dem BauGB in Anzeigenblättern vorzunehmen. Anzeigenblätter sind schon deshalb als Medium einer ortsüblichen Bekanntmachung ungeeignet, weil sie oft „unkontrolliert" verteilt werden und damit nicht gewährleistet ist, dass sie zuverlässig, etwa nach einem Streik, der Öffentlichkeit zur Verfügung stehen.

3.5.4 Empfehlungen für die Praxis

Angesichts dieser hier nur skizzierten vielfältigen Probleme der ortsüblichen Bekanntmachung ist den Gemeinden weiterhin zu raten, nur das Amtsblatt oder die Tageszeitung vorbehaltlich besonderer landesrechtlicher Regelungen als alleiniges Medium einer ortsüblichen Bekanntmachung nach dem BauGB zu bestimmen. Zwar entstehen durch diese Bekanntmachungen höhere Kosten als durch eine Veröffentlichung in einem oder mehreren Aushangkästen oder in Anzeigenblättern bzw. im Internet. Diese Kosten sind aber der „Preis" für eine rechtssichere Veröffentlichung von Bauleitplänen und Satzungen und stehen in keinem Verhältnis zu dem Aufwand, der durch eine Wiederholung eines Bauleitplanverfahrens wegen einer fehlerhaften

---

44 OVG Lüneburg, Urt. v. 15.01.2015 – 1 KN 10/14 – juris Rn 28; ähnlich Urt. v. 12.05.2009 – 1 KN 122/08 – juris, Rn. 23 und Urt. v. 14.08.2009 – 1 KN 219/07 – BRS 74 Nr. 122.

ortsüblichen Bekanntmachung notwendig ist (unten 3.7.). Eine „bürgernahe“ ortsübliche Bekanntmachung können die Gemeinden auch dadurch erreichen, dass sie über ortsübliche Bekanntmachung nachrichtlich im Internet oder im Aushang informieren. In diesen Fällen treten die Rechtswirkungen der ortsüblichen Bekanntmachung aber schon in dem Zeitpunkt an, in dem die ortsübliche Bekanntmachung im Amtsblatt oder in der Tageszeitung veröffentlicht wurde. Rechtsfehler bei der nachrichtlichen Bekanntgabe wirken sich auf die Wirksamkeit des Bauleitplans oder der sonstigen städtebaulichen Satzung nicht aus.

3.6 Auswirkungen der Mitwirkungsverbote auf die Bauleitplanung und sonstige städtebauliche Entscheidungen

3.6.1 Allgemeines

Eine erhebliche praktische Bedeutung für die Bauleitplanung und sonstige städtebauliche Entscheidungen der Gemeinde, etwa die Ausübung von Vorkaufsrechten nach den §§ 24 ff. BauGB oder die Erteilung des Einvernehmens nach § 36 BauGB, haben die Mitwirkungsverbote, die landesrechtlich sehr unterschiedlich geregelt sind.[45] Diese Mitwirkungsverbote sollen gewährleisten, dass Mitglieder der kommunalen Gremien nicht an Entscheidungen mitwirken, die ihnen selbst oder den Angehörigen einen unmittelbaren Vor- oder Nachteil bringen können.[46]

Ausgehend von einem grundlegenden Urteil des VGH Mannheim aus dem Jahr 1964[47] haben die Gerichte immer wieder Bauleitpläne wegen Verstößen gegen das jeweilige landesrechtliche Mitwirkungsverbot für unwirksam erklärt.[48] Die Reichweite der landesrechtlichen Mitwirkungsverbote bestimmt sich danach, ob ein Bebauungsplan oder ein Flächennutzungsplan aufgestellt oder geändert werden soll.

45 Ausführlich zum Hintergrund der Mitwirkungsverbote Seybold, DVP 2015, 3; Schrödter u. a., (Fn. 5), § 2, Rn. 13 bis 34.

46 Zu den Mitwirkungsverboten in der Bauleitplanung auch Tepperwien in diesem Band, S. 122.

47 Vom 02.10.1964, – II 116/64 –, ESVGH 14, 162.

48 Zu den Auswirkungen der Mitwirkungsverbote auf das Städtebaurecht mit vielen Beispielen Röhl, JURA 2006, 275, Seybold, DVP 2015, 3.

3.6.2 Mitwirkungsverbot bei der Aufstellung, Änderung und Aufhebung von Bebauungsplänen

Da ein Bebauungsplan verbindliche Festsetzungen für die städtebauliche Nutzung eines Grundstückes begründet, die zudem den Bodenwert regelmäßig erheblich beeinflussen, unterliegen in jedem Fall Eigentümer eines im Plangebiet liegenden Grundstücks sowie von der Überplanung „profitierende" Dritte, insbesondere auch Ehegatten, nach Maßgabe des Landesrechts einem Mitwirkungsverbot; dieses gilt entsprechend für andere dinglich Berechtigte, etwa Inhaber eines Nießbrauchrechtes oder Erbbauberechtigte.[49] Ein Mitwirkungsverbot bei der Bebauungsplanung wurde etwa in den folgenden Fällen *bejaht*:

- für Eigentümer eines unmittelbar an das Plangebiet angrenzenden Grundstückes;[50]
- für einen Eigentümer eines in der weiteren Nachbarschaft des Plangebietes liegenden Grundstückes, wenn er von der Planung stärker betroffen ist als die Allgemeinheit, etwa durch den Bau einer Straße;[51]
- für den Pächter eines Kleingartens, dessen Fläche als öffentliche Grünfläche festgesetzt werden soll;[52]
- für ein Mitglied der Gemeindevertretung, sofern es in eigener Sache Stellungnahmen nach § 3 Abs. 2 vorgetragen hat;[53]
- für ein Mitglied der Gemeindevertretung, dessen Arbeitgeber ein besonderes Interesse an der Planung hat;[54]
- für ein Mitglied der Gemeindevertretung, das Vorsitzender eines Sportvereines ist, sofern durch den Bebauungsplan ein Vereinsheim des Sportvereins zugelassen werden soll.[55]

---

49 OVG Koblenz, v. 23.04.1998, – 1 C 10789/97 –, BRS 60 Nr. 35 und, für Ehegatten, OVG Magdeburg 29.10.2009 – 2 K 310/07 –.

50 VGH Mannheim, v. 01.07.1991, VBl.BW 1992, 19, 20 und VG Münster, v. 29.01.2010 – 1 K 1807/08 – juris.

51 OVG Greifswald, Urt. v. 13.07.2009 – 3 K 11/08 – juris.

52 OVG Koblenz, Urt. v. 24.03.2011 – 1 C 10737/10 – DVBl. 2011, 698.

53 VGH Mannheim, Urt. v. 22.07.1997 – 5 S 3391/94 – NVwZ-RR 1998, 325.

54 OVG Koblenz, Urt. v. 26.10.2010 – 8 C 10150/10 – LKRZ 2011, 33.

55 VGH Kassel, Beschl. v. 09.02.1995 – 3 N 4484/88 – NVwZ-RR 1996, 72.

Dagegen hat die Rechtsprechung ein Mitwirkungsverbot in den folgenden Fällen *abgelehnt*:

- für ein dem Vorstand eines Fußballvereins nicht angehörenden „Fanbeauftragten";[56]
- für Angehörige freier Berufe, etwa Architekten oder Tiefbauingenieure;[57] anders ist die Rechtslage, wenn diese Angehörigen freier Berufe für das künftige Plangebiet schon Aufträge erhalten haben oder aber dafür konkrete Aussichten bestehen;[58]
- für ein Mitglied der Gemeindevertretung, wenn durch einen Bebauungsplan ein Sortiment ausgeschlossen werden soll, dass in seinem Einzelhandelsgeschäft angeboten wird.[59]

3.6.3 *Mitwirkungsverbote bei der Flächennutzungsplanung*

Anders ist die Rechtslage bei der Aufstellung oder Änderung eines Flächennutzungsplanes. Wird ein Flächennutzungsplan erstmals aufgestellt, ist ein Mitglied der Gemeindevertretung nicht allein deshalb befangen, weil es Eigentümer eines Grundstückes oder Inhaber eines grundstücksgleichen Rechtes ist oder in sonstiger Weise betroffen ist. Da der Flächennutzungsplan, von den Fällen des § 5 Abs. 1 S. 2 und Abs. 2 b BauGB abgesehen, für das gesamte Gemeindegebiet aufzustellen ist, wären bei einer Übertragung der für die Bebauungsplanung entwickelten strengen Maßstäbe alle Mitglieder der Gemeindevertretung daran gehindert, an der erstmaligen Aufstellung des Flächennutzungsplanes mitzuwirken.[60] Diese Auslegung der landesrechtlichen Mitwirkungsverbote würde nämlich dazu führen, dass die Gemeindevertretung als demokratisch legitimiertes Gremium bei der erstmaligen Aufstellung eines Flächennutzungsplanes und damit bei der grundlegenden

56 OVG Koblenz, a. a. O., (Fn. 54), 33.
57 Müller, BauR 1984, 437 ff. sowie OVG Koblenz v. 23.05.2007 – 8 C 11421/06 – LKRZ 2007, 323.
58 OVG Münster, Urt. v. 20.09.1983 – 7 a NE 4/80 – NVwZ 1984, 667.
59 VGH Mannheim, v. 30.01.2006 – 3 S 1259/09 – ZfBR 2006, 584.
60 Vgl. BVerwG, Urt. v. 07.05.1971 – 4 C 18.70 – NJW 1972, 699; OVG Lüneburg, Beschl. v. 15.12.1969 – 4 B 153.96 – BRS 22 Nr. 21; s. auch OVG Münster v. 20.02.1979 – XV A 809/73 – NJW 1979, 2631; OVG Koblenz, Urt. v. 13.06.1995 – 7 A 10875/94 – NVwZ-RR 1996, 218.

Weichenstellung für die Bauleitplanung beschlussunfähig wäre und die Planungshoheit der Gemeinde nicht mehr durch die gewählten Mandatsträger ausgeübt werden könnte.[61]

Verdichtet sich aber während des erstmaligen Aufstellungsverfahrens für einen Flächennutzungsplan das allgemeine Interesse eines Mitglieds der Gemeindevertretung zu einer besonderen Interessenkonstellation, ist das Mitglied von diesem Zeitpunkt an von der Mitwirkung an der Flächennutzungsplanung ausgeschlossen. Ein Mitwirkungsverbot besteht somit auch bei der erstmaligen Aufstellung eines Flächennutzungsplanes, wenn das Grundstück eines Mitglieds der Gemeindevertretung, das bisher landwirtschaftlich genutzt wurde, im Flächennutzungsplan als Baufläche oder Baugebiet dargestellt werden soll.[62]

Ähnlich ist die Rechtslage, wenn ein Mitglied der Gemeindevertretung oder ein Träger öffentlicher Belange zu einzelnen im Rahmen der Beteiligung Stellungnahmen erhoben haben, deren Übernahmen in den Flächennutzungsplan dem Mitglied der Gemeindevertretung einen besonderen Vor- und Nachteil i. S. d. Mitwirkungsverbote bringen würden. Ein Mitwirkungsverbot bei der Flächennutzungsplanung besteht ebenfalls, wenn über eine Änderung des Flächennutzungsplanes in abgrenzbaren Gebieten entschieden werden soll. Für das Mitwirkungsverbot gelten in diesen Fällen grundsätzlich die Kriterien, die für die Aufstellung oder Änderung eines Bebauungsplanes gelten.[63]

Darstellungen eines Flächennutzungsplanes, die, wie etwa Vorranggebiete nach § 35 Abs. 3 S. 3 BauGB, Baurechte für die erfassten Anlagen, insbesondere für Windkraftanlagen, begründen und zugleich die Privilegierung dieser Anlagen außerhalb des Vorranggebietes *„in der Regel"* aufheben, begründen nach zutreffender Auffassung ebenfalls ein Mitwirkungsverbot von

61 Vgl. BVerwG, Urt. v. 07.05.1971 – 4 C 18.70 – NJW 1972, 699; Söfker in Ernst/Zinkahn/Bielenberg/Krautzberger, a. a. O., (Fn. 8), § 2, Rn. 83; ausführlich Frey/Stiefvater, NVwZ 2014, 249, 251; Molitor, JA 1993, 303.

62 Instruktiv OVG Lüneburg, a. a. O., (Fn. 60), für die Darstellung einer hinsichtlich der Bebaubarkeit umstrittenen landwirtschaftlichen Fläche von 20.000 qm in einer Gemeinde mit 670 Einwohnern.

63 Lesenswert VG Mainz, Urt. v. 19.08.2015 – 3 K 1140/14 – MZ, juris, für die Aufhebung der Darstellung einer Ausgleichsfläche im Außenbereich, die bisher der Bebauung für eine privilegierte Nutzung entgegenstand.

Eigentümern oder sonstigen Berechtigten, die Grundstücke im Außenbereich besitzen.[64] Anders ist die Rechtslage, wenn das außerhalb der geplanten Vorrangfläche liegende Grundstück für die privilegierte Nutzung rechtlich nicht geeignet ist, weil das Grundstück innerhalb einer sog. „harten Tabufläche" liegt, etwa unmittelbare Nähe zur Wohnbebauung. In diesen Fällen könnte nämlich weder im Wege der Vorrangplanung noch im Genehmigungsverfahren nach § 35 Abs. 1 Nr. 6 BauGB ein Baurecht für Windkraftanlagen erteilt werden.[65]

3.6.4 Beschränkte Geltung der Mitwirkungsverbote in Niedersachsen und in Thüringen

Eine nur geringe Bedeutung für die Bauleitplanung haben die Mitwirkungsverbote für die Bauleitplanung und sonstige städtebauliche Entscheidungen der Gemeinden allerdings in Niedersachsen und auch in Thüringen:[66]

In Niedersachsen gilt das Mitwirkungsverbot nicht bei der *„Beratung und Entscheidung über Rechtsnormen"* (§ 41 Abs. 3 Nr. 1 NKomVG). Befangene Ratsmitglieder dürfen damit am Satzungsbeschluss über einen Bebauungsplan oder über andere Satzung nach dem BauGB auch mitwirken, und zwar auch in stimmentscheidender Weise, wenn sie durch die Planung erhebliche Vor- oder Nachteile haben könnten. Hat das Mitglied einer Gemeindevertretung allerdings, und dieses ist bei der Bebauungsplanung der Regelfall, ein *„besonderes persönliches oder wirtschaftliches Interesse am Erlass oder Nichterlass der Rechtsnorm"*, muss dieses Interesse nach § 41 Abs. 4 Satz 3 NKomVG dem zuständigen Gremium vor der Beratung des entsprechendes Tagesordnungspunktes mitgeteilt werden. Verstöße gegen diese Mitteilungspflicht wirken sich allerdings nicht auf die Wirksamkeit des Bebauungsplanes oder der sonstigen städtebaulichen Satzung aus.[67]

Für die Flächennutzungsplanung gilt in Niedersachsen und in Thüringen ebenfalls kein Mitwirkungsverbot. Nach § 41 Abs. 1 Satz 2 NKomVG gilt *„als unmittelbar ... nur derjenige Vor- oder Nachteil, der sich aus der Entscheidung selbst ergibt, ohne dass, abgesehen von der Ausführung von*

64 Dazu Frey/Stiefvater, NVwZ 2014, 249 f.
65 Frey/Stiefvater, ebenda 249, 253.
66 Ausführlich dazu Sachsinger/Schrödter, NdsVBl. 2016, 357 ff.
67 Thiele, NKomVG, 1. Aufl., Kiel 2011, § 41 Anm. 10.

Beschlüssen nach § 85 Abs. 1 Nr. 2 (NKomVG), weitere Ereignisse eintreten oder Maßnahmen getroffen werden müssen". Eine fast identische Regelung enthält § 38 Abs. 1 Satz 2 der Thüringer Kommunalordnung (ThürKO). Da der Flächennutzungsplan, abgesehen von einer Berichtigung nach § 13 a Abs. 2 Nr. 2 Hs 2 BauGB nach Aufstellung eines Bebauungsplans im beschleunigten Verfahren, stets von der höheren Genehmigungsbehörde zu genehmigen ist, ergibt sich aus § 41 Abs. 1 Satz 2 NKomVG nach h. M., dass diese Genehmigung als weitere Maßnahme i. S. d. § 41 Abs. 1 Satz 2 NKomVG zu bewerten ist und damit ein Mitwirkungsverbot auch bei der Flächennutzungsplanung nicht besteht.[68]

In diesen beiden Ländern bestehen auch bei anderen städtebaulichen Entscheidungen, etwa über das Einvernehmen nach § 36 BauGB oder die Zurückstellung von Bauanträgen nach den §§ 15 Abs. 1 und 3 BauGB keine Mitwirkungsverbote. Denn diese Entscheidungen werden erst durch weitere Maßnahmen, nämlich durch die Erteilung oder Versagung von Baugenehmigungen bzw., bei Anträgen nach § 15 Abs. 1 und 3 BauGB, durch die Zurückstellung der Anträge umgesetzt.[69]

3.6.5 Auswirkungen von Verstößen gegen das verwaltungsverfahrensrechtliche Mitwirkungsverbot durch Beschäftigte der Gemeinde

In der Planungspraxis der Gemeinden wird gelegentlich übersehen, dass im Rahmen der Bauleitplanung Beschäftigte der Gemeinde dem verwaltungsrechtlichen Mitwirkungsverbot unterliegen können, das die Länder in Anlehnung an § 20 VwVfG begründet haben.[70] Nach diesen Bestimmungen darf an einem auf den Erlass eines Verwaltungsaktes oder den

---

68 So klarstellend nunmehr OVG Lüneburg, v. 02.09.2015 – 12 KN 132/51 – Rathaus & Recht 2016, Nr. 17; Thiele, Rathaus & Recht Nr. 35/2014; ähnlich Behrens, Kommunalverfassungsrecht in Niedersachen, Band 1, NGO, § 26, Rn. 57 sowie Röhl, JURA 2006, 725, 730, Fn. 90 zu dem mit § 41 Abs. 1 Satz 2 NKomVG nahezu wörtlich übereinstimmenden § 38 Abs. 1 Satz 3 der Thüringer Kommunalordnung (ThürKO) vom 21.12.2011, GVBl., S. 531, 532; anders aber Wachsmuth/Oehler, ThürKO, Kommentar, Lfg. 2/2005, § 38 Anm. 3.3.

69 Sachsinger/Schrödter, NdsVBl. 2016, 357, 365 f.

70 Ausführlich zu § 20 VwVfG Steinkühler in Mann/Sennekamp/Uechtritz, VwVfG, 1. Aufl., Stuttgart 2014, § 20, Rn. 62 ff.

Abschluss eines öffentlich-rechtlichen Vertrages zielenden Verwaltungsverfahrens (§ 9 VwVfG) u. a. nicht mitwirken, wer Beteiligter ist und *„durch die Tätigkeit oder Entscheidung einen unmittelbaren Vor- oder Nachteil erlangen kann“* (§ 20 Abs. 1 Satz 1 Nr. 2 bis 6 i. V. m. Satz 2 VwVfG). Beschäftigten der Gemeinden, auch dem Hauptverwaltungsbeamten, ist es somit in allen Ländern, auch in Niedersachsen und Thüringen, untersagt, an städtebaulichen Entscheidungen außerhalb der eigentlichen Sitzung, etwa bei Anträgen nach den §§ 15 Abs. 1 und 3 BauGB oder der Versagung des Einvernehmens nach § 36 BauGB, mitzuwirken. Diese Beschäftigten dürfen, um einige Beispiele zu bilden, also den Verwaltungsakt nicht unterschreiben oder abzeichnen, aber auch keine Vorlagen oder Einladungen unterzeichnen, die den Erlass dieses Verwaltungsaktes vorbereiten, Gespräche mit betroffenen Trägern öffentlicher Belange oder den Genehmigungsbehörden führen. Ein Verstoß gegen diese Verpflichtung führt aufgrund einer unwiderlegbaren Vermutung zur Rechtswidrigkeit der Amtshandlung, also, um an die genannten Beispiele anzuknüpfen, zu einer rechtswidrigen Erteilung oder Versagung des Einvernehmens nach § 36 BauGB oder der Zurückstellung von Bauanträgen nach § 15 Abs. 1 und 3 BauGB.[71]

Ähnlich ist die Rechtslage in den Fällen, in denen städtebauliche Verträge nach den §§ 11 und 12 BauGB vorbereitet werden, da das verwaltungsverfahrensrechtliche Mitwirkungsverbot nach § 9 VwVfG auch für öffentlich-rechtliche Verträge gilt. Dagegen fällt die sog. „administrative Rechtssetzung“, also insbesondere auch der Erlass des als Satzung ausgestalteten Bebauungsplanes, nicht unter das verwaltungsverfahrensrechtliche Mitwirkungsverbot. Dennoch sollten Beschäftigte der Verwaltung das Mitwirkungsverbot auch bei der Bebauungsplanung beachten, zumal beim Flächennutzungsplan zweifelhaft sein kann, ob für diesen Plan, der weder Verwaltungsakt noch „administrative Rechtssetzung“ ist, das Mitwirkungsverbot des § 20 VwVfG bzw. des entsprechenden Landesrechtes gilt.

71 Steinkühler, ebenda, Rn 125.

3.7 Auswirkungen von kommunalrechtlichen Fehlern auf die Wirksamkeit der Bauleitpläne und sonstigen städtebaulichen Satzungen

Kommunalrechtliche Fehler sind nach Maßgabe des Landesrechtes beachtlich und „infizieren" damit regelmäßig auch die jeweiligen Bauleitpläne oder sonstigen städtebaulichen Satzungen. Die meisten beachtlichen Fehler werden aber unbeachtlich, wenn sie innerhalb einer landesrechtlich unterschiedlich bestimmten Frist nicht schriftlich der Gemeinde gegenüber gerügt werden. Dabei gelten die zu § 215 Abs. 1 BauGB und den vergleichbaren Vorgängerregelungen maßgeblichen Grundsätze entsprechend.

Ist ein kommunalrechtlicher Fehler nach dem Landesrecht beachtlich, können sich Dritte regelmäßig im Rahmen eines Normenkontrollverfahrens gegen einen Bebauungsplan oder eine städtebauliche Satzung auf diesen Fehler berufen.[72] Die Gemeinde hat aber die Möglichkeit, die meisten kommunalrechtlichen Fehler dadurch zu heilen, dass sie das Verfahren von dem Zeitpunkt des Fehlers an erneut durchführt. Dieser sog. „Quereinstieg" ist schwierig und zeitaufwändig. War z. B. die ortsübliche Bekanntmachung von Ort und Zeitpunkt der Auslegung nach § 3 Abs. 2 BauGB fehlerhaft, weil sie allein im Internet veröffentlicht wurde (oben 3.5.1.) muss das Verfahren von dem Zeitpunkt einer erneuten fehlerfreien ortsüblichen Bekanntmachung durchgeführt werden. Hinzuweisen ist dabei, dass diese Heilung auch außerhalb eines Rechtsmittelverfahrens durchgeführt werden kann.[73] Hat eine Gemeinde daher z. B. erkannt, dass ein Gremium, das Interessen von Gemeindeteilen wahrnehmen soll, nicht ordnungsgemäß beteiligt wurde, kann sie diese Beteiligung nachholen und auf der Grundlage der Stellungnahme des Gremiums einen erneuten Satzungs- oder Feststellungsbeschluss treffen. In jedem Fall ist dieser Quereinstieg „unangenehm", da er dokumentiert, dass die Gemeinde bei der besonders bedeutsamen Bauleitplanung das Kommunalrecht nicht ordnungsgemäß angewendet hat.

---

72 Vgl. Schrödter, a. a. O., (Fn. 5), § 2, Rn. 39.
73 Vgl. BVerwG, Beschl. v. 20.08.2009 – 4 BN 11/09 – ZfBR 2009, 790.

Ausblick

Der vorliegende Beitrag hat gezeigt, dass die Gemeinden gut beraten sind, bei der Vorbereitung städtebaulicher Entscheidungen das jeweilige Kommunalrecht „buchstabengenau" anzuwenden. Hat die Gemeinde nämlich die regelmäßig hohen Hürden eines Bauleitplanverfahrens überwunden, ist es für betroffene Investoren, die Kommunalpolitik und auch die Verwaltung äußerst unangenehm, wenn ein oft jahrelang dauerndes Bauleitplanverfahren wegen einer zu großzügigen Anwendung des Kommunalrechts scheitert oder in wesentlichen Abschnitten wiederholt werden muss.

Alexander Schink

Veröffentlichung von Arten umweltbezogener Informationen gemäß § 3 Abs. 3 S. 2 BauGB

Abstract: Der Beitrag gibt Auskunft über das Vorgehen in der Bekanntmachung umweltbezogener Informationen im Bebauungsplan. Es wird berichtet in welchen Fällen und wie detailliert diese gemäß § 3 Abs. 3 S. 2 BauGB berücksichtigt und der Öffentlichkeit zur Verfügung gestellt werden müssen.

The article informs about how to approach a public announcement of information with environmental concern in the binding land use plan according to 3 Sec. 3 P. 2 BauGB. It is summarized under what circumstances and in what detail these have to be taken into account and made available to the public.

Einführung

Durch die grundlegende und viel beachtete[1] Entscheidung vom 18. Juli 2013[2] hat das BVerwG strenge Anforderungen an die öffentliche Bekanntmachung der Arten umweltbezogener Informationen nach § 3 Abs. 2 S. 2 BauGB gestellt. In dieser Entscheidung verlangt das BVerwG, dass in der öffentlichen Bekanntmachung nicht nur auf die Prüfung von Umweltbelangen hingewiesen wird, von der öffentlichen Bekanntmachung der Arten

1 Anmerkungen hierzu von Schmidt-Eichstaedt, Nochmals zu § 3 Abs. 2 S. 2 BauGB: Was sind Arten von umweltbezogenen Informationen? Wie ist ihr Vorliegen bekanntzumachen?, BauR 2014, 48 ff.; Schoer/Kollick, Bekanntmachungen ohne Ende? – Gemeindliche Pflichten und Umweltinformationen, NVwZ 2014, 497 ff.; Schink, Anforderungen an die Öffentliche Bekanntmachung der Arten umweltbezogener Informationen gemäß § 3 Abs. 2 S. 2 BauGB, UPR 2014, 3 ff.; Otto, Probleme der Bekannt- und Kenntlichmachung im Bauleitplanverfahren, ZfBR 2014, 733, 735 f.; Schindler/Brenner, Umweltbezogene Informationen, ihre Bekanntmachung und Verfügbarkeit i.S.v. § 3 II BauGB, NVwZ 2015, 644; Dusch, Neues zur Bekanntmachung von Umwelt-Informationen nach § 3 Abs. 2 S. 2 BauGB in der Bauleitplanung, BauR 2015, 433 ff. vgl. auch Uechtritz, Anforderungen an die Bekanntmachung bei der erneuten Auslage eines Bebauungsplanentwurfs nach § 4 a III BauGB, NVwZ 2014, 1.355 ff.

2 Vgl. BVerwG, Urt. v. 18.07.2013 – 4 CN.3.12 – BVerwGE 147, 206 = NVwZ 2013, 1413 = UPR 2014, 22.

umweltbezogener Informationen müsse vielmehr eine Anstoßfunktion ausgehen. Das sei nur dann der Fall, wenn die Öffentlichkeit erfährt, welche Umweltbelange in den vorliegenden Stellungnahmen angesprochen werden. Notwendig aber ausreichend sei es deshalb, wenn die vorhandenen Unterlagen „thematisch in Kategorien" zusammengefasst und schlagwortartig charakterisiert würden. Anders als bei der Auslegung der „wesentlichen umweltbezogenen Stellungnahmen" nach § 3 Abs. 2 S. 1 BauGB habe die Gemeinde keinen Einschätzungsspielraum dazu, ob die Informationen wesentlich oder für das Bauleitplanverfahren von Belang sind. Die Gemeinde muss deshalb auch die nach ihrer Auffassung unbeachtlichen umweltbezogenen Stellungnahmen in die Bekanntmachung aufnehmen. Für die Praxis hält das BVerwG dabei folgenden Hinweis bereit: „Auf der ‚sicheren Seite' ist die planende Gemeinde, wenn der Bekanntmachungstext einen zwar stichwortartigen, aber vollständigen Überblick über diejenigen Umweltbelange ermöglicht, die aus der Sicht der im Zeitpunkt der Auslegung vorliegenden Stellungnahmen und Unterlagen in der betreffenden Planung eine Rolle spielen, wie er etwa in einer vollständigen und ausreichend differenzierten Gliederung eines sachgerecht verfassten Umweltberichts zu entnehmen sein kann."[3]

Diese Grundanforderungen hat das BVerwG in der Folgezeit für den Fall der erneuten Auslegung eines Bebauungsplanes im Aufstellungsverfahren gemäß § 4 a Abs. 3 BauGB[4] für einen Änderungsbebauungsplan[5] und den Begriff der umweltbezogenen Informationen nach § 3 Abs. 2 S. 2 BauGB[6] näher präzisiert. Aus der obergerichtlichen Rechtsprechung liegen inzwischen ebenfalls zahlreiche Entscheidungen zu dieser Frage vor.[7]

3 Vgl. BVerwG, a. a. O., (Fn. 2), BVerwGE 147, 206 Rn. 23.

4 Vgl. BVerwG, Urt. v. 07.05.2014 – 4 CN-5/13 – NVwZ 2014, 1170. Dazu Uechtritz, NVwZ 2014, 1.355.

5 Vgl. BVerwG, Urt. v. 11.09.2014 – 4 CN-3/14 – NVwZ 2015, 301 = BauR 2015, 221 = UPR 2015, 186 m. Anm. Külpmann, Keine Präklusion nach § 47 Abs. 2 a VwGO bei fehlerhafter Auslegungsbekanntmachung, jurisPR-BVerwG 25/2014 Anm. 5.

6 Vgl. BVerwG, Urt. v. 29.09.2015 – 4 CN-1/15 – NVwZ 2016, 84 f. = UPR 2016, 37 f. m. Anm. Spieler, Begriff der umweltbezogenen Informationen nach § 3 Abs. 2 S. 2 HS. 1 BauGB, jurisPR-mw 12/2015 Anm. 2.

7 Überblick dazu bei Dusch, a. a. O., (Fn. 1).

Im Folgenden soll zunächst die Rechtsprechung des BVerwG näher erläutert und interpretiert werden (2). Im Anschluss daran (unter 3) soll anhand der Rechtsprechung näher dargestellt werden, welche Anforderungen für die Praxis sich aus der höchst- und obergerichtlichen Rechtsprechung zu § 3 Abs. 2 S. 2 BauGB für die öffentliche Bekanntmachung der Auslegung von Bebauungsplanentwürfen ergeben.

1 Die Rechtsprechung des Bundesverwaltungsgerichts

1.1 Das Urteil des BVerwG vom 18. Juli 2013 – 4 CN-3/12 –

Nach dem Urteil des BVerwG vom 18. Juli 2013 sind die Gemeinden bei der Auslegungsbekanntmachung nach § 3 Abs. 2 S. 2 BauGB verpflichtet, die in den vorhandenen Stellungnahmen und Unterlagen behandelten Umweltthemen nach Themenblöcken zusammenzufassen und diese in der Auslegungsbekanntmachung schlagwortartig zu charakterisieren. Das Bekanntmachungserfordernis erstreckt sich dabei auch auf solche Arten verfügbare Umweltinformationen, die in Stellungnahmen enthalten sind, die die Gemeinde für unwesentlich hält und die sie deshalb nach § 3 Abs. 2 S. 1 BauGB nicht auslegen möchte.

Diese Auffassung begründet das BVerwG aus Entstehungsgeschichte, Regelungshintergrund, Wortlaut und Sinn und Zweck des § 3 Abs. 2 S. 2 BauGB.

Das BVerwG weist darauf hin, dass der Gesetzgeber mit § 3 Abs. 2 S. 2 BauGB die Vorgaben des Art. 6 Abs. 2 der Aarhus-Konvention (AK)[8] sowie Art. 3 Nr. 4 der Öffentlichkeitsbeteiligungsrichtlinie 2003/35/EG[9] im Baurecht umsetzen wollte.[10] Nach Art. 6 Abs. 2 lit. d (vi) AK ist die Öffentlichkeit im Rahmen umweltbezogener Entscheidungsverfahren durch öffentliche

8 Vgl. Übereinkommen über den Zugang zu Informationen, die Öffentlichkeitsbeteiligung in Entscheidungsverfahren und den Zugang zu Berichten in Umweltangelegenheiten (Aarhus-Konvention) vom 25.06.1998 (AK), Zustimmungsgesetz vom 09.12.2006, BGBl. II S. 1.251.

9 Vgl. Richtlinie 2003/35/EG des europäischen Parlaments und des Rates vom 26.05.2003 über die Beteiligung der Öffentlichkeit bei der Ausarbeitung bestimmter umweltbezogener Pläne und Programme (Öffentlichkeitsbeteiligungsrichtlinie), ABl. EU Nr. L156 S. 17.

10 Vgl. Unter Hinweis auf den Gesetzentwurf der Bundesregierung zum EAG Bau, BT-Drs. 15/2250 S. 44.

Bekanntmachung in sachgerechter, rechtzeitiger und effektiver Weise frühzeitig zu informieren über das vorgesehene Verfahren einschließlich der vorgesehenen Informationen mit „Angaben darüber, welche für die geplante Tätigkeit in relevanten Informationen über die Umwelt verfügbar sind". In der Folge dieser Regelung bestimmt Art. 6, 3 RL 85/337 EWG, dass die Öffentlichkeit „durch öffentliche Bekanntmachung ... frühzeitig im Rahmen umweltbezogener Entscheidungsverfahren ... über ... die Angaben über die Verfügbarkeit der Informationen, die gemäß Art. 5 eingeholt wurden", informiert wird. Das BVerwG stellt fest, dass der Bundesgesetzgeber diese Regelung für das Bauplanungsrecht in § 3 Abs. 2 S. 2 BauGB umgesetzt habe, indem er bestimmt hat, dass die Auslegungsbekanntmachung auch Angaben darüber enthalten muss, welche relevanten Informationen über die Umwelt verfügbar sind. Der Bundesgesetzgeber habe dabei ausdrücklich festgestellt, dass hierfür keine ausnahmslose Auflistung aller eingegangenen Stellungnahmen in der öffentlichen Bekanntmachung notwendig ist. Vielmehr genüge es, die vorhandenen Unterlagen nach Themenblöcken zusammenzufassen und diese bekannt zu machen.[11] Dass den Anforderungen des § 3 Abs. 2 S. 2 BauGB nicht eine Auflistung der vorhandenen Stellungnahmen genügt, folgert das BVerwG weiter aus einem Vergleich von § 3 Abs. 2 S. 1 mit § 3 Abs. 2 S. 2 BauGB.[12] In § 3 Abs. 2 S. 1 BauGB ist geregelt, dass die vorhandenen umweltbezogenen Stellungnahmen auszulegen sind. Demgegenüber verpflichtet § 3 Abs. 2 S. 2 BauGB dazu, die Arten vorhandener umweltbezogener Informationen in der öffentlichen Bekanntmachung aufzuführen. Das BVerwG weist darauf hin, dass der Begriff der Information „über den der Stellungnahme" hinausgeht.

Das folgert es auch aus dem Zweck der Regelung. Dieser gehe – entsprechend den Vorgaben der AK und der Öffentlichkeitsbeteiligungsrichtlinie der EU – dahin, eine breite Öffentlichkeit für Entscheidungsverfahren im Umweltbereich zu interessieren und ihre Beteiligungsbereitschaft zu fördern. Auf diese Weise sollten Vollzugsdefizite im Umweltschutz entgegengewirkt werden. Diese Zielsetzung erfordere, dass die bekanntgemachten Informationen eine Anstoßfunktion haben. Das aber sei nur dann der Fall, wenn sie der Öffentlichkeit bereits eine erste inhaltliche Einschätzung darüber

11 Ebenda.

12 Vgl. BVerwG, a. a. O., (Fn. 2), BVerwGE 147, 206 = NVwZ 2013, 1413 = UPR 2014, Rn. 16.

ermöglichen, welche Umweltbelange in den vorliegenden Stellungnahmen und sonstigen Unterlagen behandelt werden. Nur auf der Grundlage solcher Informationen sei die Öffentlichkeit überhaupt in der Lage, zu entscheiden, ob die Planung weitere Umweltbelange berührt, die nicht erwähnt werden, oder ob sie zu einzelnen Umweltbelangen inhaltlich Stellung nehmen wolle. Eine bloße Auflistung der umweltbezogenen Stellungnahmen genüge hierfür ersichtlich nicht.

Ausdrücklich betont das BVerwG, dass die Auslegungsbekanntmachung keine „Überinformationen" geben dürfte, indem sie mit detaillierten Umweltinformationen überfrachtet werde.[13] Vielmehr genüge eine konkrete stichwortartige Benennung der in den vorhandenen Stellungnahmen enthaltenen Informationen.

Die Gemeinde habe dabei nicht die Befugnis, solche Informationen auszuwählen, die sie für relevant halte.[14] Alle aus den Stellungnahmen verfügbaren umweltbezogenen Informationen müssten in der öffentlichen Bekanntmachung benannt werden. Denn nur dann sei es der Öffentlichkeit möglich, zu entscheiden, zu welchen Belangen sie eine Stellungnahme abgegeben wolle.

Das BVerwG hält einen pauschalen Hinweis auf den Umweltbericht nicht für ausreichend, da dieser keine inhaltliche Einschätzung ermöglicht, welche Umweltbelange bislang thematisiert worden sind. Allerdings könne die Gliederung eines differenzierten und sachgerecht verfassten Umweltberichts einen wichtigen Hinweis auf verfügbare Informationen geben. Nicht hinreichend sei jedoch eine Auflistung der in § 1 Abs. 6 Nr. 7 BauGB aufgeführten umweltbezogenen Belange. Denn die im einzelnen Planverfahren behandelten Belange könnten stets nur den konkret vorliegenden Stellungnahmen und Unterlagen entnommen werden.

1.2 Erneute Auslegung eines Bebauungsplanentwurfs gemäß § 4a Abs. 3 BauGB, BVerwG, Urteil vom 7. Mai 2014

Im Urteil vom 7. Mai 2014 hat das BVerwG zum erforderlichen Umfang der Bekanntmachung umweltbezogener Informationen bei einer erneuten Auslegung eines Bebauungsplanentwurfs Stellung genommen. Nach dieser

13 Ebenda, Rn. 20.
14 Ebenda, Rn. 18.

Entscheidung muss die Bekanntmachung nur auf die Umweltinformationen hinweisen, die sich auf die geänderten oder ergänzten Teile beziehen. Voraussetzung dafür ist allerdings, dass die Gemeinde nach § 4a Abs. 3 S. 2 BauGB Stellungnahmen nur zu den geänderten oder ergänzten Teilen zugelassen hat. Für den „Grundfall" der erneuten Planauslage ohne Rückgriff auf die Einschränkungsmöglichkeit des § 4 a Abs. 3 S. 2 BauGB gilt § 3 Abs. 2 S. 2 BauGB hingegen uneingeschränkt[15]. Zur Begründung weist das BVerwG darauf hin, dass bei einer anderen Entscheidung von den Gemeinden ein widersprüchliches Verhalten verlangt würde. In der Bekanntmachung müssten sie dann zwar auf alle Umweltinformationen hinweisen und damit zu Stellungnahmen anstoßen, die sie gerade mit dem Hinweis nach § 4a Abs. 3 S. 2 BauGB ausschließen wollten.[16] § 4a Abs. 3 S. 1 und § 3 Abs. 2 S. 2 BauGB seien daher dahin einzuschränken, dass in der Bekanntmachung der erneuten Auslegung nur auf umweltbezogene Informationen hinzuweisen ist, die zu den geänderten oder ergänzten Teilen des Planentwurfs verfügbar sind. Gibt es keine Informationen, die sich auf die geänderten oder ergänzten Teile des Planentwurfs beziehen, habe es mit der Bekanntmachung von Ort und Dauer der erneuten Auslegung sein bewenden.[17]

Uechtritz weist mit Recht darauf hin, dass nach dem Urteil des BVerwG vom 7. Mai 2015 ein Verzicht auf eine Bekanntmachung der Arten verfügbarer Umweltinformationen nach § 3 Abs. 2 S. 2 BauGB nur dann in Betracht kommt, wenn für den geänderten oder ergänzten Teil eines Bebauungsplanes überhaupt keine Umweltinformationen vorliegen. Das gilt selbst dann, wenn solche Informationen für den übrigen Teil des B-Planes vorhanden sind. Gibt es jedoch Informationen umweltbezogener Art, die auch den geänderten Teil des B-Plan-Entwurfs betreffen, muss die Veröffentlichungsbekanntmachung hingegen einen Hinweis auf diese umweltbezogenen Informationen enthalten, und zwar unabhängig davon, ob diese Informationen bereits für den ursprünglichen Planentwurf vorlagen oder ob sie später – etwa im Rahmen des Planaufstellungsverfahrens – eingeholt

---

15 Darauf weisen hin: Uechtritz, NVwZ 2014, 1355, 1356; Dusch, BauR 2015, 433, 436.

16 Vgl. BVerwG, a. a. O., (Fn. 2), BVerwGE 147, 206 = NVwZ 2013, 1413 = UPR 2014 Rn. 12.

17 Ebenda.

wurden oder eingegangen sind. Hinzuweisen ist in diesem Fall auf alle Arten umweltbezogener Informationen, die Bedeutung für den geänderten oder ergänzten Teil des Plangebiets haben könnten.[18]

1.3 Änderungsbebauungspläne, BVerwG, Urteil vom 11. September 2014 – 4 CN 3.14 –

Im Urteil vom 11. September 2014 ging es um die Frage, ob Antragsteller im Normenkontrollverfahren gemäß § 47 Abs. 2a VwGO präkludiert waren, weil sie im Aufstellungsverfahren eines Änderungsbebauungsplanes selbst keine Einwendungen erhoben hatten. Das BVerwG hat diese Frage mit der Begründung verneint, dass die Auslegungsbekanntmachung des Änderungsbebauungsplanes mit dem Hinweis auf die „Stellungnahmen der Unteren Naturschutzbehörde“ den Anforderungen des § 3 Abs. 2 S. 2 BauGB nicht Rechnung getragen habe und deshalb die Rechtsfolge des § 47 Abs. 2a VwGO nicht habe eintreten können. Diese hänge nämlich davon ab, dass die ortsübliche Bekanntmachung des Orts und der Dauer der Auslegung des Planentwurfs ordnungsgemäß erfolgt ist.[19] Dies gelte auch für die in der Auslegungsbekanntmachung geforderten Angaben zu den verfügbaren Umweltinformationen.[20] Diese Rechtsfolge liege schon aus systematischen Gründen nahe, da § 3 Abs. 2 S. 2 BauGB die Angaben zu den verfügbaren Umweltinformationen zusammen mit der Bekanntmachung von Ort und Dauer der öffentlichen Auslegung nennt. Weiter folge dies daraus, dass die öffentliche Bekanntmachung Anstoßfunktionen haben solle. Die Angabe zu den verfügbaren Umweltinformationen müsse deshalb geeignet sein, interessierten Bürgern ihr Interesse an Informationen und Beteiligungen durch Abgabe von Stellungnahmen bewusst zu machen und dadurch Öffentlichkeit herzustellen.

Hingewiesen hat das BVerwG im Urteil vom 11. September 2014 weiter darauf, dass es für die Antragsbefugnis nach § 47 Abs. 2a VwGO ohne

18 Vgl. Uechtritz, a. a. O., (Fn. 1).
19 Vgl. BVerwG, Urt. v. 20.02.2014 – 4 CN 1.13 – BVerwGE 149, 88 Rn. 19.
20 Ebenso bereits zuvor: BaWü VGH, Urt. v. 09.08.2013 – 8 S 2145/12 – NVwZ-RR 20114, 17; OVG NRW, Urt. v. 06.05.2014 – 2 D 14/13.NE – juris, Rn. 54; OVG Rheinland-Pfalz, Urt. v. 12.05.2014 – 1 C 1159/13 – DVBl 2014, 1011. Uechtritz, a. a. O., (Fn. 1).

Bedeutung sei, ob der Verstoß gegen § 3 Abs. 2 S. 2 BauGB gemäß § 215 Abs. 1 S. 1 Nr. 1 BauGB nach Ablauf der Jahresfrist unbeachtlich geworden ist. Denn § 215 Abs. 1 S. 1 BauGB regelt die Unbeachtlichkeit von formellen Fehlern für die Rechtswirksamkeit eines Bebauungsplanes. Weder nach seinem Wortlaut noch nach seiner systematischen Stellung beziehe er sich auf die Zulässigkeit von Normenkontrollanträgen.[21]

1.4 Begriff der umweltbezogenen Informationen nach § 3 Abs. 2 S. 2 BauGB, BVerwG, Urteil vom 29. September 2015 – 4 CN 1/15 –

Im Urteil vom 29. September 2015[22] konnte das BVerwG an seiner Entscheidung vom 11. September 2014[23] anknüpfen. In Rede stand auch hier, ob der Antragsteller in einem Normenkontrollverfahren gegen einen Bebauungsplan, mit dem eine Einzelhandelsnutzung geregelt werden sollte, gemäß § 47 Abs. 2a VwGO präkludiert war, weil er im Planaufstellungsverfahren keine Einwendungen erhoben hatte. Auch im Urteil vom 29. September 2015 führte dies deshalb nicht zur Unzulässigkeit des Normenkontrollantrages, weil die Gemeinde den Bekanntmachungserfordernissen des § 3 Abs. 2 S. 2 BauGB nicht genüge getan hatte. Beanstandet hat das BVerwG im Urteil vom 29. September 2015, dass die Gemeinde zum einen zwischen wesentlichen und unwesentlichen Umweltinformationen unterschieden und nur erstere bekanntgemacht hatte. Das BVerwG hatte bereits in seiner Entscheidung vom 11. September 2014 dargelegt, dass das Bekanntmachungserfordernis sich auch auf Umweltinformationen erstreckt, die in Stellungnahmen enthalten sind, die die Gemeinde für unwesentlich hält. Darüber hinaus hat das BVerwG beanstandet, dass die Gemeinde in der Veröffentlichungsbekanntmachung deshalb keinen Hinweis auf Umweltinformationen gegeben habe, weil der Umweltbericht zum Ergebnis gekommen war, dass der Bebauungsplan sich auf den Zustand der Umwelt nicht auswirke. Die Einschätzungen des Umweltberichts zum gegenwärtigen umweltbezogenen Zustand des Gebietes und seine Feststellung, der Bebau-

21 Ebenso: BaWü VGH, a. a. O., (Fn. 20), NVwZ-RR 20114, 17; OVG NRW, Urt. v. 07.07.2011 – 2 D 137/09. NE – juris, Rn. 63 ff.

22 BVerwG, a. a. O., (Fn. 14), NVwZ 2016, 84 f. = UPR 2016, 37 f.

23 BVerwG, a. a. O., (Fn. 5), NVwZ 2015, 301, Rn. 21.

ungsplan wirke sich auf diese Aspekte nicht aus, seien verfügbare Umweltinformationen. Der Begriff der Umweltinformationen in § 3 Abs. 2 S. 2 BauGB sei mit dem vergleichbar, wie er im UIG verwendet werde. Der Begriff der Umweltinformationen müsse nicht zuletzt auf Grund der mit der Bekanntmachung verfolgten Anstoßwirkung weit verstanden werden. Es sei deshalb von Bedeutung, auch die bei der Planung bereits betrachteten, aber nicht für beeinträchtigt angesehenen Umweltbelange aufzuführen. Die Öffentlichkeit könne hierdurch nämlich veranlasst werden, diese Einschätzung zu hinterfragen oder die Berücksichtigung weiterer, bisher nicht benannter Umweltbelange einzufordern.

Das BVerwG stellt in seinem Urteil vom 29. September 2015 erneut fest, dass die Gemeinden keine Berechtigung haben, die verfügbaren Umweltinformationen für die Veröffentlichungsbekanntmachung zu bewerten und ggf. von einer Veröffentlichung auszuschließen. Ihre Angaben über umweltbezogene Informationen nach § 3 Abs. 2 S. 2 BauGB müssen vielmehr vollständig sein. Selbst wenn es sich nach Auffassung der Gemeinde um für die Planung irrelevante Informationen handelt, muss sie in der Veröffentlichungsbekanntmachung auf das Vorhandensein solcher Informationen hinweisen. In der Folge sollten sich die Gemeinden deshalb im Zweifel immer für die Bekanntmachung des Vorliegens bestimmter Umweltinformationen entscheiden.[24]

2 Schlussfolgerungen für die gemeindliche Praxis

2.1 Was sind Umweltinformationen im Sinne des § 3 Abs. 2 S. 2 BauGB?

Will die Gemeinde den Anforderungen des § 3 Abs. 2 S. 2 BauGB Rechnung tragen, muss sie zunächst eine Entscheidung darüber treffen, welche Umweltinformationen für einen Bebauungsplanentwurf vorliegen. Das BVerwG hat im Urteil vom 29. September 2015[25] darauf hingewiesen, dass der Begriff der Umweltinformationen im Sinne des § 3 Abs. 2 S. 2 BauGB weit zu

24 So mit Recht Spieler, Entscheidungsanmerkung, juris PR-UmwR 12/2015 Anm. 2 D.

25 BVerwG, a. a. O., (Fn. 2), BVerwGE 147, 206 = NVwZ 2013, 1413 = UPR 2014, Rn. 9.

verstehen ist und dem entspreche, der in anderen Rechtsgebieten, wie z. B. in § 2 Abs. 2 UIG verwendet werde. Dem ist zuzustimmen. Das folgt schon aus dem Hintergrund der Regelung, nämlich Art. 6 Abs. 2 AK und Art. 3 Nr. 4 EU-Öffentlichkeitsbeteiligungsrichtlinie. Die vorgenannten Bestimmungen verpflichten dazu, in der öffentlichen Bekanntmachung von Vorhaben und Planungen die Öffentlichkeit über die Verfügbarkeit von umweltbezogenen Informationen zu unterrichten, die für die Planung relevant sind. Art. 2 Nr. 3 AK enthält eine Definition der umweltbezogenen Informationen, der Art. 2 Nr. 1 der EU-Umweltinformationsrichtlinie entspricht.[26] Bei der gebotenen EU-rechtskonformen Interpretation[27] des nationalen Rechts und damit des Begriffs der Umweltinformation in § 3 Abs. 2 S. 2 BauGB ist der Begriffsinhalt deshalb mit dem im UIG verwendeten deckungsgleich.[28]

Wesentliche Anhaltspunkte für die Frage, was alles zu umweltbezogenen Informationen gehört, können deshalb der Definition in § 2 Abs. 3 UIG entnommen werden. Danach sind Umweltinformationen unabhängig ihrer Art ihrer Speicherung alle Daten über

- den Zustand von Umweltbestandteilen wie Luft und Atmosphäre, Wasser, Boden, Landschaft und natürliche Lebensräume (…) sowie die Wechselwirkungen zwischen diesen Bestandteilen;
- Faktoren wie Stoffe, Energie, Lärm und Strahlung, Abfälle (…) Emissionen, Ableitungen und sonstige Freisetzungen von Stoffen in die Umwelt, die sich auf Umweltbestandteile auswirken oder wahrscheinlich auswirken können;
- Maßnahmen oder Tätigkeiten die sich auf Umweltbestandteile (…) auswirken oder auswirken können oder den Schutz von Umweltbestandteilen (…) bezwecken,
- Kosten/Nutzen-Analysen und sonstige wirtschaftliche Analysen der Annahmen, die zur Vorbereitung von Maßnahmen oder Tätigkeiten (…)

---

26 RL 2003/4 EG, ABl. EU L NR. 41/26.

27 Zum Erfordernis europarechtskonformer Auslegung des nationalen Rechts: EuGH, Rs. C-14/83, ECLI:EU:C:1984:153 (Rn. 26) - von Colson und Kamann; Rs. C-106/89, ECLI:EU:C:1990:395, Rn. 8 - Marleasing; Frenz, Europarecht, 2. Aufl. 2016, Rn. 153.

28 Wie hier: Schindler/Benner, Umweltbezogene Informationen, ihre Bekanntmachung und Verfügbarkeit iSv § 3 II BauGB, NVwZ 2015, 644, 646.

verwendet werden, die die Umwelt beeinträchtigen können oder dem Schutz der Umwelt dienen und
- Informationen über den Zustand der menschlichen Gesundheit und Sicherheit, die Lebensbedingungen des Menschen sowie Kulturstätten und Bauwerke, soweit sie vom Zustand der Umweltbestandteile betroffen sein können.

Dieser denkbar weite Begriff der Umweltinformationen ist auch für die Anwendung des § 3 Abs. 2 S. 2 BauGB maßgebend. Insbesondere sind danach bekannt zu machen Informationen über

- den Zustand von Natur und Landschaft vor und nach Verwirklichung der im Bebauungsplanentwurf vorgesehenen Nutzungen,
- Informationen über mögliche Emissionen und Immissionen, die durch die Nutzungen entstehen,
- Auswirkungen auf Lärm, Luft, Klima, Naturhaushalt, Boden und Wasserhaushalt,
- Auswirkungen auf die menschliche Gesundheit und Sicherheit,
- Auswirkungen auf sogenannte Kultur- und Sachgüter und
- Kosten-/Nutzen-Analysen, soweit sie für umweltbezogene Planinhalte von Bedeutung sind.

Für das Vorliegen einer Umweltinformation genügt es, nach der Rechtsprechung des EuGH, wenn „auch nur der geringste Bezug“ zu einem Umweltbestandteil vorliegt.[29] Dazu kann z. B. auch eine Verkehrsuntersuchung gehören, in der es um Auswirkungen der Planung geht und die einer Lärmuntersuchung zu Grunde liegt.[30] Unter den Begriff der „Maßnahmen“ in § 2 Abs. 3 UIG fallen weiter alle Formen der Verwaltungstätigkeit, da der Unionsgesetzgeber es vermieden hat, Umweltinformationen so zu definieren, dass irgendwelche behördlichen Tätigkeiten hiervon ausgeschlossen sind.[31] Vor diesem Hintergrund kommt es nicht darauf an, in welcher Form eine umweltbezogene Information bei der Gemeinde vorliegt. Auch solche Informationen, die nicht in Gutachten, Stellungnahmen von Fachbehörden

29 EuGH, Urt. v. 12.06.2003 – C-316/01 – Slg. 2003, I-5995.
30 Dazu: Schindler/Benner, NVwZ 2015, 644, 646. a. O., (Fn. 1).
31 Vgl. EuGH, Slg. 1998, I-3809, NVwZ 1998, 945 = EuZW 1998, 470; EuGH, a. a. O., (Fn. 29).

oder beteiligten Trägern öffentlicher Belange bei der Gemeinde vorliegen, können deshalb zu denen gehören, auf die in der öffentlichen Bekanntmachung nach § 3 Abs. 2 S. 2 BauGB hinzuweisen ist. Das kann auch bei internen Stellungnahmen, etwa von Fachämtern der Fall sein, selbst wenn sie lediglich in Form von E-Mails vorhanden sind.[32]

2.2 „Verfügbare" umweltbezogene Stellungnahmen

Die umweltbezogenen Stellungnahmen müssen bei der Gemeinde „verfügbar" sein. Fraglich ist dabei, ob „verfügbar" nur solche umweltbezogenen Informationen sind, die die Gemeinde in einem konkreten Bebauungsplanverfahren erhalten hat oder ob hierzu auch solche gehören, die in einem davon unabhängigen Zusammenhang der Gemeinde bekannt geworden sind, sofern sie für die konkrete Bauleitplanung von Relevanz sind – auch wenn die Gemeinde sie im Ergebnis für unbedeutend hält. Nach Sinn und Zweck der in § 3 Abs. 2 S. 2 BauGB getroffenen Regelung und insbesondere ihrem Ziel der Anstoßfunktion für die Öffentlichkeit verbietet sich eine einschränkende Interpretation des Begriffs der Verfügbarkeit. Verfügbar bei der Gemeinde sind deshalb nicht nur solche umweltbezogenen Informationen, die sie in einem konkreten Planaufstellungsverfahren erlangt hat, sondern alle Informationen umweltbezogener Art, die bei der Gemeinde vorliegen und die für das konkrete Bauleitplanverfahren von Belang sind.[33] Hierzu gehören deshalb z. B. Informationen aus Biotopkatastern, Biotopmanagementplanungen, Landschaftsplänen, Luftreinhalteplänen, Lärmkartierungen, Lärmaktionsplänen, Hochwasserschutzplanungen und anderen wasserwirtschaftlichen Planungen und Maßnahmen (z. B. Festsetzungen von Überschwemmungsgebieten oder Wasserschutzgebieten) sowie von informellen Planungen der Gemeinde mit umweltbezogenen Inhalt.

Keine Rolle spielt, woher die gemeindlichen Informationen stammen. Deshalb ist unerheblich, ob die Gemeinde die Informationen selbst erhoben

32 Einschränkend insoweit Schindler/Benner, NVwZ 2015, 644, 646 a. a. O., (Fn. 1), wie informelle E-Mails, ausgetauschte Notizzettel und ähnliche „Dokumente", die dem formlosen Meinungsaustausch und nicht verbindlicher Behördenkommunikation dienen, von der Definition der umweltbezogenen Informationen ausnehmen wollen.

33 Wie hier: Uechtritz, a. a. O., (Fn. 1), NVwZ 2014, 1335, 1356.

oder aus vorhandenen Dateien ermittelt hat, ob sie Inhalt von Gutachten oder Stellungnahmen von anderen Fachbehörden oder Trägern öffentlicher Belange oder von Privaten waren.

Nach dem Umweltinformationsrecht sind allerdings gewisse Informationen von der Weitergabe an die Öffentlichkeit ausgeschlossen. Das trifft z. B. auf Betriebs- und Geschäftsgeheimnisse, personenbezogene Daten oder solcher Informationen zu, die nachteilige Auswirkungen auf den Zustand der Umwelt haben können (vgl. § 8 Abs. 1 Nr. 4, § 9 Abs. 1 UIG). Ob die im Bebauungsplanverfahren vorliegenden Umweltinformationen an Dritte weitergegeben werden dürfen oder nicht, ist für die Bekanntmachung des Vorliegens solcher Informationen nach § 3 Abs. 2 S. 2 BauGB grundsätzlich ohne Belang. Das BVerwG hat betont, dass die Gemeinde keine Berechtigung zur Bewertung der verfügbaren Umweltinformationen hat. Sie muss in der Öffentlichkeitsbekanntmachung nach § 3 Abs. 2 S. 2 BauGB vielmehr vollständig auf die bei ihr verfügbaren umweltbezogenen Informationen hinweisen.[34] Deshalb ist die Gemeinde verpflichtet, auch auf solche umweltbezogenen Informationen hinzuweisen, deren Weitergabe an Dritte nach dem UIG möglicherweise ausgeschlossen ist. Zwischen Verfügbarkeit und Zugänglichmachung umweltbezogener Informationen ist im Rahmen des § 3 Abs. 2 S. 2 BauGB zu unterscheiden.[35]

2.3 Detaillierungsgrad der Bekanntmachung der Verfügbarkeit umweltbezogener Informationen

Eine rechtssichere Umsetzung der rechtlichen Anforderungen an den Inhalt einer Bekanntmachung umweltbezogener Informationen nach § 3 Abs. 2 S. 2 BauGB wird dadurch erheblich erschwert, dass es kaum Beispiele aus der Rechtsprechung gibt, in denen die Bekanntmachung den Anforderungen entsprochen hat.[36] Erschwert wird die Orientierung der Gemeinden an Vorbildern auch dadurch, dass der Inhalt der Bekanntmachung umweltbezogener Informationen naturgemäß nicht in jedem Einzelfall identisch, sondern von der konkreten Plansituation abhängig ist. Besonders problematisch ist,

34 BVerwG, a. a. O., (Fn. 6), NVwZ 2016, 84 f. = UPR 2016, 37 f., Rn. 9.

35 Wie hier: Schindler/Brenner, a. a. O., (Fn. 1).

36 Ausnahme etwa VGH BaWü, Urt. v. 29.07.2015 – 3 S 2492/13 – BauR 2015, 117 = UPR 2015, 527 = NuR 2015, 799 = juris, Rn. 32.

dass die Rechtsprechung uneinheitlich ist, wie folgende Beispiele verdeutlichen mögen:[37]

Für unzureichend hat das OVG NRW eine Bekanntmachung gehalten, in der es heißt:[38] „Folgende umweltbezogene Informationen sind darüber hinaus verfügbar. Umweltverträglichkeitsstudie, landschaftspflegerischer Begleitplan, spezielle Artenschutzprüfung, schalltechnische Untersuchung, Geruchsgutachten, Gutachten zur Wasserwirtschaft, Entwurf des Durchführungsvertrags, Sicherheitskonzept gemäß 12. BImSchV – Störfallverordnung, strahlenschutztechnische Untersuchung, Brandschutzkonzept, hydrogeologisches Gutachten zur Beurteilung der Versickerungsfähigkeit, altlasttechnische Untersuchung zu Grundwasser, Stellungnahme zu Untergrunduntersuchungen (Altlasten), orientierende Untersuchungen von Altlasten (Phase II a) auf zwei Altlastenverdachtsflächen, Altlastenvorgutachten zur ehemaligen NIKE Raketenstellung Y…"

Im Gegensatz dazu hat der BayVGH eine Bekanntmachung für zutreffend beurteilt, die enthielt „Informationen zu den Schutzgütern Mensch, Tiere und Pflanzen, Boden, Wasser, Klima/Luft, Stadtbild, Kultur- und sonstige Sachgüter sowie Informationen zur naturschutzrechtlichen Eingriffsregelung und Ausgleichsmaßnahmen"[39].

Mit § 3 Abs. 2 BauGB vereinbar sein soll nach der Rechtsprechung des OVG NRW[40] eine Bekanntmachung, die schlagwortartig die planbetroffenen Schutzgüter Landschaft, Menschen/Gesundheit/Bevölkerung, Fauna und Flora, Boden, Wasser, Luft/Klima, Sach- und Kulturgüter nennt, auf die Wechselbeziehungen zwischen diesen Schutzgütern hinweist, die einzelnen umweltbezogenen Stellungnahmen, etwa der Unteren Landschaftsbehörde, der Bodenschutzbehörde und der Landwirtschaftskammer, auflistet sowie bei der Angabe einzelner umweltbezogener Informationen den Umweltbericht (2013), den landschaftspflegerischen Begleitplan (2014), die Artenschutzprüfung (2013), einen Grabungsbericht zur archäologischen Befundlage, eine Lichtimmissionsuntersuchung, eine schalltechnische Untersuchung und ein Gutachten über die Messung von niederfrequenten

37 Überblick bei Dusch, a. a. O., (Fn. 1); Vgl. auch Otto, a. a. O., (Fn. 1).
38 OVG NRW, a. a. O., (Fn. 20), juris, Rn. 54.
39 BayVGH, Urt. v. 29.07.2014 – 2 N 14.780 – juris.
40 Vgl. OVG NRW, Beschl. v. 14.07.2014 – 2 B 581/14.NE – juris.

magnetischen und elektrischen Wechselfeldern in der Nähe von Hofspannungsleitungen im Planungsgebiet benennt.

Versucht man sich der Frage anzunähern, welche Auslegungsbekanntmachung den Anforderungen an die Bekanntmachung von Arten umweltbezogener Informationen gemäß § 3 Abs. 2 S. 2 BauGB Rechnung trägt, müssen drei Aspekte berücksichtigt werden, die in der Rechtsprechung als Leitprinzipien für die Veröffentlichungsbekanntmachung herausgearbeitet worden sind:

- Von der Auslegungsbekanntmachung muss eine Anstoßwirkung ausgehen. Das BVerwG hat dies in allen Entscheidungen betont, in denen es zu den Anforderungen an die Veröffentlichungsbekanntmachung nach § 3 Abs. 2 S. 2 BauGB Stellung genommen hat. Wichtig dabei ist, den Adressatenhorizont für die Anstoßwirkung zu berücksichtigen. Anstoßwirkung soll die Veröffentlichungsbekanntmachung für die allgemeine Öffentlichkeit und nicht für mit der Planung und den hierdurch aufgeworfenen Problemen bereits bestens vertraute „Insider“ haben.[41] Wichtig ist die Orientierung auf diesen Empfängerhorizont deshalb, weil anderenfalls die Anforderungen an die Bekanntmachung nach § 3 Abs. 2 S. 2 BauGB unangemessen erhöht würden und letztlich zur Folge hätten, dass eine Überinformation gegeben würde die ihrerseits wiederum zur Folge haben könnte, dass die Anstoßfunktion defizitär wäre. Detaillierte Informationen müssen deshalb in der Veröffentlichungsbekanntmachung über die umweltbezogenen Informationen nicht gegeben werden. Insbesondere ist es nicht erforderlich, diese schlagwortartig zusammenzufassen. Vielmehr wird lediglich – wie schon aus dem Wortlaut des § 3 Abs. 2 S. 2 BauGB folgt – eine Bekanntmachung der Arten umweltbezogener Informationen verlangt. Stellt man auf den Empfängerhorizont der allgemeinen Öffentlichkeit ab, genügt deshalb eine pauschale Beschreibung umweltbezogener Informationen, die Anlass für die Öffentlichkeit sein können, Überlegungen dazu anzustellen, ob die Umweltinformationen vollständig sind und es deshalb oder wegen der Art der Umweltinformation sinnvoll sein kann, hierzu im Planungsverfahren Stellung zu nehmen. Keinesfalls reicht eine bloße Bezugnahme auf

41 Darauf weist mit Recht hin: Dusch, a. a. O., (Fn. 1).

den Umweltbericht aus, ohne darüber in einer Zusammenfassung nach Themen zu unterrichten, für welche Schutzgüter (Mensch, Tiere und Pflanzen, Naturhaushalt, Lärm, Luft, Klima, Boden, Wasserhaushalt, Wechselwirkungen) hierin eine Bestandsaufnahme und Folgenbewertung vorgenommen wird.[42] Auf weitere die konkrete Bauleitplanung berührende und der Gemeinde vorliegende Stellungnahmen in Gutachten oder behördlichen Planungen ist ebenfalls hinzuweisen, selbst wenn die Gemeinde sie für das konkrete Planverfahren für unerheblich hält. Nur unter dieser Einschränkung muss auf Datengrundlagen, die im Umweltbericht – z. B. für die artenschutzrechtliche Vorprüfung – herangezogen worden sind, nicht hingewiesen werden.[43]

- Die Informationen sind nach Themenblöcken zusammenzufassen.[44] Auslegungsbekanntmachungen, die die Umweltthemen, die in den im Planaufstellungsverfahren eingeholten Stellungnahmen und Unterlagen behandelt werden, nicht nach Themenblöcken zusammenfassen und nicht schlagwortartig charakterisieren, sondern sich darin erschöpfen, auf den vorliegenden Umweltbericht hinzuweisen, genügen den Anforderungen an einer ordnungsgemäße Auslegung gerade nicht.[45] Das BVerwG hat es zwar im Urteil vom 18. Juli 2013 für ausreichend angesehen, wenn sich die Gemeinde bei einem vollständigen und ausreichend differenzierten Umweltbericht für die Veröffentlichung der Arten umweltbezogener Informationen an der Gliederung des Umweltberichts orientiert. Das bedeutet jedoch nicht, dass die Bezugnahme auf dem Umweltbericht schon ausreichend ist, denn hieraus lässt sich keinesfalls ersehen, welche Arten umweltbezogener Informationen im Einzelnen vorliegen. Die bloße Benennung der Gliederungspunkte des Umweltberichts genügt in der Regel den Anforderungen des § 3 Abs. 3 S. 2 BauGB nicht. Werden z. B. nur einzelne Gattungsbegriffe aus dem Umweltbericht genannt, so werden hierdurch häufig nur wenig aussagekräftige

42 Vgl. Schink, in: Spannowsky/Uechtritz, BauGB, 2. Aufl. 2014, § 3, Rn. 88.
43 Ebenda.
44 Vgl. BVerwG, a. a. O., (Fn. 3), BVerwGE 147, 206 = BauR 20131803; OVG NRW, Urt. v. 02.10.2013 – 7 D 18/13.NE – BauR 2014, 221; Beschl. v. 09.09.2014 – 7 B 583/14.NE – juris; Beschl. v. 29.07.2015 – 7 D 84/14. NE – juris, Rn. 23 bis 25.
45 Vgl. OVG NRW, a. a. O., (Fn. 45), juris, Rn. 25.

und für Laien nicht verständliche Titel von Informationen benannt. Dies allein genügt für eine schlagwortartige Zuordnung von Informationen zu einzelnen Themenblöcken regelmäßig nicht.[46] Das gilt z. B. dann, wenn Kurzbezeichnungen wie „landschaftsökologischer Fachbeitrag" oder „schalltechnische Untersuchungen" im konkreten Fall deshalb wenig aussagekräftig sind, weil sich hierunter Untersuchungen zu vielfältig betroffenen Schutzgütern verbergen. In solchen Fällen ist es erforderlich, eine nähere Differenzierung nach den betroffenen Schutzgütern vorzunehmen, damit der Öffentlichkeit deutlich wird, welche Arten von Informationen vorliegen. Handelt es sich um eine konfliktträchtige Planung mit einer Vielzahl von differenzierten Informationen, muss die Veröffentlichungsbekanntmachung nach § 3 Abs. 2 S. 2 BauGB dieser Situation Rechnung tragen und konkreter und ausführlicher sein als in Fällen, in denen ein einfacher und kleinerer Planungsvorgang nicht zu erheblichen Umweltbeeinträchtigungen für eine Vielzahl von Schutzgütern führt.[47] Handelt es sich hingegen um eine einfache Sachlage, kann auch der pauschale Hinweis darauf, dass „Untersuchungen zu den Schutzgütern des Naturschutzes und der Landschaftspflege, insbesondere den Auswirkungen auf Tiere, Pflanzen, Boden, Wasserhaushalt, Luft, Klima und Wirkungsgefüge zwischen ihnen sowie die Landschaft und die biologische Vielfalt und zu den umweltbezogenen Auswirkungen auf den Menschen und seine Gesundheit vorliegen" durchaus ausreichend sein. Insbesondere vom Hinweis in der Bekanntmachung auf Informationen zur biologischen Vielfalt sowie die Eingriffsbilanzierung und den Fachbeitrag zum Artenschutz kann in einem Fall, in dem es lediglich um eine geringfügige Erweiterung der Wohnbebauung um wenige Wohngrundstücke geht, die erforderliche Anstoßwirkung ausgehen.[48] Unerheblich ist es im Übrigen, ob einzelnen Grundstückseigentümern

46 Dazu: OVG Lüneburg, Beschl. v. 20.03.2014 – 1 MN 7/14 – juris; Dusch, a. a. O., (Fn. 1), BauR 2015, 433, 440 f.

47 So mit Recht Dusch, a. a. O., (Fn. 1), BauR 2015, 433, 440 unter Hinweis BVerwG, a. a. O., (Fn. 42), NVwZ 2013, 1413, 1416.

48 Dazu: OVG Lüneburg, Beschl. v. 18.02.2014 – 1 NM 195/13 – juris. Dazu auch Dusch, a. a. O., (Fn. 1), BauR 2015, 433, 440.

umweltbezogene Informationen bereits bekannt sind, etwa weil sie von ihnen selbst vorgelegt worden sind.[49]

- Anzuraten ist im Ergebnis eine vollständige und nach Themenblöcken zusammengefasste Beschreibung des Vorliegens der Arten umweltbezogener Informationen, die in ihrem Detaillierungsgrad soweit reicht, dass deutlich wird, zu welchen Schutzgütern im Einzelnen Informationen vorliegen: Nicht erforderlich ist dabei allerdings grundsätzlich, dass einzelne besonders geschützte Arten aufgelistet werden, zu denen Informationen vorhanden sind.[50] Etwas anderes mag allerdings dann gelten, wenn der Kern der umweltbezogenen Auswirkungen – wie dies bei der Darstellung von Konzentrationszonen für Windenergieanlagen der Fall sein mag – im Bereich des Artenschutzes liegt und differenzierte ausführliche Stellungnahmen zu den Auswirkungen auf einzelne Arten vorliegen. Es empfiehlt sich auch, die Auslegungsbekanntmachung schutzgutbezogen zu gliedern und im Hinblick auf die einzelnen Schutzgüter nach den vorhandenen Informationen zu differenzieren.
- Auf der sicheren Seite ist die Gemeinde in jedem Fall, wenn sie den Vorschlag von *Schmidt-Eichstaedt* beherzigt und in der Veröffentlichungsbekanntmachung sowohl die Art der vorhandenen Information (z. B. Stellungnahme von Behörden und sonstigen Trägern öffentlicher Belange, Gutachten), deren Urheber (Bodenschutzbehörde, Denkmalschutzbehörde, Bürger/Bürgerinnen, Naturschutzverbände) und den thematischen Bezug (Altlastenverdacht, vorhandener Bodendenkmale, Artenschutz, Biotoptypenkartierung, Eingriffs-Ausgleichs-Bilanzierung nach der naturschutzrechtlichen Eingriffsregelung, Verkehrslärm, Mobilfunk, Rotorlärm) benennt.[51]

---

49 Vgl. Schink, a. a. O., (Fn. 42) § 3, Rn. 88.
50 In diesem Sinne z. B. ebenda.
51 Dazu Schmidt-Eichstaedt, BauR 2014, 48, 53.

Stephan Gatz

Öffentlichkeits- und Behördenbeteiligung

Abstract: In diesem Beitrag wird erläutert, wie Öffentlichkeits- und Behördenbeteiligung in der Bauleitplanung gemäß BauGB geregelt ist. Dabei wird auf das Eintreten und den Ablauf der frühzeitigen Öffentlichkeits- (1) und Behördenbeteiligung (2) sowie der förmlichen Öffentlichkeitsbeteiligung (3) eingegangen.

The author states how the public participation and the public authorities participation are regulated under the Federal Building Code. He elaborates on the initiation and procedure of an early participation of the general public (1) and the public authorities (2), in addition to the formal pubic participation (3).

1 Die frühzeitige Öffentlichkeitsbeteiligung

Nach § 3 Abs. 1 Satz 1 BauGB ist die Öffentlichkeit möglichst frühzeitig über die allgemeinen Ziele und Zwecke der Planung, sich wesentlich unterscheidende Lösungen, die für die Neugestaltung oder eines Gebietes in Betracht kommen, und die voraussichtlichen Auswirkungen der Planung zu unterrichten; ihr ist Gelegenheit zur Äußerung und Erörterung zu geben.

1. Die Unterrichtung muss in einem hinreichenden Umfang Aufschluss über das Planungsvorhaben geben und erkennen lassen, welches Planungsvorhaben die Gemeinde betreiben will[1]. Die bekannt gemachten Unterlagen müssen geeignet sein, das Informations- und Beteiligungsinteresse der Bürger zu wecken. Diesem Erfordernis ist genügt, wenn der an der beabsichtigten Bauleitplanung interessierte Bürger in die Lage versetzt wird, das Vorhaben einem bestimmten Raum zuzuordnen, und die allgemeine Zielrichtung der Planung deutlich wird[2].
2. Gelegenheit zur Äußerung wird dadurch gegeben, dass den Angehörigen der Öffentlichkeit, also den Bürgerinnen und Bürgern, anheimgestellt wird, Stellungnahmen in schriftlicher Form oder zur Niederschrift bei

---

1 Vgl. BVerwG, Urt. v. 06.07.1984 – 4 C 22/80 – BVerwGE 69, 344; Beschl. v. 17.09.2008 – 4 BN 22/08 – ZfBR 2008, 806.

2 Vgl. BVerwG, Urt. v. 19.04.2012 – 4 CN 3/11 – BVerwGE 143, 24 Rn. 8.

der Gemeindeverwaltung abzugeben. Das genügt[3]. Die Erörterung kann man als Dialog zwischen der Gemeinde und der Öffentlichkeit bezeichnen[4]. Sie beschränkt sich nicht darauf, dass die Gemeinde das Vorbringen aus dem Kreis der Öffentlichkeit entgegennimmt. Die Gemeinde hat es mit der Öffentlichkeit durchzusprechen. Hierfür muss ein sachkundiger Vertreter zur Verfügung stehen.

3. In welcher Form die Unterrichtung und die Anhörung (Äußerung und Erörterung) gestaltet werden, überlässt das BauGB der Gemeinde. Insbesondere bedarf es keiner Beschlussfassung des Rates, in welcher Art und Weise und innerhalb welcher Frist die Öffentlichkeit beteiligt werden soll. Soweit dem nicht kommunalrechtliche Gründe einschließlich etwaiger Festlegungen der Gemeindevertretung etwa in ihrer Hauptsatzung entgegenstehen, können sowohl der Rat als auch ein Ausschuss (z. B. Bau- oder Planungsausschuss) oder die Gemeindeverwaltung allgemein oder im Einzelfall den Ablauf des Verfahrens regeln[5]. Unterrichtung, Gelegenheit zur Äußerung und Erörterung können zusammengefasst werden, etwa in einer Bürgerversammlung[6].
4. Unklar ist, wie mit den Äußerungen umzugehen ist, die im Rahmen der frühzeitigen Öffentlichkeitsbeteiligung eingehen.
   a) Denkbar ist – erstens –, dass eingegangene Stellungnahmen genauso behandelt werden müssen wie Stellungnahmen im Rahmen der förmlichen Öffentlichkeitsbeteiligung nach § 3 Abs. 2 BauGB. Das heißt: Die Einwendungen und Anregungen müssen aufgelistet, mit Kommentaren und Abwägungsvorschlägen der Verwaltung bedient und dem zuständigen Beschlussorgan (Rat oder Ausschuss) zugeleitet werden. Das Organ muss die Liste anlässlich des Auslegungsbeschlusses und vor der förmlichen Öffentlichkeitsbeteiligung abarbeiten. Das Ergebnis der Prüfung ist den Absendern analog § 3 Abs. 2 Satz 4 BauGB mitzuteilen.

---

3 Vgl. Reidt, in: Gelzer/Bracher/Reidt, Bauplanungsrecht, 8. Aufl. 2014, Rn. 464.
4 Vgl. Krautzberger, in: Ernst/Zinkahn/Bielenberg/Krautzberger, BauGB, § 3 Rn. 17.
5 Vgl. Reidt, a. a. O., (Fn. 3), Rn. 461.
6 Vgl. Jäde, in: Jäde/Dirnberger/Weiß, BauGB/BauNVO, 7. Aufl. 2013, § 3 BauGB Rn. 5.

b) Möglich erscheint – zweitens –, dass die Stellungnahmen nicht formalisiert behandelt werden, sondern nur in den Entwurf des Bebauungsplans und seine Begründung einfließen müssen. Für die endgültige Abwägung ist allein das maßgeblich, was im Rahmen der öffentlichen Auslegung nach § 3 Abs. 2 BauGB geltend gemacht wird[7].
c) Im Ansatz vorzuziehen ist das zweite Modell[8]. Einen formalisierten Umgang mit den Stellungnahmen aus der frühzeitigen Öffentlichkeitsbeteiligung sieht das BauGB nicht vor. Er wäre auch nicht sachgerecht, weil das Abwägungs- und Entscheidungsmaterial, das im Rahmen der frühzeitigen Öffentlichkeitsbeteiligung gesammelt wird, vor Einleitung der förmlichen Öffentlichkeitsbeteiligung noch nicht endgültig bewertet wird. Der Rechtssatz, das letztendliche Entscheidungs- und Abwägungsmaterial solle erst während der öffentlichen Auslegung kanalisiert und zusammengestellt werden[9], ist allerdings mindestens missverständlich. Anregungen und Einwendungen, die während der frühzeitigen Öffentlichkeitsbeteiligung zur Debatte gestellt werden, dürfen nicht allein deshalb unter den Tisch fallen, weil sie anlässlich der öffentlichen Auslegung nach § 3 Abs. 2 BauGB nicht wiederholt worden sind. Zwar hat der Bürger die Obliegenheit, sich im förmlichen Beteiligungsverfahren anhand der Einsichtnahme in den Planentwurf Kenntnis davon zu verschaffen, wie mit seinen Argumenten aus der frühzeitigen Öffentlichkeitsbeteiligung umgegangen worden ist, und eine erneute Stellungnahme abzugeben, wenn er der Ansicht ist, dass sein Vortrag nicht ausreichend berücksichtigt worden ist. Dieser Obliegenheit muss er aber nicht nachkommen, um dem Gemeinderat die Mühe zu ersparen, sich auch mit den Stellungnahmen zu befassen, die aus der frühzeitigen Bürgerbeteiligung stammen, sondern um seine prozessualen Rechte aus § 47 VwGO zu wahren. Wer im Verfahren nach § 3 Abs. 2 BauGB keine Einwendungen erhoben hat, ist nämlich nach § 47 Abs. 2a VwGO auch dann mit der Folge der Unzulässigkeit eines Normenkontrollantrags präkludiert, wenn er sich im Rahmen

7 Vgl. OVG Münster, Urt. v. 03.02.2012 – 2 D 92/10.DE – juris, Rn. 27.
8 Vgl. so auch Schmidt-Eichstaedt, Aktuelle Probleme im Aufstellungsverfahren für Bauleitpläne, BauR 2013, 1381.
9 Vgl. OVG Münster, a. a. O., (Fn. 7), juris, Rn. 27.

der frühzeitigen Öffentlichkeitsbeteiligung zu Wort gemeldet hat[10]. Der Gemeinderat hat seine Abwägungsentscheidung freilich nicht an den Erfolgsaussichten eines Antragstellers im Normenkontrollverfahren, sondern an den Anforderungen an eine rechtmäßige Planungsentscheidung zu orientieren. Nach § 2 Abs. 3 BauGB sind bei der Aufstellung der Bauleitpläne die Belange, die für die Abwägung von Bedeutung sind (Abwägungsmaterial), zu ermitteln und zu bewerten. Abwägungsbeachtlich sind Betroffenheiten, die erstens mehr als geringfügig, zweitens in ihrem Eintritt zumindest wahrscheinlich und drittens für die planende Stelle bei der Entscheidung über den Plan erkennbar sind[11]. Was die planende Stelle nicht sieht und nach den gegebenen Umständen auch nicht zu sehen braucht, kann und braucht von ihr bei der Abwägung auch nicht berücksichtigt zu werden. Diese Situation kann sie nicht dadurch herbeiführen, dass sie die Augen vor Stellungnahmen verschließt, die aus Anlass der frühzeitigen Öffentlichkeitsbeteiligung abgegeben worden sind. Wie sich aus § 4a Abs. 1 BauGB ergibt, dienen nicht nur die Vorschriften über die förmliche, sondern auch die Bestimmungen über die frühzeitige Öffentlichkeits- und Behördenbeteiligung der vollständigen Ermittlung und zutreffenden Bewertung der von der Planung berührten Belange.

d) Damit der Gemeinderat eine rechtmäßige Abwägungsentscheidung treffen kann, muss die Verwaltung das Abwägungsmaterial grundsätzlich unter Einschluss der Beiträge aus der frühzeitigen Öffentlichkeitbeteiligung aufarbeiten. Ausnahmsweise wird dann etwas anderes gelten können, wenn der Einwendende während der frühzeitigen Öffentlichkeitsbeteiligung einen individuellen privaten Belang ins Feld geführt hat und das Schweigen im förmlichen Verfahren als Beleg dafür gewertet werden kann, dass er an der Berücksichtigung seines Belangs nicht mehr interessiert ist. Eine weitere Ausnahme ist für den Fall anzunehmen, dass die Erörterung zu einer Änderung der Planung (und gemäß § 3 Abs. 1 Satz 4 BauGB zur Überleitung in das förmliche Auslegungsverfahren nach § 3 Abs. 2 BauGB) führt. Mit

---

10 Vgl. OVG Schleswig, Urt. v. 18.05.2010 – 1 KN 10/09 – NordÖR 2010, 312.

11 Vgl. BVerwG, Beschl. v. 09.11.1979 – 4 N 1.78 –, – 4 N 2–4.79 –, BVerwGE 59, 87.

Stellungnahmen, die sich infolge der Änderung der Planung erledigt haben, braucht sich der Gemeinderat nicht zu befassen.

Die Verletzung des § 3 Abs. 1 BauGB ist für die Wirksamkeit des Bebauungsplans nicht beachtlich, weil die Vorschrift in § 214 Abs. 1 Satz 1 Nr. 1 bis 3 BauGB nicht genannt ist[12].

2 Die frühzeitige Behördenbeteiligung

Nach § 4 Abs. 1 Satz 1 BauGB sind die Behörden und sonstigen Träger öffentlicher Belange, deren Aufgabenbereich durch die Planung berührt werden kann, entsprechend § 3 Abs. 1 Satz 1 Halbs. 1 BauGB zu unterrichten und zur Äußerung auch im Hinblick auf den erforderlichen Umfang und Detaillierungsgrad der Umweltprüfung nach § 2 Abs. 4 BauGB aufzufordern. Ebenso wie bei der frühzeitigen Öffentlichkeitsbeteiligung ist die Gemeinde in der Ausgestaltung des Verfahrens frei. Auf die Beteiligung der Behörden und sonstigen TöB kann nicht verzichtet werden. Auch dann, wenn die Voraussetzungen des § 3 Abs. 1 Satz 3 BauGB für ein Absehen von der frühzeitigen Öffentlichkeitsbeteiligung vorliegen, muss nach § 2 Abs. 4 BauGB eine Umweltprüfung durchgeführt werden, die durch die frühzeitige Behördenbeteiligung vorzubereiten und einzuleiten ist[13]. Es ist deshalb kein gesetzgeberisches Versehen, sondern hat seinen guten Grund, dass § 4 Abs. 1 BauGB nicht auf § 3 Abs. 1 Satz 3 BauGB verweist.

3 Die förmliche Öffentlichkeitsbeteiligung

§ 3 Abs. 2 Satz 1 BauGB ordnet an, dass die Entwürfe der Bauleitpläne mit der Begründung und den nach Einschätzung der Gemeinde wesentlichen, bereits vorliegenden umweltbezogenen Stellungnahmen für die Dauer eines Monats öffentlich auszulegen sind. Nach § 3 Abs. 2 Satz 2 Halbs. 1 BauGB sind Ort und Dauer der Auslegung sowie Angaben dazu, welche Arten umweltbezogener Informationen verfügbar sind, mindestens eine Woche vorher ortsüblich bekannt zu machen. Im aktuellen Fokus der Betrachtungen stehen Fragen nach den Anforderungen, die das Gesetz an die Angaben

12 Vgl. BVerwG, Beschl. v. 23.10.2002 – 4 BN 5302 – NVwZ-RR 2003, 172.
13 Vgl. Jäde, a. a. O., (Fn. 6), § 4 BauGB, Rn. 14.

zu den Arten der verfügbaren umweltbezogenen Informationen stellt, sowie nach den Rechtsfolgen von Gesetzesverstößen.

1. Das Bundesverwaltungsgericht hat erstmals im Urteil vom 18. Juli 2013[14] Stellung genommen. In dem Urteil ging es um die Wirksamkeit eines Bebauungsplans, dem ein Auslegungsbeschluss zugrunde lag, der mit folgendem Text öffentlich bekannt gemacht worden war: „Der Entwurf des Bebauungsplans mit Satzung über örtliche Bauvorschriften und die Begründung mit Umweltbericht sowie die wesentlichen, bereits vorliegenden umweltbezogenen Stellungnahmen liegen vom 13. Mai bis zum 13. Juni 2008 – je einschließlich – beim Amt für Stadtplanung (...) während der Öffnungszeiten öffentlich aus. Folgende Arten umweltbezogener Informationen sind darüber hinaus verfügbar: Untersuchungen zu geschützten Arten im Zusammenhang mit dem Bebauungsplan ‚R.' in (...)". Der Verwaltungsgerichtshof hat den Bebauungsplan wegen einer beachtlichen Verletzung des § 3 Abs. 2 Satz 2 BauGB für unwirksam erklärt. Das Bundesverwaltungsgericht hat die Entscheidung bestätigt.

   Das Revisionsgericht ist in Anwendung der anerkannten Auslegungsgrundsätze (Wortlaut, Sinn und Zweck, Gesetzessystematik hier: Gegenüberstellung der Begriffe „Stellungnahmen" in § 3 Abs. 2 Satz 1 BauGB und „Informationen" in § 3 Abs. 2 Satz 2 Halbs. 1 BauGB, Wille des Gesetzgebers, Entstehungsgeschichte) zu dem Ergebnis gelangt, dass § 3 Abs. 2 Satz 2 BauGB die Gemeinden verpflichtet, die in den vorhandenen Stellungnahmen und Unterlagen behandelten Umweltthemen nach Themenblöcken zusammenzufassen und in der Auslegungsbekanntmachung schlagwortartig zu charakterisieren, und sich das Bekanntmachungserfordernis auch auf solche Arten verfügbarer Umweltinformationen erstreckt, die in Stellungnahmen enthalten sind, die die Gemeinde für unwesentlich hält und deshalb nicht auszulegen beabsichtigt. Das Gericht hat klargestellt, dass sich nicht allgemein beantworten lasse, sondern es wesentlich von den jeweiligen Umständen des Einzelfalls abhänge, wie diese schlagwortartige Charakterisierung im Einzelnen auszusehen habe. Entscheidend sei stets, ob die bekannt gemachten Umweltinformationen ihrer gesetzlich gewollten Anstoßfunktion gerecht würden. Das könne

14 Vgl. BVerwG, Urt. v. 18.07.2013 – 4 CN 3/12 – BVerwGE 147, 206.

im Einzelfall bereits bei schlagwortartiger Bezeichnung der behandelten Umweltthemen der Fall sein. Abstrakte Bezeichnungen reichten aber regelmäßig dann nicht aus, wenn sich darunter mehrere konkrete Umweltbelange subsumieren ließen; in diesem Fall bedürfe es einer stichwortartigen Beschreibung der betroffenen Belange und unter Umständen sogar einer Kennzeichnung der Art ihrer Betroffenheit. Die in § 1 Abs. 6 Nr. 7 BauGB enthaltene Liste von Umweltbelangen, die der Muster-Einführungserlass zum EAG Bau in Ziffer 3.4.2.3 als Orientierungshilfe empfehle, könne hierbei grundsätzlich nicht mehr sein als eine Gliederungshilfe, weil die bekanntzumachenden Umweltinformationen stets nur den konkret vorliegenden Stellungnahmen und sonstigen Unterlagen entnommen werden könnten. Hilfestellung leistet das Urteil dadurch, dass es die planende Gemeinde auf die „sichere Seite" stellt, wenn der Bekanntmachungstext einen zwar stichwortartigen, aber vollständigen Überblick über diejenigen Umweltbelange ermöglicht, die aus der Sicht der im Zeitpunkt der Auslegung vorliegenden Stellungnahmen und Unterlagen in der betreffenden Planung eine Rolle spielen, wie er etwa einer vollständigen und ausreichend differenzierten Gliederung eines sachgerecht verfassten Umweltberichts zu entnehmen sein kann.

Mit einem Hinweis auf die Existenz eines Umweltberichts ist es danach nicht getan. Der Hinweis ermöglicht keine inhaltliche Einschätzung darüber, welche Umweltbelange in einer konkreten Planung bisher thematisiert worden sind. Interessierte Bürger müssten vielmehr erst den Umweltbericht bei der Gemeinde einsehen, um beurteilen zu können, ob aus ihrer Sicht weitere umweltbezogene Stellungnahmen erforderlich sind. Das wird der Anstoßfunktion, die der Gesetzgeber der Auslegungsbekanntmachung zumisst, nicht gerecht. Das Bundesverwaltungsgericht schwebt eine Auflistung vor, zu welchen umweltbezogenen Themenkreisen (z. B. Auswirkungen auf Menschen, Boden, Wasser, Luft, Klima, Stadt- und Landschaftsbild, Naturschutz, Artenschutz u. a.) Informationen vorliegen. Vor einer Überfrachtung der Auslegungsbekanntmachung durch eine detaillierte Aufschlüsselung der Themen warnt es zu Recht. Es läuft der Anstoßwirkung einer Auslegungsbekanntmachung in der Tat zuwider, wenn der Leser wegen der Textfülle von einer Lektüre entmutigt Abstand nimmt.

Das Bundesverwaltungsgericht sieht sich mit dem Einwand konfrontiert, es habe die Arten der Informationen zu Unrecht mit ihrem Inhalt gleichgesetzt. Unter dem Begriff „Art" sei die wesentliche Beschaffenheit einer Gruppe von Gegenständen unter Hervorhebung der Übereinstimmung der artbestimmenden Merkmale zwecks Unterscheidung von anderen Arten innerhalb derselben Gattung, unter dem Begriff „Inhalt" das in einem Raum oder Dokument Enthaltene, Umschlossene zu verstehen. Die in einem Dokument behandelten Themen gehörten zu dessen Inhalt. Arten von umweltbezogenen Informationen i.S.d. § 3 Abs. 2 Satz 2 BauGB seien in erster Linie Behördenstellungnahmen, Fachgutachten, Stellungnahmen aus der Öffentlichkeit, jeweils mit Umweltbezug[15].

Das Gericht hat das Begriffsverständnis des Gesetzgebers übernommen, wie es sich aus den Gesetzgebungsmaterialien ergibt (vgl. BTDrucks 15/2250 S. 44). Ob der Vorwurf einer unpräzisen Verwendung der deutschen Sprache berechtigt ist, kann offen bleiben. Er führt nicht weiter. Die Anstoßwirkung wird durch ein (angeblich) korrektes Verständnis des Artbegriffs nicht ausgelöst. Dem Leser ist nicht damit gedient, wenn ihm mitgeteilt wird, dass es Behördenstellungnahmen, Fachgutachten, Stellungnahmen aus der Öffentlichkeit, jeweils mit Umweltbezug gibt. Erzielt wird die Anstoßwirkung nur durch eine Verknüpfung mit dem Inhalt der Dokumente. Dann aber stellt sich die Frage nach einem Mehrwert für die Anstoßwirkung, wenn die Inhalte der umweltbezogenen Informationen den jeweiligen Informationsträgern zugeordnet werden. Sie dürfte zu verneinen sein.

2. Im Verfahren 4 CN 1.14 stand ein Bebauungsplan auf dem Prüfstand des Bundesverwaltungsgerichts, der für einen nahezu vollständig bebauten Bereich Gewerbegebiete, Mischgebiete und ein allgemeines Wohngebiet festsetzte. Im Hinblick auf eine sich abzeichnende Fehlentwicklung im Plangebiet beschloss die Gemeinde, den Bebauungsplan zu ändern und Einzelhandel mit zentrenrelevanten Sortimenten auszuschließen. In der Auslegungsbekanntmachung zum Änderungsentwurf wies die Gemeinde darauf hin, dass neben dem Umweltbericht „auch umweltrelevante

15 Vgl. Schmidt-Eichstaedt, a. a. O., (Fn. 6), § 3, Rn. 64a.

Stellungnahmen allgemeiner Art mit ausgelegt" würden. Das Normenkontrollgericht hat einen Verstoß gegen § 3 Abs. 2 Satz 2 Halbs. 1 BauGB verneint. Der Bebauungsplan bringe in seiner aktuellen Fassung nur unwesentliche Änderungen hinsichtlich der zu beachtenden Umweltbelange mit sich, weshalb sich der allgemeine Hinweis auf die umweltrelevanten Stellungnahmen allgemeiner Art sowie den Umweltbericht ausnahmsweise als ausreichend darstelle, zumal sich weitere, differenzierende Stellungnahmen zu den Umweltbelangen nicht in den Akten befänden. Das Bundesverwaltungsgericht hat dies korrigiert[16].

Das Gericht hat herausgestellt, dass nach Sinn und Zweck des § 3 Abs. 2 Satz 2 Halbs. 2 BauGB die Hinweispflicht nicht vom Überschreiten bestimmter Relevanzschwellen abhängig gemacht werden könne. Je weniger Umweltinformationen die Gemeinde im Rahmen eines Bauleitplanverfahrens bis zur förmlichen Öffentlichkeitsbeteiligung erlangt habe, desto wichtiger sei es, die interessierte Öffentlichkeit entsprechend (genau) zu informieren, um diese „anzustoßen", etwaige Umweltbelange, die der Gemeinde bisher unbekannt waren, ins Verfahren einzuführen und so zur Grundlage der Abwägungsentscheidung der Gemeinde zu machen. Der allgemeine Hinweis auf umweltrelevante Stellungnahmen sei auch nicht deshalb ausreichend, weil der Änderungsbebauungsplan unter Umweltgesichtspunkten nur unwesentliche Änderungen hinsichtlich der zu beachtenden Belange mit sich bringe. Mit seiner gegenteiligen Auffassung billige der Verwaltungsgerichtshof der Gemeinde – in Anlehnung an die nicht einschlägige Regelung des § 3 Abs. 2 Satz 1 BauGB – die Befugnis zur Bewertung und Selektion von Umweltinformationen zu, die sie nach der Rechtsprechung des Senats im Rahmen des § 3 Abs. 2 Satz 2 Halbs. 1 BauGB gerade nicht besitze.

3. Gegenstand des Verfahrens 4 CN 1.15 vor dem Bundesverwaltungsgericht war ein Bebauungsplan, der eine Einzelhandelsnutzung regelte. Der im Planaufstellungsverfahren erstellte Umweltbericht untersuchte die Aspekte „Tiere, Pflanzen und biologische Vielfalt", „Boden und Wasser", „Luft und Klima", „Landschaft", „Mensch/menschliche Gesundheit/Erholung" und „Kultur und sonstige Sachgüter" und gelangte zu der

16 Vgl. BVerwG, Urt. v. 11.09.2014 – 4 CN 1/14 – NVwZ 2015, 232.

Einschätzung, die Durchführung des Plans werde keine erheblichen Umweltauswirkungen haben, weil nur die Nutzung bereits vorhandener baulicher Anlagen geregelt werde. Die öffentliche Auslegung des Planentwurfs und seiner Begründung machte die Antragsgegnerin in ihrem Amtsblatt bekannt mit dem Hinweis, dass umweltbezogene Stellungnahmen und Informationen, „soweit sie für die Planung wesentlich sind", nicht vorlägen. Das Oberverwaltungsgericht hat die Ansicht vertreten, die Bekanntmachung genüge den Anforderungen des § 3 Abs. 2 Satz 2 BauGB. Das Bundesverwaltungsgericht hat dem widersprochen[17].

Das Gericht hat in Erinnerung gerufen, dass die Gemeinden nicht befugt seien, zwischen wesentlichen und unwesentlichen Informationen zu unterscheiden. Die Bekanntmachung sei zudem in der Sache unzutreffend. Die Einschätzungen des Umweltberichts zum gegenwärtigen umweltbezogenen Zustand des Gebietes mit Blick auf einzelne Teilaspekte und seine Einschätzung, der Bebauungsplan wirke sich auf diese Teilaspekte nicht aus, seien verfügbare Umweltinformationen im Sinne des § 3 Abs. 2 Satz 2 Halbs. 1 BauGB. Ein solches weites Verständnis entspreche dem weiten Begriff der Umweltinformationen in anderen Rechtsgebieten, wie er etwa in § 2 Abs. 3 UIG Ausdruck gefunden habe[18], und trage der von § 3 Abs. 2 Satz 2 Halbs. 1 BauGB verfolgten Anstoßwirkung Rechnung. Eine nach diesen Vorgaben durchgeführte Bekanntmachung von betrachteten, aber für nicht beeinträchtigt angesehenen Umweltbelangen könne die Öffentlichkeit veranlassen, die Berücksichtigung weiterer, nicht genannter und damit nicht untersuchter Belange zu fordern oder eine abweichende Beurteilung der betrachteten Belange zu verlangen. Dabei sei es umso wichtiger, die interessierte Bevölkerung zu veranlassen, etwaige Umweltbelange, die der Gemeinde bisher unbekannt waren, in das Verfahren einzuführen und so zur Grundlage der Abwägungsentscheidung zu machen, je weniger Umweltinformationen die Gemeinde im Rahmen eines Bauleitplanverfahrens bis zur förmlichen Öffentlichkeitsbeteiligung erlangt habe.

---

17 Vgl. BVerwG, Urt. v. 29.09.2015 – 4 CN 1/15 – NVwZ 2016, 84.

18 Vgl. auch BVerwG, Urt. v. 21.02.2008 – 4 C 13/07 – BVerwGE 130, 223, Rn. 11.

4. Zu einem Sonderfall verhält sich das Urteil des Bundesverwaltungsgerichts vom 7. Mai 2014[19]. Im Bekanntmachungstext der öffentlichen Auslegung eines Bebauungsplanentwurfs hieß es, dass zu Umweltthemen Stellungnahmen und Informationen vorlägen, unter anderem zu Altlastenflächen und zu erhaltenden Bäumen. Die Bezirksversammlung stimmte dem Entwurf mit Ausnahme der Festsetzung der Baugrenzen für ein Grundstück zu, dessen Baufenster nach einer erneuten Auslegung des Entwurfs verkleinert werden sollte. Der Bekanntmachungstext der erneuten öffentlichen Auslegung wiederholt, dass zu Umweltthemen Stellungnahmen und Informationen vorlägen, unter anderem zu Altlastflächen und zu erhaltenden Bäumen. Des Weiteren bestimmt der Text, dass Stellungnahmen nur zu den geänderten Teilen des ausliegenden Planentwurfs vorgebracht werden könnten. Im Normenkontrollverfahren machte die Antragstellerin erfolglos geltend, dass die umweltbezogenen Informationen in der Bekanntmachung der erneuten Auslegung des Planentwurfs nicht in der von § 3 Abs. 2 Satz 2 Halbs. 1 BauGB geforderten Weise bezeichnet worden seien.

Das Bundesverwaltungsgericht hat der Bezirksversammlung attestiert, dass die zweite Bekanntmachung keine Angaben dazu habe enthalten müssen, welche Arten umweltbezogener Informationen verfügbar seien, und es deshalb nicht darauf ankomme, ob der Hinweis, es lägen Stellungnahmen und Informationen unter anderem zu Altlastenflächen und zu erhaltenden Bäumen vor, den Anforderungen des § 3 Abs. 2 Satz 2 Halbs. 1 BauGB genüge. § 4a Abs. 3 Satz 1 und § 3 Abs. 2 Satz 2 Halbs. 1 BauGB verlangten von der Gemeinde nicht, sich widersprüchlich zu verhalten, indem sie mit Angaben zu den verfügbaren umweltbezogenen Informationen zu Stellungnahmen anstoße, die sie über die Beschränkung des § 4a Abs. 3 Satz 2 BauGB ausschließen wolle. Die Vorschriften bedürften der Einschränkung, dass in der Bekanntmachung der erneuten Auslegung nur auf umweltbezogene Informationen hinzuweisen seien, die zu den geänderten oder ergänzten Teilen des Planentwurfs verfügbar seien. Gebe es keine Informationen, die sich auf diese Teile bezögen, dürfe es mit der Bekanntmachung von Ort und Dauer der erneuten Auslegung sein Bewenden haben.

19 Vgl. BVerwG, Urt. v. 07.05.2014 – 4 CN 5/13 – NVwZ 2014, 1.170.

5. Ob ein festgestellter Verstoß gegen § 3 Abs. 2 Satz 2 BauGB beachtlich ist, beurteilt sich nach § 214 Abs. 1 Satz 1 Nr. 2 Halbs. 2 Alt. 2 BauGB. Danach ist ein Verstoß gegen § 3 Abs. 2 Satz 2 BauGB für die Wirksamkeit des Bebauungsplans unbeachtlich, wenn bei Anwendung dieser Vorschrift einzelne Angaben dazu, welche Arten umweltbezogener Informationen verfügbar sind, gefehlt haben. Der Frage, nach welchem Maßstab zu beurteilen ist, ob „einzelne" Angaben gefehlt haben, hat sich Herr Petz gewidmet. Interessierten Lesern wird sein Beitrag zum Thema „Die Heilung von Verfahrensfehlern" empfohlen. Im Fall 4 CN 3.12 war der Verstoß gegen § 3 Abs. 2 Satz 2 BauGB übrigens beachtlich, weil nach den Feststellungen des Verwaltungsgerichtshofs mit dem Artenschutzgutachten nur eine einzige Art umweltbezogener Informationen in der Auslegungsbekanntmachung genannt worden war, während im Umweltbericht zu zahlreichen weiteren Themen umweltbezogene Informationen zur Verfügung gestanden hatten. Das hatte zu einem klaren Übergewicht der nicht bekannt gemachten Arten verfügbarer Umweltinformationen geführt.
6. Vermutlich gibt es etliche Bebauungspläne, die mit einem beachtlichen Fehler nach § 3 Abs. 2 Satz 2 BauGB behaftet sind. Hilfe verspricht § 215 Abs. 1 Satz 1 Nr. 1 BauGB. Danach wird eine nach § 214 Abs. 1 Satz 1 Nr. 1 bis 3 BauGB beachtliche Verletzung der dort bezeichneten Verfahrens- oder Formvorschriften unbeachtlich, wenn sie nicht innerhalb eines Jahres seit Bekanntmachung des Bebauungsplans schriftlich gegenüber der Gemeinde unter Darlegung des die Verletzung begründenden Sachverhalts dargelegt worden sind. Mit einer Subsumtion unter § 215 Abs. 1 BauGB ist es freilich nicht getan. Gefahr droht aus Sicht des Unionsrechts. Wenn die Vorschrift mit Unionsrecht nicht vereinbar ist, kann ein Verstoß gegen § 3 Abs. 2 Satz 2 BauGB auch noch nach Ablauf der Jahresfrist geltend gemacht werden.

Nach Ansicht des VGH Mannheim[20] und des OVG Lüneburg[21] ist § 215 Abs. 1 Satz 1 Nr. 1 BauGB unionsrechtskonform. Die Vorschrift

---

20 Vgl. VGH Baden-Württemberg, Urt. v. 18.12.2014 – 8 S 1400/12 – BauR 2015, 1089.

21 Vgl. OVG Lüneburg, Urt. v. 30.07.2015 – 12 KN 265/13 – BauR 2016, 63.

genüge dem Äquivalenzgrundsatz, weil sie ausnahms- und unterschiedslos auf Vorschriften ohne und mit Bezug zum Recht der Europäischen Union Anwendung finde. Sie entspreche auch dem Effektivitätsgrundsatz. Denn die Rechtsfolgen des § 215 Abs. 1 Satz 1 Nr. 1 BauGB träten nur bei einer zutreffenden Belehrung über die Folgen einer unterbliebenen Rüge ein, so dass sichergestellt sei, dass die Betroffenen – auch ohne Blick in das Gesetz – von der Rügeobliegenheit erfahren könnten. Auch sei der Fristlauf über die entsprechende Anwendung der §§ 187 ff. BGB - klar bestimmt und keinen Unsicherheiten unterworfen. Schließlich sei die Frist mit einem Jahr hinreichend lang bemessen, um dem Grundsatz der Effektivität zu genügen.

Hinter den Entscheidungen steht seit dem Urteil des EuGH vom 15. Oktober 2015[22] ein Fragezeichen. Nach dem Urteil hat die Bundesrepublik Deutschland gegen ihre Verpflichtungen aus Art. 11 der Richtlinie 2011/92/EU des Europäischen Parlaments und des Rates vom 13. Dezember 2011 über die Umweltverträglichkeitsprüfung bei bestimmten öffentlichen und privaten Projekten (UVP-RL) verstoßen, indem sie gemäß § 2 Abs. 3 UmwRG und § 73 Abs. 4 VwVfG die Klagebefugnis und den Umfang der gerichtlichen Prüfung auf Einwendungen beschränkt, die bereits innerhalb der Einwendungsfrist im Verwaltungsverfahren eingebracht wurden[23]. Das Bundesverwaltungsgericht ist bereits auf den Plan getreten. Es hat eine Revision zur Klärung der Frage zugelassen, ob die Unbeachtlichkeit eines Verstoßes gegen die Anforderungen des § 3 Abs. 2 Satz 2 Halbs. 1 BauGB nach Ablauf der Jahresfrist des § 215 Abs. 1 Nr. 1 BauGB mit den Anforderungen des Unionsrecht im Einklang steht[24]. Das Revisionsverfahren trägt das Aktenzeichen 4 CN 3.16. Wann es entschieden werden wird, ist noch nicht absehbar.

Wenn unionsrechtlicher Prüfungsmaßstab allein die UVP-Richtlinie ist, sind diejenigen Bebauungspläne ungefährdet, die nicht dem Anwendungsbereich der Richtlinie unterliegen. Das richtet sich nach deren Art. 4 Abs. 1 und 2. Ist der Bebauungsplan UVP-pflichtig, wird es kritisch. Zwar meint der EuGH, dass es nicht nach Art. 11 Abs. 4 UVP-RL

22 Vgl. EuGH, Urt. v. 15.10.2015 – C-137/14 – DVBl. 2015, 1514.
23 Ebenda, Rn. 76.
24 Vgl. BVerwG, Beschl. v. 03.03.2016 – 4 BN 40/15 – juris.

ausgeschlossen sei, dass einem gerichtlichen Rechtsbehelf ein verwaltungsbehördliches Überprüfungsverfahren vorausgehe. Auch sei es dem nationalen Recht nicht verwehrt, für den Rechtsbehelfsführer die Verpflichtung vorzusehen, sämtliche verwaltungsbehördlichen Rechtsbehelfe auszuschöpfen, bevor er einen gerichtlichen Rechtsbehelf einlegen könne. Das Unionsrecht lasse es aber nicht zu, die Gründe zu beschränken, auf die der Rechtsmittelführer einen gerichtlichen Rechtsbehelf stützen könne[25]. Der nationale Gesetzgeber dürfe nur spezifische Verfahrensvorschriften vorsehen, nach denen z. B. ein missbräuchliches oder unredliches Verhalten unzulässig sei, die geeignete Maßnahmen darstellten, um die Wirksamkeit des gerichtlichen Verfahrens zu gewährleisten[26]. Im Schrifttum ist daraus schon gefolgert worden, dass die Geltung des § 215 Abs. 1 Satz 1 Nr. 1 BauGB für potentiell UVP-pflichtige Bebauungspläne ausgeschlossen werden muss[27]. Ob sich das Bundesverwaltungsgericht dem anschließt, bleibt abzuwarten.

25 EuGH, a. a. O., (Fn. 22), DVBl. 2015, 1514, Rn. 76.

26 Ebenda, Rn. 81.

27 Bunge, Weiter Zugang zu Gerichten nach der UVP- und der Industrieemissions-Richtlinie: Vorgaben für das deutsche Verwaltungsprozessrecht, NuR 2016, 11.

Matthias Blessing

Die Präklusion von Einwendungen

Abstract: Der Beitrag behandelt die Präklusion von Einwendungen gegen Bebauungspläne sowohl während des Planaufstellungsverfahrens, als auch im Normenkontrollverfahren. Nachdem zunächst die Rechtsgrundlagen dargelegt werden, erläutert der Autor die Voraussetzungen der prozessrechtlichen Präklusion im Normenkontrollverfahren gegen Bebauungspläne gemäß § 47 Abs. 2a VwGO, dessen Zukunft aufgrund seiner Unvereinbarkeit mit europäischem Recht jedoch ungewiss ist, sowie der Präklusion von Einwänden während des Planaufstellungsverfahrens gemäß § 4a Abs. 6 BauGB.

The article deals with the foreclosure of objections to binding land-use plans both during the planning approval procedure as well as during the judicial review proceedings. After elaborating the legal basis of these instruments, the author explains first the judicial proceedings on the constitutionality of laws against development plans according to ¶ 47 Abs. 2a VwGO, whose future is uncertain since it does not comply with European law. Afterwards, he deals with the foreclosure of objections during the planning assessment procedure according to ¶ 4a Abs. 6 BauGB.

Einleitung

Das Bauplanungsrecht kennt die Präklusion von Einwendungen zum einen im Planaufstellungsverfahren bei der Berücksichtigung von Belangen in der planerischen Abwägung gemäß § 4a Abs. 6 BauGB und zum anderen im Normenkontrollverfahren gegen Bebauungspläne gemäß § 47 Abs. 2a VwGO. Nachfolgend werden zunächst die einschlägigen Rechtsgrundlagen wiedergegeben (Punkt 2). Dann werden die Voraussetzungen der prozessrechtlichen Präklusion gemäß § 47 Abs. 2a VwGO detaillierter dargestellt (Punkt 3). Hierbei wird auch auf die Vereinbarkeit der prozessrechtlichen Präklusion mit dem europäischen Recht eingegangen. Zuletzt wird die Präklusion von Einwendungen bzw. Stellungnahmen während des Planaufstellungsverfahrens nach § 4a Abs. 6 BauGB behandelt (Punkt 4).

1 Rechtsgrundlagen der Präklusion im Bauplanungsrecht

Rechtsgrundlage für die prozessrechtliche Präklusion von Einwendungen im Planaufstellungsverfahren ist § 47 Abs. 2a VwGO:

> „Der Antrag einer **natürlichen oder juristischen Person**, der einen **Bebauungsplan** oder eine **Satzung** nach § 34 Abs. 4 Satz 1 Nr. 2 und 3 oder § 35 Abs. 6 des Baugesetzbuchs zum Gegenstand hat, ist unzulässig, wenn die den Antrag stellende Person **nur Einwendungen** geltend macht, die sie im Rahmen der **öffentlichen Auslegung** (§ 3 Abs. 2 des Baugesetzbuchs) oder im Rahmen der **Beteiligung der betroffenen Öffentlichkeit** (§ 13 Abs. 2 Nr. 2 und § 13a Abs. 2 Nr. 1 des Baugesetzbuchs) nicht oder verspätet geltend gemacht hat, aber hätte geltend machen können, und wenn auf diese Rechtsfolge im Rahmen der Beteiligung **hingewiesen** wurde."

Daneben regelt § 3 Abs. 2 Satz 2 BauGB die Pflicht zur Aufnahme eines Hinweises auf die Präklusion in die Bekanntmachung der Auslegung:

> „Ort und Dauer der Auslegung sowie Angaben dazu, welche Arten umweltrelevanter Informationen verfügbar sind, sind mindestens eine Woche vorher ortsüblich bekannt zu machen; dabei ist darauf **hinzuweisen**, dass Stellungnahmen während der Auslegungsfrist abgegeben werden können, dass nicht fristgerecht abgegebene Stellungnahmen bei der Beschlussfassung über den Bauleitplan unberücksichtigt bleiben können und, bei **Aufstellung eines Bebauungsplans**, dass ein Antrag nach § 47 der Verwaltungsgerichtsordnung unzulässig ist, wenn mit ihm **nur Einwendungen** geltend gemacht werden, die vom Antragsteller im Rahmen der Auslegung nicht oder verspätet geltend gemacht wurden, aber hätten geltend gemacht werden können."

Schließlich regelt § 4a Abs. 6 BauGB die verfahrensrechtliche Präklusion:

> „**Stellungnahmen**, die im Verfahren der **Öffentlichkeits- und Behördenbeteiligung** nicht rechtzeitig abgegeben worden sind, können bei der Beschlussfassung über den Bauleitplan unberücksichtigt bleiben, sofern die **Gemeinde deren Inhalt nicht kannte und nicht hätte kennen müssen** und deren Inhalt für die **Rechtmäßigkeit des Bauleitplans nicht von Bedeutung** ist. Satz 1 gilt für in der Öffentlichkeitsbeteiligung abgegebene Stellungnahmen nur, wenn darauf in der Bekanntmachung nach § 3 Abs. 2 Satz 2 zur Öffentlichkeitsbeteiligung darauf **hingewiesen** worden ist."

2 Die prozessrechtliche Präklusion gemäß § 47 Abs. 2a VwGO

2.1 Sinn und Zweck der Vorschrift

Der Regelungszweck der Vorschrift liegt in der Konkretisierung des allgemeinen Rechtsschutzbedürfnisses. Die Präklusion trägt nach der Gesetzesbegründung dem Umstand Rechnung,[1] dass bereits im Aufstellungsverfahren Mitwirkungsbefugnisse bestehen, die dem Ziel dienen, die jeweiligen Interessen rechtzeitig dem Abwägungsmaterial zuzuführen. Mit Blick auf die Aufgabenverteilung zwischen Plangeber und Verwaltungsgerichten sollen sachliche Einwendungen nicht ohne Not erst im gerichtlichen Verfahren geltend gemacht werden.[2]

2.2 Anwendungsbereich der Vorschrift

2.2.1 Normenkontrollanträge gegen Bebauungspläne und Satzungen

Der Anwendungsbereich der formellen Präklusion nach § 47 Abs. 2a VwGO ist verhältnismäßig beschränkt. So gilt die formelle Präklusion nach dieser Vorschrift nur in Normenkontrollverfahren vor dem Oberverwaltungsgericht für Normenkontrollanträge gegen Bebauungspläne und Satzungen nach § 34 Abs. 4 Satz 1 Nr. 2 und 3 oder § 35 Abs. 6 BauGB, also gegen Entwicklungssatzungen (§ 34 Abs. 4 Satz 1 Nr. 2 BauGB) und Ergänzungssatzungen (§ 34 Abs. 4 Satz 1 Nr. 3 BauGB) sowie gegen Außenbereichssatzungen (§ 35 Abs. 6 BauGB). Liegen die Voraussetzungen der Präklusion nach § 47 Abs. 2a VwGO vor, sind entsprechende Normenkontrollanträge unzulässig.

2.2.2 Normenkontrollanträge gegen Flächennutzungspläne

Fraglich ist, ob die Präklusionsvorschrift des § 47 Abs. 2a VwGO auch für Normenkontrollanträge gegen Flächennutzungspläne gilt. Diese Frage stellt

---

1 Vgl. Entwurf eines Gesetzes zur Erleichterung von Planungsvorhaben für die Innenentwicklung der Städte, BT-Drs. 16/2496, S. 18.

2 Vgl. Wiedergabe in BVerwG, Urt. v. 24.03.2010 – 4 CN 3/09 – NVwZ 2010, 782, Rn. 14.

sich bei Flächennutzungsplänen mit der Ausschlusswirkung nach § 35 Abs. 3 Satz 3 BauGB für privilegierte Außenbereichsvorhaben im Sinne von § 35 Abs. 1 Nr. 2 bis 6 BauGB, in der Praxis insbesondere bei Flächennutzungsplänen zur Steuerung von Windenergieanlagen.

Solche Flächennutzungspläne sind nach der Rechtsprechung des Bundesverwaltungsgerichts mit einem Normenkontrollantrag angreifbar, auch wenn Flächennutzungsplänen in der Regel die rechtliche Außenwirkung fehlt. Das Bundesverwaltungsgericht sieht den Grund darin, dass solchen Flächennutzungsplänen wegen der Ausschlusswirkung außerhalb der dargestellten Konzentrationszonen eine rechtliche Außenwirkung zukommt.[3]

Soweit sich solche Flächennutzungspläne in entsprechender Anwendung von § 47 VwGO angreifen lassen, stellt sich konsequenterweise die Frage, ob nicht auch die formelle Präklusion nach Abs. 2a der Vorschrift entsprechend anzuwenden ist.

Obergerichtliche Rechtsprechung und Literatur sind sich in dieser Frage uneins. Das Bundesverwaltungsgericht hat sich zu dieser Frage noch nicht geäußert. Die Oberverwaltungsgerichte[4] und ein Teil der Literatur[5] sind der Meinung, dass die formelle Präklusion entsprechend auch auf Flächennutzungspläne anzuwenden ist.

Der andere Teil der Literatur lehnt die entsprechende Anwendung auf Flächennutzungspläne ab.[6] Als Argument gegen die Analogie wird vorgebracht, dass die Voraussetzung der planwidrigen Regelungslücke nicht erfüllt ist. So könne man nach der oben zitierten Entscheidung des Bundesverwaltungsgerichts vom 26. August 2007 davon ausgehen, dass der Gesetzgeber die Möglichkeit von Normenkontrollanträgen gegen Flächennutzungspläne mit

---

3 BVerwG, Urt. v. 26.04.2007 – 4 CN 3/06 – BVerwGE 128, 382, Rn. 11 ff.

4 OVG Koblenz, Urt. v. 16.05.2013 – 1 C 11003/12 – juris, Rn. 25; OVG Schleswig, Urt. v. 18.05.2010 – 1 KN 10.09 – juris, Rn. 18; VGH München, Urt. v. 28.10.2010 – 15 N 09.1351 – BeckRS 2010, 36945, Rn. 16.

5 Bringewat, Normenkontrolle von Darstellungen eines Flächennutzungsplans im Anwendungsbereich von § 35 III 3 BauGB NVwZ 2013, 984, 987; Frey, Aktuelle Fragestellungen bei der Normenkontrolle gegen Windkraft-Flächennutzungspläne, NVwZ 2013, 1184, 1188.

6 Kalb/Külpmann, in: Ernst/Zinkahn/Bielenberg/Krautzberger, BauGB Kommentar, § 10, Rn. 235; Kopp/Schenke, VwGO Kommentar, § 47, Rn. 75a; Ziekow, in Sodan/Ziekow, VwGO, § 47, Rn. 257a.

Ausschusswirkung kannte, dennoch aber nicht gesetzgeberisch tätig geworden sei, obgleich seit 2007 hierzu mehrfach die Möglichkeit bestanden hätte.

Diese Ansicht kann gute Gründe für sich reklamieren, zumal noch rechtsstaatliche Gesichtspunkte hinzukommen. Im vorliegenden Fall würde die Präklusionswirkung zu Lasten eines Antragstellers analog hergeleitet werden. Rechtsstaatlich wäre es zumindest wünschenswert, wenn eine solche Beeinträchtigung der Rechtsposition des Antragstellers nicht im Wege der Rechtsfortbildung herbeigeführt, sondern ausdrücklich durch den Gesetzgeber geregelt wird.

2.2.3 Inzidente Kontrolle von Bebauungsplänen

Für die inzidente Kontrolle von Bebauungsplänen beispielsweise im Rahmen von Klagen gegen Zulassungs- oder Ablehnungsentscheidungen der Bauaufsichtsbehörde vor den Verwaltungsgerichten gilt die Präklusionsvorschrift dagegen nicht. Solche Klagen bleiben auch dann zulässig, wenn der Bebauungsplan, der der Behördenentscheidung zu Grunde liegt, inzident angegriffen wird und der Kläger keine Einwendungen geltend gemacht hat.[7]

2.2.4 Keine Dispositionsbefugnis der Gemeinde

Weiter ist von Bedeutung, dass die formelle Präklusion nach § 47 Abs. 2a VwGO nicht zur Disposition von Behörden oder der Gemeinde steht. Das Bundesverwaltungsgericht hat diesen Grundsatz für die Präklusion im Planfeststellungsrecht auch auf die Präklusion nach § 47 Abs. 2a VwGO übertragen.

Dies hat zur Folge, dass ein Antragsteller mit seinem Normenkontrollantrag auch dann präkludiert ist, wenn er keine Einwendungen geltend gemacht, der Gemeinde die Einwendungen aber bekannt waren und sie entsprechende Belange auch in der planerischen Abwägung berücksichtigt hat.[8]

2.3 Antragsteller und Einwender

2.3.1 Identität zwischen Antragsteller und Einwender

Der Wortlaut des § 47 Abs. 2a VwGO fordert Einwendungen der Person, die den Normenkontrollantrag stellt. Diese muss mit Einwendungen

7 BVerwG, Urteil vom 20.02.2014 – 4 CN 1/13 – BVerwGE 149, 88, Rn. 16.
8 BVerwG, Urteil vom 27.05.2013 – 4 BN 28/13 – juris, Rn. 3, 5.

ihren Abwehrwillen zum Ausdruck bringen. Erforderlich ist die Identität zwischen Antragsteller im Normenkontrollverfahren und Einwender im Planaufstellungsverfahren.[9]

2.3.2 Identität auch bei Miteigentümern

Fraglich ist, ob dies auch so strikt im Fall von Miteigentümern eines Grundstücks gilt, wenn nur ein Miteigentümer Einwendungen geltend gemacht hat und ein anderer Miteigentümer später den Normenkontrollantrag stellt. Hier könnte an eine Zurechnung der Einwendungen eines Miteigentümers auch zu Gunsten der anderen Miteigentümer gedacht werden.

Allerdings hat die maßgebliche Rechtsprechung einer solchen Zurechnung eine Absage erteilt. Das Oberverwaltungsgericht Berlin-Brandenburg betont, dass eine solche Zurechnung im Recht der Bruchteilsgemeinschaft nach den §§ 1008 ff., 741 BGB in § 47 Abs. 2a VwGO keine Stütze findet. Zudem sei Sinn der Präklusion auch, dass die Gemeinde nicht nur vom Inhalt der Einwendungen, sondern auch von der Zahl der Einwender Kenntnis erlange.[10]

In diesem Sinne hat auch das Bundesverwaltungsgericht die Zurechnung von Einwendungen unter der Gemeinschaft von Miteigentümern abgelehnt. So sei nicht davon auszugehen, dass der Abwehrwille aller Miteigentümer stets den gleichen Inhalt habe. Ob ein Miteigentümer einen solchen Abwehrwillen habe, hänge von seinen Vorstellungen über die künftige Gebietsentwicklung und die Nutzung des Grundstücks ab. Diese müssen nicht notwendig mit den Vorstellungen anderer Miteigentümer übereinstimmen.[11]

Dementsprechend ist eine frühere Entscheidung des Oberverwaltungsgerichts Lüneburg mit Vorsicht zu genießen, wonach die Präklusion zumindest bei Miteigentümern nicht gelten soll, die zugleich Eheleute sind. Das Gericht argumentiert, die Planungsrechte seien in aller Regel grundstücks- und nicht personenbezogen. Die Bescheidung entsprechender Einwendungen könne daher nicht anders ausfallen, als wenn noch weitere Miteigentümer die

---

9 Vgl. BVerwG, Urt. v. 11.09.2014 – 4 CN 3/14 – Rn. 11.

10 Vgl. OVG Berlin-Brandenburg, Urt. v. 03.05.2010 – 2 A 18/08 – juris, Rn. 23.

11 Vgl. BVerwG, Urt. v. 11.09.2014, a. a. O., (Fn. 9), Rn. 11.

Einwendung erhoben hätten.[12] Im Ergebnis wird diese Rechtsprechung vor dem Hintergrund der vorgenannten – neueren – Rechtsprechung des Bundesverwaltungsgerichts keinen Bestand mehr haben.

2.3.3 *Erkennbarkeit der Urheberschaft der Einwendung*

Den Anforderungen von § 47 Abs. 2a VwGO genügen nur Einwendungen, die ihren Urheber erkennen lassen. Die Einwendungen müssen einer bestimmten Person zugeordnet werden können.[13]

In diesem Zusammenhang ist noch auf die Problematik bei verbundenen Unternehmen einzugehen. Im Rahmen solcher verbundener Unternehmen schafft beispielsweise eine Tochtergesellschaft das Baurecht und macht Einwendungen im Planaufstellungsverfahren im eigenen Namen geltend. Eine andere Tochtergesellschaft bzw. Schwestergesellschaft, die (später) für den Betrieb der Immobilie zuständig ist, führt nach Festsetzung des Bebauungsplans als Antragstellerin das Normenkontrollverfahren. Fraglich könnte dabei sein, ob im verbundenen Unternehmen eine Zurechnung der Einwendung der einen Gesellschaft zu Gunsten der anderen Gesellschaft stattfinden kann, etwa, weil auf der Hand liegt, dass die Gesellschaft Einwendungen auch für weitere Gesellschaften machen wollte.

Allerdings hat das Bundesverwaltungsgericht klargestellt, dass das Erfordernis, den Einwender exakt kenntlich zu machen, auch dann nicht entfällt, wenn ein Dritter im eigenen Namen Belange eines späteren Antragstellers im Planaufstellungsverfahren einwendet und sich die Gemeinde mit diesen Belangen abwägend befasst hat ist.[14]

Bestehen Zweifel, wer eine Einwendung erhoben hat, bedarf es einer Auslegung. Allerdings ist für eine Auslegung, so das Bundesverwaltungsgericht, nur dann Raum, wenn der Erklärungsinhalt der Einwendung überhaupt auslegungsbedürftig – also nicht eindeutig – ist.

Soweit jedoch schon anhand des Briefkopfes und des Wortlauts der Einwendungen eindeutig ist, welche der Gesellschaften in einem Unternehmensverbund die Einwendung (nur) im eigenen Namen geltend gemacht

---

12 Vgl. OVG Lüneburg, Beschl. v. 19.05.2009 – 1 MN 12/09 – NVwZ-RR 2009, 830, Az. 14.

13 Vgl. BVerwG, Urt. v. 29.09.2015 – 4 CN 2/15 – juris, Rn. 9.

14 Ebenda, Rn. 10.

hat, besteht für eine Auslegung kein Raum mehr. Demnach ist auch eine anderweitige Zurechnung nicht zulässig. Das Bundesverwaltungsgericht führt aus, dass dies auch für eine wirtschaftliche Einheit wie etwa verbundene Unternehmen gilt, die mehrere selbständige Rechtsubjekte schafft. Das Unternehmen habe die Folgen einer solchen Konstruktion zu tragen und könne sich nicht darauf berufen, dass die Einwendungen einer Gesellschaft allen anderen Gesellschaften im Unternehmensverbund zugerechnet werden kann.[15]

2.4 Die Einwendung

2.4.1 Anforderungen an die Einwendungen

Das Bundesverwaltungsgericht betont, dass die Präklusion des § 47 Abs. 2a VwGO den Zugang zu den Gerichten nicht unzumutbar erschwert, weil an die Einwendungen nur geringe Anforderungen gestellt werden.

Nach der Definition des Bundesverwaltungsgerichts sind Einwendungen sachliches, auf die Verhinderung oder die Modifizierung des Plans abzielendes Gegenvorbringen. Die Einwendungen müssen zwar erkennen lassen, in welcher Hinsicht aus Sicht des Einwendenden Bedenken gegen die in Aussicht genommene Planung bestehen könnten, und so konkret sein, dass die Gemeinde erkennen kann, in welcher Weise sie bestimmte Belange einer näheren Betrachtung unterziehen soll. Der Betroffene kann sich jedoch darauf beschränken, in groben Zügen darzulegen, welche Beeinträchtigungen er befürchtet. Eine weitergehende Begründung darf ihm ebenso wenig abverlangt werden wie eine rechtliche Einordnung seiner Einwendungen.[16]

Dabei darf der Einwendung auch nicht auf solche Einwendungen verzichten, die die Gemeinde kennt oder hätte erkennen müssen. Der Einwender muss daher auch solche Einwendungen geltend machen, die sich der Gemeinde nach Lage der Dinge hätten aufdrängen müssen.[17]

---

15 Vgl. BVerwG, Urt. v. 29.09.2015, a. a. O., (Fn. 13), juris, Rn. 15.
16 Vgl. BVerwG, Urt. v. 18.11.2010 – 4 CN 3/10 – NVwZ 2011, 441, Rn. 12.
17 Ebenda, Rn. 9.

2.4.2 *Geltendmachung aller Einwendungen erforderlich?*

In diesen Zusammenhang passt auch, dass der Einwender nicht alle Belange, die von der gemeindlichen Planung berührt sind, als Einwendungen während der Planaufstellung geltend machen muss. Für die Vermeidung der Präklusion reicht aus, wenn der Einwender sich auf eine einzige Einwendung stützt und diese gegenüber der Gemeinde vorbringt.

Im Normenkontrollverfahren kann der Einwender als Antragsteller später weitere Belange geltend machen, in der Regel auch dann, wenn er diese bewusst zurückgehalten hat oder schon vorher hätte kennen müssen.[18]

Eine andere Frage ist, ob der Antragsteller jedenfalls aber den Belang als Einwendung im Planaufstellungsverfahren geltend gemacht haben muss, der später seine Antragsbefugnis im Normenkontrollverfahren begründet. Aber auch hier gelten geringe Anforderungen. Ein solches Erfordernis besteht nicht. Nach der Rechtsprechung des Verwaltungsgerichtshofs Mannheim reicht es aus, wenn der Einwender nur irgend eine Einwendung vorgetragen hat und erst später im Normenkontrollverfahren weitere Belange vorträgt, die schließlich erst zur Antragsbefugnis des Antragstellers führen.[19]

2.5 Einwendungen während der öffentlichen Auslegung

Die Einwendungen müssen während der öffentlichen Auslegung gemäß § 3 Abs. 2 BauGB oder während der Beteiligung der betroffenen Öffentlichkeit gemäß § 13 Abs. 2 Nr. 2 und § 13a Abs. 2 Nr. 1 BauGB erhoben werden. Einwendungen während der frühzeitigen Bürgerbeteiligung reichen nicht aus.[20]

2.5.1 *Einwendungen bei erneuter Öffentlichkeitsbeteiligung?*

Fraglich ist, ob erneut Einwendungen geltend gemacht werden müssen, wenn der Entwurf des Bebauungsplans nach der Öffentlichkeitsbeteiligung geändert oder ergänzt und erneut ausgelegt wird.

---

18 Vgl. BVerwG, Urt. v. 24.03.2010, a. a. O., (Fn. 2), Rn. 14.

19 Vgl. VGH Mannheim, Urt. v. 17.12.2014 – 5 S 3254/11 – NJOZ 2014, 1186, Rn. 55 f.

20 Vgl. OVG Schleswig, Urt. v. 18.05.2010 – 1 KN 10/09 – NordÖR 2010, 312, Rn. 19.

Nach der Rechtsprechung des Bundesverwaltungsgerichts ist dies der Fall. Die Vorschrift des § 47 Abs. 2a VwGO mit ihrem Verweis auf die „öffentliche Auslegung" meint auch eine Öffentlichkeitsbeteiligung nach § 4a Abs. 3 Satz 1 BauGB, die durchgeführt wird, weil der Entwurf des Bebauungsplans nach dem Verfahren nach § 3 Abs. 2 oder § 4 Abs. 2 BauGB geändert oder ergänzt wird. Das Gericht betont, dass die Präklusionsvorschrift nicht danach unterscheidet, ob es sich um die erstmalige oder eine erneute Öffentlichkeitsbeteiligung handelt. Wenn der Entwurf des Bebauungsplans daher noch einmal ausgelegt wird, muss der Antragsteller deshalb grundsätzlich Einwendungen gegen die sein Grundstück betreffenden Änderungen oder Ergänzungen erheben, wenn er nicht mit ihnen einverstanden ist und sich die Möglichkeit des Normenkontrollantrags offen halten will.[21]

Dabei führt das Bundesverwaltungsgericht weiter aus, dass es Fallgestaltungen geben mag, in denen bei einer nochmaligen öffentlichen Auslegung die Obliegenheit, Einwendungen geltend zu machen, entfällt. Allerdings macht eine frühere Einwendung eine erneute Einwendung dann nicht entbehrlich, wenn Festsetzungen für das Grundstück des Antragstellers geplant sind, die von der ursprünglichen Planung abweichen und den Antragsteller weniger belasten als im Vergleich zum bisherigen Planentwurf, aber gleichwohl nicht seine Billigung finden. Würde hier auf eine weitere Einwendung verzichtet werden, wäre die Gemeinde dem Risiko ausgesetzt, dass sie seine Belange verkennt und nicht mehr in die planerische Abwägung einstellen kann, weil Grund zur Annahme bestehen mag, dass der Antragsteller mit der neuen Planung einverstanden ist. Der Antragsteller ist daher dazu aufgerufen, den Ablauf des Planverfahrens bis zur Festsetzung des Plans zu verfolgen und seinen Abwehrwillen auch gegen den geänderten Plan zum Ausdruck zu bringen.[22]

Die Obliegenheit, Einwendungen geltend zu machen, entfällt nur dann, wenn bei einer erneuten öffentlichen Auslegung nach § 4a Abs. 3 BauGB die Einwendungsmöglichkeit auf Teile des Bebauungsplanentwurfs beschränkt wird, von denen der Antragsteller nicht betroffen ist. Kann der Einwender bei einer erneuten Öffentlichkeitsbeteiligung rechtlich gar keine

21 Vgl. BVerwG, Urt. v. 20.02.2014, a. a. O., (Fn. 7), Rn. 14.
22 Ebenda, Rn. 15.

Einwendungen geltend machen, muss er dies auch nicht tun, um die Präklusion zu verhindern.[23]

2.5.2 *Einwendungen erforderlich bei erneuter Öffentlichkeitsbeteiligung während des Normenkontrollverfahrens?*

Die Obliegenheit, erneute Einwendungen im Fall einer erneuten Öffentlichkeitsbeteiligung geltend zu machen, entfällt auch dann, wenn die Gemeinde einen Bebauungsplan in einem ergänzenden Verfahren während eines bereits laufenden Normenkontrollverfahrens ändert.

Dabei hat zunächst keine rechtliche Bedeutung, dass es sich um ein ergänzendes Verfahren handelt, das der Heilung von Fehlern eines bereits bekannt gemachten Bebauungsplans dient. Ein Normenkontrollantrag kann auch unzulässig sein, wenn der Antragsteller während des ursprünglichen und des ergänzenden Verfahrens auf Einwendungen verzichtet hat.[24]

Etwas anderes gilt jedoch dann, wenn dieses ergänzende Verfahren während eines bereits gegen den Bebauungsplan anhängigen Normenkontrollverfahrens erfolgt. Der Antragsteller muss hier keine erneuten Einwendungen geltend machen. Er kann seinen Normenkontrollantrag gegen den Bebauungsplan in der Gestalt richten, die der Plan durch das ergänzende Verfahren gefunden hat. Denn der ursprüngliche Bebauungsplan erlangt zusammen mit dem geänderten Bebauungsplan insgesamt als ein Bebauungsplan Wirksamkeit, dabei setzt er sich lediglich aus zwei Teilnormgebungsakten zusammen.[25]

Der Antragsteller, der einen zulässigen Normenkontrollantrag gestellt hat, hat eine schutzwürdige Position erlangt. Das Bundesverwaltungsgericht kommt deshalb zu dem Ergebnis, dass nach dem Sinn und Zweck der Vorschrift, den Abwehrwillen gegenüber der Gemeinde zu dokumentieren, eine erneute Einwendung auch im ergänzenden Verfahren nicht erforderlich ist. Denn wenn der Antragsteller seinen Normenkontrollverfahrens während des ergänzenden Verfahrens aufrecht hält und keine Erledigungserklärung

---

23 Vgl. OVG Koblenz, Urt. v. 22.11.2011 – 1 C 10248/11 – NVwZ-RR 2012, 185, Rn. 13 ff.

24 Vgl. BVerwG, Urt. v. 24.03.2010, a. a. O., (Fn. 2), NVwZ 2010, Rn. 15.

25 Vgl. BVerwG, Beschl. v. 20.05.2003 – 4 BN 57/02 – NVwZ 2003, 1259, Rn. 7 f.

abgibt, dokumentiert er zugleich nach außen, dass dieser Abwehrwille fortbesteht und sich nunmehr gegen den Bebauungsplan in der Gestalt richtet, die er im ergänzenden Verfahren gefunden hat. Daher ist eine erneute Einwendung im Rahmen des ergänzenden Verfahrens während des Normenkontrollverfahrens nicht notwendig.[26]

2.5.3 *Einwendungen gegen Sachverhalte, die nach der Auslegung entstanden sind?*

Höchstrichterlich noch nicht geklärt ist die Frage, ob die Präklusion auch dann eintritt, wenn der Antragsteller während der öffentlichen Auslegung keine Einwendungen geltend gemacht hat, im Normenkontrollverfahren aber rechtliche Bedenken gegen den Plan erhebt, die an Sachverhalte anknüpfen, die der Auslegung des Bebauungsplans zeitlich nachfolgen. Das Bundesverwaltungsgericht hat die Revision zur Klärung dieser Frage zugelassen.[27]

Soweit die Belange des Antragstellers tatsächlich *erstmals und ausschließlich* durch Umstände beeinträchtigt werden, die zeitlich nach der öffentlichen Auslegung entstanden sind, hätte er während der öffentlichen Auslegung keine Einwendungen geltend machen können. Er hätte seinen Abwehrwillen in solchen Ausnahmefällen noch gar nicht dokumentieren können. Besteht der Abwehrwille dann wegen neuer Umstände, die zeitlich nach der öffentlichen Auslegung entstanden sind, hat er keine Möglichkeit mehr, diesen in einem Verfahrensabschnitt des Planaufstellungsverfahrens zu dokumentieren. Daher muss letztlich davon ausgegangen werden, dass der Antragsteller seine Obliegenheiten nach § 47 Abs. 2a VwGO erfüllt hat, mit der Folge, dass die Präklusionswirkung in solchen Konstellationen nicht gelten kann.

2.6 Hinweis auf die Präklusion in der Bekanntmachung

Der Hinweis auf die drohende Präklusion muss in der Bekanntmachung enthalten sein. Der Wortlaut des Hinweises in der Bekanntmachung ergibt

26 Vgl. BVerwG, Urt. v. 24.03.2010, a. a. O., (Fn. 2), NVwZ 2010, Rn. 18.

27 Vgl. BVerwG, Beschl. v. 08.10.2015 – 4 BN 5/15 –; vorgehend OVG Münster, Urt. v. 16.12.2014 – 2 D 17/14.NE – Rn. 30 ff., für den Fall, dass sich herausstellt, dass der Durchführungsvertrag unwirksam ist.

sich aus § 47 Abs. 2a VwGO. Bei einem fehlerhaften Hinweis tritt keine Präklusion ein.

Entscheidend und ausreichend ist, dass die Belehrung die notwendigen Bestandteile enthält und keine Irrtümer erregen kann. Ein Hinweis wie beispielsweise

> *„Ein Antrag nach § 47 VwGO gegen diesen Bebauungsplan ist unzulässig, sofern dies mit Einwendungen geschieht, die im Rahmen der Auslegung fristgerecht hätten geltend gemacht werden können"*

ist jedoch fehlerhaft, da beispielsweise in dem Hinweis enthalten sein muss, dass Einwendungen tatsächlich nicht innerhalb der Auslegungsfrist geltend gemacht worden sind und nicht nur, dass diese hätten geltend gemacht werden können.[28]

Früher war streitig, ob die Verwendung des Hinweises nach dem Wortlaut des § 3 Abs. 2 Satz 2 BauGB a.F. die Präklusion ausschließt, weil diese Vorschrift vom Wortlaut des § 47 Abs. 2a VwGO abwich und insoweit in Frage stand, ob der richtige Hinweis gegeben wird. Das Bundesverwaltungsgericht hatte hierzu entschieden, dass der Hinweis nicht fehlerhaft ist, wenn er auf Grundlage des Wortlauts von § 3 Abs. 2 Satz 2 BauGB a.F. ergangen ist.[29] Mit der aktuellen Fassung des § 3 Abs. 2 Satz 2 BauGB, der sich nunmehr am Wortlaut von § 47 Abs. 2a VwGO orientiert, hat sich dieser Streit ohnehin erledigt.

2.7 Ordnungsgemäße Bekanntmachung

Die Präklusion setzt schließlich voraus, dass die Bekanntmachung ihrerseits formell und materiell fehlerfrei und die öffentliche Auslegung des Planentwurfs ordnungsgemäß durchgeführt worden ist. Dies erfordert auch ordnungsgemäße Angaben zu den verfügbaren Arten umweltbezogener Informationen.[30]

---

28 Vgl. VGH Mannheim, Urt. v. 20.09.2010 – 8 S 2801/08 – BeckRS 2010, 56636, Rn. 30 ff., 33.

29 Vgl. zum früheren Streit BVerwG, Urt. v. 27.10.2010 – 4 CN 4/09 – BVerwGE 138, 84.

30 Vgl. BVerwG, Urt. v. 11.09.2014, a. a. O., (Fn. 9), Rn. 11; Urt. v. 29.09.2015 – 4 CN 1/15 – NVwZ 2016, 84, Rn. 8.

Ist die Bekanntmachung fehlerhaft erfolgt und genügt nicht den gesetzlichen Erfordernissen von § 3 Abs. 2 Satz 2 BauGB, so wird die Präklusion nicht durch § 215 Abs. 1 Satz 1 Nr. 1 BauGB gerettet. Nach der Rechtsprechung des Bundesverwaltungsgerichts regelt diese Vorschrift nur die Unbeachtlichkeit von formellen Verfahrensfehlern für die Rechtswirksamkeit des Bebauungsplans, sie verhält sich aber nicht zur Zulässigkeit von Normenkontrollanträgen.[31]

Mit dem Hinweis in der Bekanntmachung gemäß § 3 Abs. 2 Satz 2 BauGB ist vor der Präklusion zu warnen. Fehlt der Hinweis, führt dies jedoch nicht zur Unwirksamkeit des Bebauungsplans oder der in § 47 Abs. 2a VwGO genannten Satzungen (§ 214 Abs. 1 Satz 1 Nr. 2 BauGB), sondern nur zum Ausschluss der Präklusion.

2.8 Vereinbarkeit der formellen Präklusion mit europäischem Recht – zur Zukunft von § 47 Abs. 2a VwGO

Die Zukunft der formellen Präklusion nach § 47 Abs. 2a VwGO könnte ein Ende finden, weil die Vorschrift nur noch eingeschränkt mit europäischem Recht vereinbar ist und der Bundesgesetzgeber deshalb eine Novellierung möglicherweise bis hin zur vollständigen Abschaffung der Norm plant. Ausgangspunkt für diese Entwicklung ist das Urteil des Europäischen Gerichtshofs vom 15. Oktober 2015.[32]

2.8.1 Urteil des EuGH vom 15. Oktober 2015

Der Europäische Gerichtshof hatte in seinem Urteil vom 15.10.2015 über die Frage zu entscheiden, ob der Einwendungsausschluss im Planfeststellungsrecht nach § 73 Abs. 4 VwVfG mit Art. 11 der Richtlinie 2011/92 (Umweltverträglichkeitsprüfungs-Richtlinie, kurz: UVP-Richtlinie) und Art. 25 der Richtlinie 2010/75 (Industrieemissionen-Richtlinie) vereinbar ist. So regelt Art. 11 der UVP-Richtlinie den Zugang der betroffenen Öffentlichkeit zu den Überprüfungsverfahren durch die Gerichte.[33]

---

31 Vgl. BVerwG, Urt. v. 11.09.2014, a. a. O., (Fn. 9), Rn. 13.
32 EuGH, Urt. v. 15.10.2015 – C-137/14 – juris.
33 Ebenda, Rn. 68.

Der EuGH kam zu dem Ergebnis, dass der Einwendungsausschluss im Planfeststellungsrecht, wonach sich der Kläger nur auf die vorgetragenen Einwendungen stützen kann, mit europäischem Recht nicht vereinbar ist. So sehe etwa die UVP-Richtlinie unbeschränkten Zugang zu den Gerichten vor. Dieser unbeschränkte Zugang könne auch nicht dem Argument eingeschränkt werden, die Rechtssicherheit gebiete den Einwendungsausschluss. Denn es sei keineswegs erwiesen, dass eine umfassende gerichtliche Kontrolle dem Grundsatz der Rechtssicherheit abträglich sein kann.[34] Der nationale Gesetzgeber könne aber Verfahrensvorschriften vorsehen, die zur Unzulässigkeit eines missbräuchlichen oder unredlichen Vorbringens führen.[35]

2.8.2 Bedeutung die Präklusion nach § 47 Abs. 2a VwGO

Da der Ausgangspunkt dieser Betrachtungen die unbeschränkte gerichtliche Kontrolle nach Art. 11 der UVP-Richtlinie ist, gilt die Unvereinbarkeit von Präklusionsregelungen mit dem europäischen Recht nicht nur für das Planfeststellungsrecht, über das der EuGH konkret zu entscheiden hatte. Es betrifft auch alle anderen Präklusionsvorschriften im deutschen Verwaltungsrecht, die Umweltverträglichkeitsprüfungen zum Gegenstand des jeweiligen Verfahrens haben, also auch für die Präklusion im Bundes-Immissionsschutzgesetz oder vorliegend im Bauplanungsrecht.[36]

Soweit in einem Bebauungsplanverfahren zwingend eine Umweltverträglichkeitsprüfung (in Gestalt der Umweltprüfung) durchzuführen ist, kann die Vereinbarkeit der Präklusion nach § 47 Abs. 2a VwGO nach den klaren Worten des EuGH für den Einwendungsausschluss im Planfeststellungsrecht eigentlich kaum mehr angenommen werden. Dies gilt für Bebauungsplanverfahren nach § 2 Abs. 3 Nr. 3 UVPG, mit denen die Zulässigkeit von Vorhaben gemäß Anlage 1 zum UVPG zugelassen werden soll. Hier sind vor allem die „Bauvorhaben“ nach Nr. 18 der Anlage 1 zum

34 Ebenda, Rn. 77 ff.
35 Ebenda, Rn. 81.
36 Vgl. Fellenberg, Weiter frischer Wind aus Luxemburg – Zu den Klagemöglichkeiten im Umweltrecht, NVwZ, NVwZ 2015, 1721, 1723; Zeissler/Schmitz, Das Urteil des EuGH vom 15.01.2015 in der Rechtssache C-137/14 als Ende der umweltrechtlichen Präklusion?, UPR 2016, 1, 4.

UVPG relevant. Bei solchen UVP-pflichtigen Bauvorhaben, die Gegenstand eines Bebauungsplanverfahrens sind, wird davon auszugehen sein, dass die Präklusion nach § 47 Abs. 2a VwGO mit Europarecht unvereinbar ist und daher keine Geltung mehr beanspruchen kann.

2.8.3 Zukunft der Vorschrift

Aus den vorgenannten Gründen ist die Zukunft der Präklusion von Einwendungen im Bauplanungsrecht zumindest für UVP-pflichtige Bebauungsplanverfahren ungewiss. Die Bundesregierung soll derzeit einen Gesetzentwurf erarbeiten, wonach die prozessrechtliche Präklusion im Bauplanungsrecht teilweise oder vollständig aufgehoben werden soll.

3 Verfahrensrechtliche Präklusion nach § 4a Abs. 6 BauGB

Nach § 4a Abs. 6 Satz 1 BauGB können Stellungnahmen, die im Verfahren der Öffentlichkeits- und Behördenbeteiligung nicht rechtzeitig abgegeben worden sind, bei der Beschlussfassung über den Bauleitplan unberücksichtigt bleiben, sofern die Gemeinde deren Inhalt nicht kannte und nicht hätte kennen müssen und deren Inhalt für die Rechtmäßigkeit des Bauleitplans nicht von Bedeutung ist. Dies gilt für die Öffentlichkeitsbeteiligung – wie auch bei der prozessrechtlichen Präklusion – nur dann, wenn darauf in der Bekanntmachung hingewiesen wurde. Die Vorschrift gilt neben dem hier darzustellenden Fall der Öffentlichkeitsbeteiligung auch für die Behördenbeteiligung, was jedoch nicht weiter vertieft werden soll.

3.1 Bedeutung der Vorschrift

Die Präklusionsvorschrift des § 4a Abs. 6 BauGB soll nicht nur der Planungshoheit der Gemeinde Rechnung tragen, sondern auch den rechtsstaatlich gebotenen Gesetzesvollzug wahren. Aus diesem Grund sieht die Vorschrift Einschränkungen für die Präklusion vor.[37]

Die Präklusion wirkt daher auch weit schwächer als ähnliche Vorschriften wie etwa in § 73 Abs. 4 Satz 3 VwVfG zum Einwendungsausschluss im Planfeststellungsrecht. So tritt die Präklusion im Aufstellungsverfahren für den Bebauungsplan nur dann ein, wenn die Gemeinde die nicht fristgemäß

---

37 Vgl. Gesetzesbegründung, BT-Drs. 11/6636, S. 29, IV., zu Art. 2 § 2.

geltend gemachten Belange nicht kannte und auch nicht hätte kennen müssen. Darüber hinaus darf der Inhalt dieser verspäteten oder nicht abgegebenen Stellungnahmen auch nicht für die Rechtmäßigkeit der Bauleitplanung von Bedeutung ist.[38]

Für die Öffentlichkeitsbeteiligung regelt § 4a Abs. 6 BauGB zumindest eine verfahrensrechtliche Präklusion für das Planaufstellungsverfahren, also die Präklusion bezogen auf den Abwägungsvorgang. Soweit die Gemeinde den Inhalt der Stellungnahme nicht kannte und nicht hätte kennen müssen und dieser auch nicht für die Rechtmäßigkeit des Bebauungsplans von Bedeutung ist, kann die Gemeinde davon absehen, die darin enthaltenen Belange in die planerische Abwägung einzustellen.[39]

Fraglich ist, ob § 4a Abs. 6 BauGB auch eine materiell-rechtliche Präklusion regelt. Das Abstellen der Vorschrift auf den „Inhalt" der Stellungnahmen spricht zumindest dafür. Die Vorschrift bezieht sich demnach auch auf das Abwägungsergebnis.[40]

3.2 Vorbehalte für die Präklusion

3.2.1 Keine Kenntnis der Gemeinde

Die Präklusion greift nur, wenn die Stellungnahme nicht rechtzeitig abgegeben worden sind und die Gemeinde ihren Inhalt nicht kannte und nicht hätte kennen müssen.

Dabei kommt es nicht auf die Stellungnahme, sondern ausdrücklich auf deren Inhalt, mithin also auf die Belange des Einwenders an. Dabei sind der Gemeinde Belange auch dann bekannt, wenn sie ihr zwar nicht fristgemäß, aber noch vor der Beschlussfassung des Bebauungsplans bekannt gegeben worden sind.[41]

---

38 Vgl. Battis, in: Battis/Krautzberger/Löhr, BauGB, § 4a, Rn. 14; Gaentzsch, Berliner Kommentar zum BauGB, § 4a, Rn. 25.

39 Vgl. Gaentzsch, a. a. O., (Fn. 38), § 4a, Rn. 26.

40 Ebenda; so auch Krautzberger, in: Ernst/Zinkahn/Bielenberg/Krautzberger/Löhr, BauGB, § 4a, Rn. 61, 63.

41 Gaentzsch, a. a. O., (Fn. 38), § 4a, Rn. 27.

Belange, welche die Gemeinde hätte kennen müssen, liegen vor, wenn sich ihr die Belange hätten aufdrängen müssen. In diesem Fall muss die Gemeinde weitergehende Ermittlungen anstellen.[42]

3.2.2 Rechtmäßigkeits-Vorbehalt

Unabhängig davon gilt nach § 4a Abs. 6 Satz 1 BauGB bei fehlender Berücksichtigung von Belangen der Vorbehalt der Rechtmäßigkeit des Bebauungsplans. Danach können Belange dann nicht unberücksichtigt bleiben, wenn sie trotz Unkenntnis der Gemeinde von substantieller Bedeutung für die Rechtmäßigkeit des Bebauungsplans sind. Es handelt sich dabei um Gemeinwohlbelange, die auch den Schutz der Bürger bezwecken.[43] Als Stichwort wird in diesem Zusammenhang der Belang der „Altlasten" genannt. In diesem Fall wird die Gemeinde nicht von der Pflicht entbunden sein, ein verspätetes Vorbringen aufzugreifen und gegebenenfalls weitere Ermittlungen anzustellen, auch dann, wenn sie hiervon keine Kenntnis hatte und auch nicht hätte haben müssen.[44]

3.3 Hinweis

Soweit die Präklusion im Planaufstellungsverfahren nach § 4a Abs. 6 BauGB für Einwender in der Öffentlichkeitsbeteiligung greifen soll, muss der Plangeber gemäß § 4a Abs. 6 Satz 2 BauGB einen Hinweis auf die Präklusion in die Bekanntmachung aufnehmen.

---

42 Vgl. Krautzberger, a. a. O., (Fn. 40), § 4a, Rn. 66; Battis, a. a. O., (Fn. 38), § 4a, Rn. 15.

43 Vgl. Krautzberger, a. a. O., (Fn. 40), § 4a, Rn. 65.

44 Battis, a. a. O., (Fn. 38), § 4a, Rn. 15; Krautzberger, a. a. O., (Fn. 40), § 4a, Rn. 64.

Helmut Petz

Die Heilung von Verfahrensfehlern

1 Verfahrensfehler und Planerhaltung im Städtebaurecht (§§ 214, 215 BauGB)

1. Bauleitpläne, die unter Verletzung von Verfahrens- und Formvorschriften zustande gekommen sind, sind im Grundsatz von Anfang an (ex tunc) und ohne weiteres (ipso iure) unwirksam. Mit den **Planerhaltungsvorschriften** der §§ 214, 215 BauGB schränkt der Gesetzgeber dieses sog. Nichtigkeitsdogma im Interesse der „Bestandskraft" städtebaulicher Pläne und Satzungen ein, indem er festlegt, welche Fehler beim Zustandekommen eines Plans von vornherein (un-)beachtlich sind (§ 214 Abs. 1 bis 3 BauGB), unter welchen Voraussetzungen beachtliche Fehler unbeachtlich werden (§ 215 BauGB) und wie beachtlich bleibende Fehler in einem ergänzenden Verfahren behoben werden können (§ 214 Abs. 4 BauGB).
2. **Verfassungs- oder Unionsrecht** steht den Planerhaltungsvorschriften grundsätzlich nicht entgegen. Unionsrecht fordert aber die praktische Wirksamkeit derjenigen Verfahrensvorschriften, die der Umsetzung unionsrechtlicher Vorgaben dienen. Es kann deshalb einer Planerhaltungsvorschrift entgegenstehen, die einen Verstoß gegen solche Verfahrensvorschriften für unbeachtlich erklärt.

2 Unbeachtlichkeit von Verfahrensfehlern, § 214 Abs. 1 Satz 1 BauGB

3. Die Unbeachtlichkeit eines Fehlers nach § 214 Abs. 1 bis 3 BauGB bewirkt nicht dessen „Heilung". Die Vorschriften sind allein darauf gerichtet, die - prinzipale oder inzidente - **gerichtliche Kontrolle** städtebaulicher Pläne und Satzungen zu begrenzen.
4. § 214 Abs. 1 Satz 1 BauGB regelt die Beachtlichkeit einer Verletzung von **Verfahrens- und Formvorschriften** des BauGB. Die Regelung ist abschließend. Das bedeutet: Nur die in § 214 Abs. 1 BauGB als beachtlich

bezeichneten Verfahrens- und Formvorschriften stehen der Wirksamkeit des Plans oder der Satzung entgegen; Verfahrens- und Formvorschriften des BauGB, die in § 214 Abs. 1 Satz 1 BauGB nicht erwähnt sind, bleiben im Gegenschluss unbeachtlich. Nicht in den Anwendungsbereich der Vorschrift fallen Verfahrens- und Formvorschriften nach anderen Bundesgesetzen oder nach Landesrecht; Verstöße hiergegen können unbeachtlich sein, sofern dort bestimmt.

5. Die in § 2 Abs. 3 BauGB geregelte Pflicht zur **Ermittlung und Bewertung des Abwägungsmaterials** hat der Gesetzgeber mit dem EAG Bau ausdrücklich als Verfahrensanforderung qualifiziert. Verstöße sind nach § 214 Abs. 1 Satz 1 Nr. 1 BauGB beachtlich, wenn der Mangel offensichtlich und auf das Ergebnis des Verfahrens von Einfluss gewesen ist. Ungeklärt ist, inwieweit sich die Erwägungen des EuGH in der sog. Altrip-Entscheidung (Urteil vom 7. November 2013 - C-72/12 -) zur Verteilung der materiellen Beweislast auf dieses Kausalitätskriterium übertragen lassen. Die in § 214 Abs. 3 Satz 2 Halbs. 2 BauGB eingefügte „Angstklausel" des Gesetzgebers für etwaig verbleibende materiell-rechtliche Aspekte des Abwägungsvorgangs bleibt praktisch ohne Bedeutung.
6. Ein Verstoß gegen § 3 Abs. 2 Satz 2 BauGB, wonach in der Bekanntmachung der öffentlichen Auslegung des Planentwurfs auch Angaben darüber zu machen sind, welche **Arten umweltbezogener Informationen** verfügbar sind, kann nach § 214 Abs. 1 Satz 1 Nr. 2 Halbs. 2 Alt. 2 BauGB unbeachtlich sein. Voraussetzung hierfür ist, dass „einzelne" Angaben gefehlt haben. Davon ist nicht auszugehen, wenn in quantitativer oder qualitativer Hinsicht wesentliche Umweltinformationen vorenthalten worden sind.
7. Die fehlerhafte **Wahl des beschleunigten Verfahrens** nach § 13a BauGB ist für sich genommen kein nach § 214 Abs. 1 Satz 1 BauGB beachtlicher Verfahrensfehler. Das beschleunigte Verfahren führt jedoch gemäß § 13a Abs. 2 Nr. 1 i. V. m. § 13 Abs. 3 BauGB dazu, dass von der Umweltprüfung im Sinne des § 2 Abs. 4 BauGB und von dem Umweltbericht nach § 2a BauGB abgesehen wird. Dieser Fehler ist beachtlich. Die vom Gesetzgeber mittlerweile aufgehobene ergänzende Unbeachtlichkeitsvorschrift des § 214 Abs. 2a Nr. 1 BauGB darf hierauf nicht - auch nicht übergangsweise (§ 233 Abs. 2 Satz 2 BauGB) - angewendet werden,

weil ihr der Anwendungsvorrang des Unionsrechts entgegensteht. Die Beachtlichkeit des Fehlers ergibt sich vielmehr aus § 214 Abs. 1 Satz 1 Nr. 3 BauGB. Einer entsprechenden Anwendung der internen Unbeachtlichkeitsklausel des § 214 Abs. 1 Satz 1 Nr. 2 Halbs. 2 Alt. 5 BauGB (so BVerwG, Urteil vom 4. August 2009 - 4 CN 4.08 - BVerwGE 134, 264 Rn. 20 <für das vereinfachte Verfahren>) steht die Entscheidung des EuGH vom 18. April 2013 - C-463/11 - entgegen, welche die praktische Wirksamkeit der Regelungen zur Umsetzung der Plan-UP-RL fordert.

3 Unbeachtlichwerden von Verfahrensfehlern, § 215 Abs. 1 Nr. 1 BauGB

8. Die in § 215 Abs. 1 Satz 1 Nr. 1 BauGB genannten - nach § 214 Abs. 1 Satz 1 Nr. 1 bis 3 BauGB beachtlichen - Verfahrensfehler werden unbeachtlich, wenn sie nicht innerhalb eines Jahres seit Bekanntmachung des Plans oder der Satzung gegenüber der Gemeinde geltend gemacht worden sind. „Funktional“ führt die Vorschrift damit die Wirkung herbei, die sich für einen Verwaltungsakt aus dem **Eintritt der Bestandskraft** ergibt (Berkemann).

4 Behebung von Verfahrensfehlern im ergänzenden Verfahren, § 214 Abs. 4 BauGB

9. Das ergänzende Verfahren nach § 214 Abs. 4 BauGB dient der **Fehlerbehebung**. Behoben werden können auch Verstöße gegen Verfahrensvorschriften, deren Beachtlichkeit in § 214 Abs. 1 bis 3 und § 215 BauGB nicht geregelt ist. Zweifel an der Rechtmäßigkeit des Plans oder der Satzung berechtigen die Gemeinde ebenfalls zur Durchführung des ergänzenden Verfahrens. Es kann auch während eines anhängigen Normenkontrollverfahrens anzuempfehlen sein, um einer stattgebenden gerichtlichen Entscheidung zuvorzukommen.
10. Die Bedeutung des ergänzenden Verfahrens besteht zum einen darin, dass § 214 Abs. 4 BauGB die Gemeinde nicht zu einem gänzlich neuen Verfahren zwingt, sondern es ihr ermöglicht, das Verfahren von dem Schritt des Aufstellungsverfahrens an zu wiederholen, in dem ihr der Fehler unterlaufen ist. Das ergänzende Verfahren ist damit der Sache

nach eine Art **„Wiedereinsetzung in den letzten fehlerfreien Verfahrensstand“**.

11. Zum anderen gestattet § 214 Abs. 4 BauGB ein **Inkraftsetzen rückwirkend** auf den Zeitpunkt, in dem der Plan oder die Satzung bei fehlerfreiem Aufstellungsverfahren in Kraft getreten wäre. Geht die Fehlerbehebung mit inhaltlichen Änderungen des Plans oder der Satzung einher, können Gründe des Vertrauensschutzes einem rückwirkenden Inkraftsetzen entgegenstehen.
12. Das ergänzende Verfahren ist ferner ausgeschlossen, wenn die **Identität der ursprünglichen Planung** durch die Fehlerbehebung in Frage gestellt würde.
13. Wird ein Bebauungsplan nach Behebung eines Ausfertigungsmangels im ergänzenden Verfahren ein weiteres Mal bekannt gemacht, löst diese Bekanntmachung die **Antragsfrist nach § 47 Abs. 2 Satz 1 VwGO** erneut aus.

Stephan Mitschang

Das vereinfachte Verfahren

Abstract: Der Beitrag behandelt das vereinfachte Verfahren in der Bauleitplanung gemäß der Vorschriften des § 13 BauGB. Einleitend wird die städtebauliche Bedeutung und Entwicklung des Verfahrens anhand der Geschichte des BauGB erläutert. Darauf aufbauend erläutert der Autor den Anwendungsbereich, die wesentlichen Regelungsinhalte des § 13 BauGB sowie seine europarechtliche Bedeutung. Abschließend wird das vereinfachte Verfahren dem Regelverfahren vergleichend gegenübergestellt.

The following article deals with the simplified procedure of urban land-use Planning according to the regulations of § 13 BauGB. Introductory the author explains the procedure's importance on urban building and its evolution on basis of the history of the BauGB. Referring to this the author informs about the field of application, the essential regulations of § 13 BauGB and the significance under European Law. Finally the simplified procedure is compared to the regularly procedure.

1 Ausgangssituation

§ 13 BauGB[1] enthält Vorschriften zur Anwendung des vereinfachten Bauleitplanverfahrens. Damit wird den Gemeinden das Recht eröffnet, für eine ganz bestimmte Kategorie von Bauleitplänen auf ein vereinfachtes Verfahren zurückzugreifen.

Geregelt werden in § 13 Abs. 1 Satz 1 BauGB die vereinfachte Änderung oder Ergänzung von Bauleitplänen sowie die vereinfachte Aufstellung von bestimmten Bebauungsplänen. Hiernach kommt das vereinfachte Verfahren in Betracht, wenn

- durch die beabsichtigte Änderung oder Ergänzung eines Bauleitplans die Grundzüge der Planung nicht berührt werden (Alt. 1),
- ein Bebauungsplan für ein Gebiet nach § 34 BauGB aufgestellt wird und sich durch die Bebauungsplanung der sich aus der vorhandenen Eigenart

1 Baugesetzbuch (BauGB) i. d. F. der Bek. vom 23.09.2004, BGBl. I S. 2414, das zuletzt durch Art. 6 des Gesetzes vom 20.10.2015, BGBl. I S. 1722 geändert wurde.

der näheren Umgebung ergebende Zulässigkeitsmaßstab nicht wesentlich verändert wird (Alt. 2),
- ein Bebauungsplan aufgestellt wird, der lediglich Festsetzungen nach § 9 Abs. 2a BauGB (Alt. 3) oder § 9 Abs. 2b BauGB (Alt. 4) enthält.

Liegt einer dieser Anwendungsfälle vor, dann kann die Gemeinde von verschiedenen verfahrensrechtlichen Erleichterungen im Sinne von § 13 Abs. 2 Satz 1 Nr. 1 bis 3 BauGB Gebrauch machen. So kann zunächst von

- der frühzeitigen Unterrichtung und Erörterung nach § 3 Abs. 1 Satz 1 BauGB über die allgemeinen Ziele und Zwecke der Planung,
- sich wesentlich unterscheidende Lösungen, die für die Neugestaltung oder Entwicklung eines Gebiets in Betracht kommen und
- die voraussichtlichen Auswirkungen der Planung abgesehen werden.
- Dies gilt auch für die vorgezogene Behördenbeteiligung nach § 4 Abs. 1 BauGB, in deren Rahmen die Behörden und sonstigen Träger öffentlicher Belange, die in ihrem Aufgabenbereich durch die vorgesehene Bauleitplanung berührt werden können, zu unterrichten und zur Äußerung auch im Hinblick auf den erforderlichen Umfang und Detaillierungsgrad der Umweltprüfung nach § 2 Abs. 4 BauGB aufzufordern sind.

Diese in § 13 Abs. 2 Satz 1 Nr. 1 BauGB enthaltene Bestimmung erlaubt es also der Gemeinde, im vereinfachten Verfahren auf die erste Stufe der Öffentlichkeits- und Behördenbeteiligung zu verzichten. Eine weitere Erleichterung wird durch § 13 Abs. 2 Nr. 2 und 3 BauGB eröffnet. Hiernach hat die Gemeinde die Möglichkeit, im Zuge der Öffentlichkeits- und Behördenbeteiligung, eine Beschränkung auf die „betroffene" Öffentlichkeit bzw. auf die „berührten" Behörden und sonstigen Träger öffentlicher Belange vorzunehmen.

Soweit das vereinfachte Verfahren herangezogen wird, entfällt die bei Bauleitplänen nach § 2 Abs. 4 BauGB obligatorisch durchzuführende Umweltprüfung. Dies ist insofern möglich, als § 13 Abs. 1 Nr. 1 und 2 BauGB den Anwendungsbereich des vereinfachten Verfahrens unter Berücksichtigung der europarechtlichen Vorgaben entsprechend einschränkt. So darf das vereinfachte Verfahren nach § 13 Abs. 1 Nr. 1 und 2 BauGB nur angewendet werden, „wenn

- die Zulässigkeit von Vorhaben, die einer Pflicht zur Durchführung einer Umweltverträglichkeitsprüfung nach Anlage 1 zum Gesetz über die Umweltverträglichkeitsprüfung[2] oder nach Landesrecht unterliegen, nicht vorbereitet oder begründet wird und
- keine Anhaltspunkte für eine Beeinträchtigung der in § 1 Abs. 6 Nr. 7b [BauGB] genannten Schutzgüter bestehen."

Schließlich regelt § 13 Abs. 3 Satz 1 BauGB, dass im vereinfachten Verfahren weder die Umweltprüfung noch die mit ihr verbundenen sonstigen umweltprüfungsrechtlichen Elemente (wie etwa das Scoping gem. § 2 Abs. 4 Satz 2 BauGB oder das Monitoring gem. § 4c BauGB) anzuwenden sind. Wird allerdings von der Möglichkeit der Betroffenenbeteiligung im Zuge der Öffentlichkeitsbeteiligung Gebrauch gemacht, dann gilt nach § 13 Abs. 2 Satz 2 BauGB in Bezug auf die Hinweispflicht des § 3 Abs. 2 Satz 2 Halbsatz 2 BauGB entsprechend. Zusätzlich ist ebenso nach § 13 Abs. 3 Satz 3 BauGB darauf hinzuweisen, dass von einer Umweltprüfung abgesehen wird.

Im Übrigen gelten die Vorschriften des § 13 Abs. 2 und 3 Satz 1 BauGB im Verfahren zur Aufstellung, Änderung, Ergänzung oder Aufhebung eines Bebauungsplans der Innenentwicklung nach § 13a BauGB entsprechend.[3]

Zuletzt geändert wurde die Bestimmung im Rahmen der Innenentwicklungs-Novelle I[4], in Kraft getreten im Jahr 2007. Diese auch heute noch maßgeblichen Bestimmungen können mittlerweile auf eine lange Tradition zurückgreifen, die bereits mit dem Bundesbaugesetz von 1960 (BBauG-1960)[5] ihren Ausgangspunkt fanden.

2 Gesetz über die Umweltverträglichkeitsprüfung (UVPG) in der Fassung der Bekanntmachung vom 24. Februar 2010 (BGBl. I S. 94), zul. geänd. durch Gesetz vom 21.12.2015 (BGBl. I S. 2490).

3 Sog. „beschleunigtes Verfahren".

4 Gesetz zur Erleichterung von Planungsvorhaben für die Innenentwicklung der Städte (Innenentwicklungs-Novelle I) vom 21.12.2006, BGBl. I S. 3316.

5 Bundesbaugesetz (BBauG-1960) vom 23.06.1960, BGBl. I S. 341.

2 Die wichtigsten Änderungen im Überblick

§ 13 BauGB ist mehrfach geändert worden.[6] Ausgehend von der ursprünglich in § 13 BBauG-1960 enthaltenen Bestimmung haben sich im Vergleich zur geltenden Vorschrift, erhebliche verfahrens- und materiell-rechtliche Veränderungen ergeben.

2.1 Die wichtigsten Änderungen

Die im Rahmen der einzelnen Städtebaurechtsnovellen vorgenommenen Regelungsänderungen und -ergänzungen lassen sich im Wesentlichen wie folgt darstellen:

- Nach § 13 Abs. 1 BBauG-1960 konnten Änderungen oder Ergänzungen des Bebauungsplans ohne Auslegung und Genehmigung rechtsverbindlich werden, wenn zwei Voraussetzungen erfüllt waren:
  - Durch die Änderungen oder Ergänzungen des Bebauungsplans durften die Grundzüge der Planung nicht berührt werden.
  - Die Änderungen oder Ergänzungen des Bebauungsplans durften für die Nutzung der betroffenen und der benachbarten Grundstücke nur von unerheblicher Bedeutung sein.

Stimmten die Eigentümer der betroffenen und benachbarten Grundstücke sowie die beteiligten Behörden und Stellen der Änderung oder Ergänzung nicht zu, bedurfte die Änderung oder Ergänzung des Bebauungsplans nach § 13 Abs. 2 BBauG-1960 der Genehmigung durch die höhere Verwaltungsbehörde (vgl. § 11 BBauG-1960). Dies erfolgte dann unter Berücksichtigung der sachlichen Einwendungen gegen die beabsichtigte Änderung oder Ergänzung.

- Auf der Grundlage des Art. 1 des Gesetzes „zur Beschleunigung von Verfahren und zur Erleichterung von Investitionsvorhaben im Städtebaurecht“

---

6 Ausführlich zur Entstehungsgeschichte: Vgl. Krautzberger, in: Ernst/Zinkahn/Bielenberg/Krautzberger (Hrsg.), Baugesetzbuch Kommentar, Loseblattsammlung, Stand: 110. Lfg., August 2013, § 13 Rn. 4 ff.; Gierke, in. Brügelmann (Hrsg.), Baugesetzbuch Kommentar, Loseblattsammlung, Stand: 65. Lfg., Februar 2008, § 13 Rn. 6 ff.

aus dem Jahr 1979[7] wurde das Bundesbaugesetz geändert und die Bestimmung über das vereinfachte Verfahren unter Beibehaltung der Überschrift „Vereinfachte Änderung des Bebauungsplans" neu gefasst. Nach § 13 Satz 1 BBauG-1979 war die durch die Novelle des Baugesetzbuchs im Jahr 1976[8] eingeführte Bürgerbeteiligung und die Genehmigung des Bebauungsplans nunmehr nicht mehr „erforderlich, wenn

- die Änderungen oder Ergänzungen des Bebauungsplans die Grundzüge der Planung nicht berührten und
- den Eigentümern der von den Änderungen oder Ergänzungen betroffenen und benachbarten Grundstücke sowie den von den Änderungen oder Ergänzungen berührten Trägern öffentlicher Belange Gelegenheit zur Stellungnahme gegeben wurde".

Neben dieser materiellen Fokussierung der Anwendungsvoraussetzungen auf die Einhaltung der Grundzüge der Planung war noch eine weitere Neuerung von Bedeutung, durch die an die nach § 13 Abs. 2 BBauG-1960 notwendige Zustimmung der Beteiligten nunmehr deren Widerspruch trat.[9] In diesem Sinne bestimmte § 13 Satz 3 BBauG-1979, dass der Bebauungsplan der Genehmigung bedurfte, wenn die von den Änderungen oder Ergänzungen betroffenen Eigentümer sowie die Eigentümer der benachbarten Grundstücke den Änderungen oder Ergänzungen widersprachen.

- Schon aus der Überschrift „Vereinfachte Änderung oder Ergänzung des Bauleitplans" wird deutlich, dass § 13 BauGB-1987[10] den Anwendungsbereich des vereinfachten Verfahrens erweitert hatte und sodann neben dem Bebauungsplan[11] auch der Flächennutzungsplan[12] im vereinfachten Verfahren geändert oder ergänzt werden durfte. Aus § 13 Abs. 1 Satz 1 Halbsatz 1 BauGB-1987 ergab sich zunächst nicht, dass es – wie vormals auch – weder der vorgezogenen Öffentlichkeitsbeteiligung noch der sich anschließenden Offenlage (§ 3 BauGB-1987), der Behördenbeteiligung (§ 4 BauGB-1987) sowie der Genehmigung oder

7 Vom 06.07.1979, BGBl. I S. 949.
8 Bundesbaugesetz (BBauG-1976) vom 18.08.1976, BGBl. I S. 2256, ber. S. 3617.
9 Vgl. Krautzberger, a. a. O., (Fn. 6), § 13 Rn. 7.
10 Gesetz über das Baugesetzbuch (BauGB-1987) vom 08.12.1986, BGBl. I S. 2191.
11 Geregelt in § 13 Abs. 1 BauGB-1987.
12 Geregelt in § 13 Abs. 2 BauGB-1987.

Anzeige (§ 11 BauGB-1987) des Bauleitplans bei der Anwendung des vereinfachten Verfahrens nicht bedurfte.

Auch die Bekanntmachung des Aufstellungsbeschlusses (§ 2 Abs. 1 Satz 2 BauGB-1987) zur vereinfachten Änderung oder Ergänzung des Bauleitplans war nach § 13 Abs. 1 Satz 1 Halbsatz 2 BauGB-1987 nicht erforderlich. Schließlich regelte § 13 Abs. 1 Satz 2 BauGB-1987, dass den Eigentümern, welche sich im Besitz der von den Änderungen oder Ergänzungen betroffenen Grundstücke befanden sowie den von den Änderungen oder Ergänzungen berührten Trägern öffentlicher Belange Gelegenheit zur Stellungnahme innerhalb einer angemessenen Frist zu geben war. Mit dieser Neuregelung wurde der vormals verwendete Begriff des Eigentümers, der im Besitz von den durch Änderungen oder Ergänzungen betroffenen und benachbarten Grundstücken ersetzt. Nunmehr maßgeblich war, dass der Eigentümer von den Änderungen oder Ergänzungen des Bauleitplans „betroffen" war. Mit der insoweit vorgenommenen Bezugnahme auf „betroffene" Grundstücke wurden die benachbarten Grundstücke zwar miterfasst, es kam aber darauf an, dass diese auch von den Auswirkungen der Änderung oder Ergänzung des Bauleitplans erfasst wurden; während die bloße Nachbarschaft für sich genommen fortan nicht mehr ausreichte, um beteiligt zu werden.[13] Die Stellungnahmen der Beteiligten waren als Bedenken und Anregungen nach § 3 Abs. 2 Satz 4 und 6 BauGB-1987 zu behandeln (§ 13 Abs. 1 Satz 4 BauGB-1987) und das Ergebnis war den Beteiligten mitzuteilen. Nur bei Widerspruch der Beteiligten innerhalb der angemessenen Frist bedurfte der Bebauungsplan der Genehmigung oder der Anzeige durch die höhere Verwaltungsbehörde nach § 11 BauGB-1987, in deren Rahmen dann die nicht erledigten Bedenken oder Anregungen vorzulegen waren.

§ 13 Abs. 2 BauGB-1987 regelte dann in Bezug auf den Flächennutzungsplan, dass für Änderungen oder Ergänzungen von Flächen oder sonstigen Darstellungen des Flächennutzungsplans, die im Umfang geringfügig oder von geringer Bedeutung waren, es der §§ 3 und 4 BauGB-1987 sowie auch des § 2 Abs. 1 Satz 2 BauGB-1987 nicht bedurfte und für die Beteiligung der Eigentümer sowie auch der Träger öffentlicher

13 Vgl. Krautzberger, a. a. O., (Fn. 6), § 13 Rn. 8.

Belange und der Behandlung der Stellungnahmen wie bei Änderungen oder Ergänzungen eines Bebauungsplans zu verfahren war.

- Auf der Grundlage des Maßnahmengesetz zum Baugesetzbuch[14] aus dem Jahr 1990 durften Bebauungspläne geändert oder ergänzt werden, auch wenn dabei die Grundzüge der Planung berührt wurden. Es handelte sich dabei um die Art. 1 und 2 des Wohnungsbauerleichterungsgesetzes[15]. Nach § 2 Abs. 7 BauGB-MaßnahmenG-1990 durften Bebauungspläne, die zur Deckung eines dringenden Wohnbedarfs der Bevölkerung geändert oder ergänzt werden sollten, vereinfacht geändert und ergänzt werden, auch wenn die Grundzüge der Planung berührt wurden. Die planende Gemeinde hatte dabei die Wahl, ob sie auf die erleichterten Voraussetzungen nach § 2 Abs. 7 BauGB-MaßnahmenG-1990 zurückgreifen oder die erforderliche vereinfachte Änderung oder Ergänzung des Bebauungsplans nach den althergebrachten Maßgaben des § 13 BauGB-1987 durchführen wollte.
- Mit dem Einigungsvertrag von 1990[16] galten die Bestimmungen über die vereinfachte Änderung oder Ergänzung eines Bauleitplans nach § 13 BauGB-1987 dann auch in den neuen Bundesländern.
- Art. 1 des Bau- und Raumordnungsgesetzes 1998[17] novellierte das Baugesetzbuch erneut und führte unter der Überschrift „Vereinfachtes Verfahren“ zu einer Neufassung der Vorschrift. Dabei wurde nicht mehr zwischen Bestimmungen für die Änderung oder Ergänzung eines Bebauungsplans und eines Flächennutzungsplans unterschieden. Die einheitliche Voraussetzung war nunmehr, dass durch die Änderungen oder

---

14 Maßnahmengesetz zum Baugesetzbuch 1990 (BauGB-MaßnahmenG-1990) vom 17.05.1990, BGBl. I S. 926. Das BauGB-MaßnahmenG-1990 galt für die alten Bundesländer bis zum 30.04.1993.

15 Gesetz zur Erleichterung des Wohnungsbaus im Planungs- und Baurecht sowie zur Änderung mietrechtlicher Vorschriften (Wohnungsbauerleichterungsgesetz – WoBauErlG) vom 17.05.1990, BGBl. I S. 926.

16 Vertrag zwischen der Bundesrepublik Deutschland und der Demokratischen Republik über die Herstellung der Einheit Deutschlands (Einheitsvertrag 1990) vom 31.08.1990, BGBl. II S. 889, zul. angepasst durch Gesetz vom 21.01.2013, BGBl. I S. 91.

17 Gesetz zur Änderung des Baugesetzbuchs und zur Neuregelung des Rechts der Raumordnung (Bau- und Raumordnungsgesetz 1998 – BauROG) vom 18.08.1997, BGBl. I S. 2081.

Ergänzungen eines Bauleitplans die Grundzüge der Planung nicht berührt werden durften. War dies der Fall, konnte von der Unterrichtung und Erörterung nach § 3 Abs. 1 Satz 1 BauGB abgesehen werden (§ 13 Nr. 1 BauGB-1998) und es konnte den betroffenen Bürgern Gelegenheit zur Stellungnahme innerhalb einer angemessenen Frist gegeben oder wahlweise die Auslegung nach § 3 Abs. 2 BauGB durchgeführt werden (§ 13 Nr. 2 BauGB-1998). Damit wurde die individuelle Beteiligung von Eigentümern, deren Grundstücke von den Änderungen oder Ergänzungen des Bauleitplans „betroffen" waren, zugunsten einer allgemeinen Betroffenheit aufgegeben.[18] Schließlich regelte § 13 Nr. 3 BauGB-1998, dass den berührten Trägern öffentlicher Belange, Gelegenheit zur Stellungnahme innerhalb einer angemessenen Frist gegeben oder wahlweise die Beteiligung nach § 4 durchgeführt werden sollte.

- Eine erneute Umgestaltung der Bestimmung über das vereinfachte Verfahren erfolgte im Rahmen des Europarechtsanpassungsgesetz Bau von 2004[19], durch dessen Art. 1 das Baugesetzbuch erneut geändert wurde. Anlass für diese Änderung war die Umsetzung der sog. „Plan-UP-RL"[20] der Europäischen Union in nationales Recht.[21] Hiernach konnte die Gemeinde das vereinfachte Verfahren anwenden, wenn durch die Änderung oder Ergänzung eines Bauleitplans die Grundzüge der Planung nicht berührt wurden oder durch die Aufstellung eines Bebauungsplans in einem Gebiet nach § 34 BauGB der sich aus der vorhandenen Eigenart der näheren Umgebung ergebende Zulässigkeitsmaßstab nicht wesentlich verändern würde. Die Anwendung des vereinfachten Verfahrens stand außerdem unter den Voraussetzungen, dass

  - die Zulässigkeit von Vorhaben, die einer Pflicht zur Durchführung einer Umweltverträglichkeitsprüfung nach Anlage 1 zum Gesetz über

18 Vgl. auch Krautzberger, a. a. O., (Fn. 6), § 13 Rn. 11.

19 Gesetz zur Anpassung des Baugesetzbuchs an EU-Richtlinien (Europarechtsanpassungsgesetz Bau – EAG Bau-2004) vom 24.06.2004, BGBl. I S. 1359.

20 Richtlinie 2001/42/EG des Europäischen Parlaments und des Rates vom 27.06.2001 über die Prüfung der Umweltauswirkungen bestimmter Pläne und Programme (Plan-UP-RL), ABl. EG Nr. L 197 S. 30.

21 Dazu genauer unter 4.

die Umweltverträglichkeitsprüfung oder nach Landesrecht unterliegen, nicht vorbereitet oder begründet werden und

- keine Anhaltspunkte für eine Beeinträchtigung der in § 1 Abs. 6 Nr. 7b BauGB genannten Schutzgüter bestanden (vgl. § 13 Abs. 1 BauGB-2004[22]).

Wie vorher auch schon konnte im vereinfachten Verfahren nach § 13 Abs. 2 BauGB-2004

- von der frühzeitigen Unterrichtung und Erörterung abgesehen werden (§§ 3 Abs. 1 und § 4 Abs. 1 BauGB-2004) und/ oder
- der betroffenen Öffentlichkeit bzw. den berührten Trägern öffentlicher Belange Gelegenheit zur Stellungnahme innerhalb einer angemessenen Frist gegeben oder wahlweise die förmliche Auslegung bzw. die förmliche Beteiligung durchgeführt werden (§§ 3 Abs. 2 und 4 Abs. 2 BauGB-2004).

Schließlich sah § 13 Abs. 3 Satz 1 BauGB-2004 unter Berücksichtigung der europarechtlichen Vorgaben der Plan-UP-RL vor, dass im vereinfachten Verfahren von der Umweltprüfung und den damit verknüpften umweltprüfungsrechtlichen Elementen abgesehen werden konnte. Bei der Beteiligung der Öffentlichkeit war allerdings nach § 13 Abs. 3 Satz 2 BauGB-2004 darauf hinzuweisen, dass von einer Umweltprüfung abgesehen wird.

Die Ausgestaltung des vereinfachten Verfahrens durch das Europaanpassungsgesetz Bau 2004 entspricht im Wesentlichen auch noch den heutigen Anforderungen, die an die Durchführung des vereinfachten Verfahrens gestellt werden.

- Anlässlich der Innenentwicklungs-Novelle I aus dem Jahr 2007 wurden wiederum am vereinfachten Verfahren Änderungen vorgenommen. So wurde der Anwendungsbereich des § 13 Abs. 1 BauGB-2007[23] um solche Bebauungspläne, die lediglich Festsetzungen nach § 9 Abs. 2a BauGB-2007 enthalten sollen, bei denen es also um die Sicherung und

22 Baugesetzbuch (BauGB-2004) i. d. F. der Bek. vom 27.08.1997, BGBl. I S. 2141, BGBl. I 1998, 137), zul. geänd. durch Gesetz vom 24.06.2004, BGBl. I S. 1359.

23 Baugesetzbuch (BauGB-2007) i. d. F. vom 24.06.2004, BGBl. I S. 2141, zul. geänd. durch Gesetz vom 21.12.2006, BGBl. I S. 3316.

Entwicklung zentraler Versorgungsbereiche und die verbrauchernahe Versorgung geht, erweitert.[24] Im Weiteren wurde im Falle einer Beteiligung der nur betroffenen Öffentlichkeit nach § 13 Abs. 2 Satz 1 Nr. 2 BauGB-2007 geregelt, dass die Hinweispflicht des § 3 Abs. 2 Satz 2 Halbsatz 2 BauGB-2007 (prozessuale Präklusion) entsprechend gelte. Schließlich wurde in § 13 Abs. 3 Satz 1 BauGB-2007 klargestellt, dass auch die Erarbeitung einer zusammenfassenden Erklärung zu denjenigen umweltprüfungsrechtlichen Elementen gehört, von deren Erstellung bei der Durchführung des vereinfachten Verfahrens – wie für alle anderen umweltprüfungsrechtlichen Elemente auch – abgesehen werden durfte.[25]
- Mit der Innenentwicklungs-Novelle II[26] aus dem Jahr 2013 wurde der Anwendungsbereich des vereinfachten Verfahrens noch einmal erweitert. Die Erweiterung erfolgte um Bebauungspläne nach § 9 Abs. 2b BauGB-2013, das heißt um Bebauungspläne zur Steuerung der Ansiedlung von Vergnügungsstätten.[27]

3 Anwendungsbereich

Der Anwendungsbereich des vereinfachten Verfahrens ergibt sich einerseits aus den in § 13 Abs. 1 BauGB geregelten Anwendungsfällen, andererseits aber auch aus solchen Fällen, in denen eine entsprechende Anwendung in Frage kommt. Hinzu kommt, dass die einzelnen Anwendungsfälle die Erfüllung spezifischer Voraussetzungen erfordern.

3.1 Einzelne Anwendungsfälle

Für die Anwendung des vereinfachten Verfahrens lassen sich unmittelbare und mittelbare Anwendungsfälle ableiten. Die unmittelbaren Anwendungsfälle ergeben sich aus der Vorschrift in § 13 Abs. 1 BauGB selbst. Unmittelbar anwendbar ist das vereinfachte Verfahren danach in folgenden Fällen:

---

24 Sog. „Einzelhandelsbebauungsplan“.

25 Darauf wurde in § 13 Abs. 3 Satz 1 BauGB-2004 nicht ausdrücklich hingewiesen.

26 Gesetz zur Stärkung der Innenentwicklung in den Städten und Gemeinden und weiteren Fortentwicklung des Städtebaurechts (Innenentwicklungs-Novelle II) vom 11.06.2013, BGBl. I S. 1548.

27 Sog. „Vergnügungsstättenbebauungsplan“.

- Die Änderung oder Ergänzung von Flächennutzungsplänen, wenn die Grundzüge der Planung nicht berührt werden.
- Die Änderung oder Ergänzung von Bebauungsplänen, wenn die Grundzüge der Planung nicht berührt werden.
- Die Aufstellung, Änderung, Ergänzung oder Aufhebung von Bebauungsplänen in einem Gebiet nach § 34 BauGB, wenn der sich aus der näheren Umgebung ergebende Zulässigkeitsmaßstab nicht wesentlich verändert wird.
- Die Aufstellung, Änderung, Ergänzung oder Aufhebung von Bebauungsplänen, die lediglich Festsetzungen nach § 9 Abs. 2a BauGB enthalten.

Daneben kommen auch andere Fallgestaltungen für eine entsprechende Anwendung des vereinfachten Verfahrens in Frage:

- Aufstellung, Änderung, Ergänzung oder Aufhebung von Bebauungsplänen der Innenentwicklung (§ 13a BauGB).
- Aufstellung, Änderung, Ergänzung oder Aufhebung von Entwicklungssatzungen (§ 34 Abs. 1 Satz 4 Nr. 2 BauGB, § 34 Abs. 6 Satz 1 BauGB).
- Aufstellung, Änderung, Ergänzung oder Aufhebung von Ergänzungssatzungen (§ 34 Abs. 1 Satz 4 Nr. 3 BauGB, § 34 Abs. 6 Satz 1 BauGB).
- Aufstellung, Änderung, Ergänzung oder Aufhebung von Außenbereichssatzungen (§ 34 Abs. 6 Satz 5 BauGB).
- Aufhebung vorhabenbezogener Bebauungspläne (§ 12 Abs. 6 BauGB).

Grundsätzlich kommt die Heranziehung des vereinfachten Verfahrens sowohl für qualifizierte (§ 30 Abs. 1 BauGB) als auch für einfache Bebauungspläne in Frage (§ 30 Abs. 3 BauGB). Seine Anwendung hat auch Auswirkungen auf die für die Zulassung von Bauvorhaben während der Planaufstellung erforderliche Planreife. Insoweit bestimmt § 33 Abs. 3 Satz 1 BauGB, dass soweit ein vereinfachtes oder beschleunigtes Verfahren durchgeführt wird, ein Vorhaben vor Durchführung der Öffentlichkeits- und Behördenbeteiligung zugelassen werden kann, wenn im Übrigen die Voraussetzungen des § 33 Abs. 1 Nr. 2 bis 4 BauGB erfüllt sind. Das vereinfachte Verfahren spielt auch für die erneute Beteiligung im Rahmen von § 4a Abs. 3 BauGB eine Rolle. So kann nach Satz 4, soweit durch die Änderung oder Ergänzung des Entwurfs des Bauleitplans die Grundzüge der Planung nicht berührt werden, die Einholung der Stellungnahmen auf die von der Änderung oder Ergänzung betroffene Öffentlichkeit sowie die berührten Behörden sonstigen Träger öffentlicher Belange beschränkt werden. Daneben ist noch hervorzuheben, dass das vereinfachte Verfahren auch Anwendung finden kann, wenn es darum geht, einen inhaltlich fehlerhaften Bebauungsplan zu „heilen", vorausgesetzt die vorhandene Rechtswidrigkeit und die vorgesehene Änderung berühren nicht die Grundzüge der Planung und der ursprüngliche Bebauungsplan ist nur teilweise nichtig.[28]

3.2 Spezifische Anwendungsvoraussetzungen

Nach dem oben Dargelegten[29] sieht § 13 Abs. 1 BauGB unterschiedliche Anwendungsfälle für das vereinfachte Verfahren vor. Sie sind an spezifische Voraussetzungen geknüpft, deren Vorliegen oftmals nicht einfach zu bestimmen ist. Darin dürfte im Übrigen auch ein Grund liegen, weshalb bei der Anwendung des vereinfachten Verfahrens in der Planungspraxis vielfach Zurückhaltung geübt wird.[30] Zu unterscheiden sind dabei

- die Änderung oder Ergänzung eines Bauleitplans,
- die Aufstellung eines Bebauungsplans und
- die Aufstellung eines Bebauungsplans nach § 9 Abs. 2a BauGB oder § 9 Abs. 2b BauGB.

3.2.1 Änderung oder Ergänzung eines Bauleitplans

Die Gemeinde kann nach § 13 Abs. 1 Alt. 1 BauGB einen Bauleitplan nur ändern oder ergänzen, wenn die Grundzüge der Planung nicht berührt werden. Dies dient dazu, nur untergeordnete Korrekturen des Bauleitplans zu erfassen. Prüfungsmaßstab sind dabei nicht die jeweils für Änderungen vorgesehenen Teile des Bauleitplans, sondern der Bauleitplan insgesamt.[31] Hinsichtlich des „Berührtseins" der Grundzüge der Planung ist zwischen

---

28 Vgl. BVerwG, Beschl. v. 22.09.1989, – 4 NB 24.89 – NVwZ 1990, 361 (362).
29 Vgl. vorangehend 3.1.
30 Vgl. in diesem Sinne: Schrödter, in: Schrödter (Hrsg.), Baugesetzbuch Kommentar, 8. Aufl., Baden-Baden, 2015, § 13 Rn. 2.
31 Vgl. Mitschang, in: Battis/Krautzberger/Löhr (Hrsg.), Baugesetzbuch Kommentar, 13. Aufl., München, 2016, § 13 Rn. 2a.

dem Flächennutzungsplan und dem Bebauungsplan allerdings zu differenzieren.

3.2.1.1 Grundzüge der Planung

Bei den „Grundzügen der Planung" handelt es sich um einen unbestimmten Rechtsbegriff, der auch noch in anderen Vorschriften[32] verwendet wird. Dabei wird darauf abgestellt, dass der planerische Grundgedanke, also das der Planung zugrunde liegende städtebauliche Leitbild, erhalten bleibt, und dass eine Änderung von minderem Gewicht vorliegt, die noch von dem im jeweiligen Plan zum Ausdruck gekommenen planerischen Willen der Gemeinde umfasst ist. Die Änderungen oder Ergänzungen müssen nach der Rechtsprechung von minderem Gewicht sein, weil sie nur den Inhalt planerischer Entscheidungen betreffen, nicht hingegen das, was als Planungskonzeption die planerische Entscheidung trägt und damit den für sie wesentlichen Gehalt bestimmt.[33] Auch beurteilt sich, ob eine Abweichung die Grundzüge der Planung berührt oder von minderem Gewicht ist, stets nach den konkreten Umständen des Einzelfalls, nämlich nach dem im Bauleitplan zum Ausdruck gebrachten planerischen Willen. Bezogen auf diesen Willen darf der Abweichung vom Planinhalt keine derartige Bedeutung zukommen, dass die angestrebte und im Plan zum Ausdruck gebrachte städtebauliche Ordnung in beachtlicher Weise beeinträchtigt wird. Es muss – mit anderen Worten – angenommen werden können, dass die Abweichung noch im Bereich dessen liege, was der Planer gewollt hat oder gewollt hätte, wenn er die weitere Entwicklung einschließlich des Grundes für die Abweichung gekannt hätte.[34] Zwar ging es bei hier angeführten Aussagen des Bundesverwaltungsgerichtes um den Begriff der Grundzüge der Planung, wie er in § 125 Abs. 3 BauGB verwendet wird, doch ging das Gericht davon aus, dass die Grundzüge der Planung nach § 13 Abs. 1 BauGB – trotz der bestehenden

---

32 Vgl. § 5 Abs. 1 BauGB, § 31 Abs. 2 BauGB und § 125 Abs. 3 BauGB.

33 Vgl. in diesem Sinne BVerwG, Urt. v. 09.03.1990, – 8 C 76.88 – NVwZ 1990, 873 (874).

34 Ebenda.

Unterschiede[35] – nicht anders zu verstehen sind.[36] § 13 Abs. 1 BauGB und § 125 Abs. 3 BauGB sind daher in Bezug auf den Begriff der Grundzüge der Planung im gleichen Sinne zu verstehen.[37] Dann dürfte auch für § 31 Abs. 2 BauGB, wonach durch die Befreiung ebenfalls die Grundzüge der Planung nicht berührt werden dürfen, nichts anderes gelten.[38]

Anders zu betrachten ist allerdings der in § 5 Abs. 1 BauGB enthaltene Begriff, wonach im Flächennutzungsplan, die sich aus der beabsichtigten städtebaulichen Entwicklung ergebende Art der Bodennutzung nach den voraussehbaren Bedürfnissen der Gemeinde in den Grundzügen darzustellen ist. Denn hier geht es darum, gegenüber dem Bebauungsplan die Stellung des Flächennutzungsplans als vorbereitende Bauleitplanung hervorzuheben und die Spielräume für die Bebauungsplanung deutlich zu machen.[39] Im Vordergrund stehen also die Struktur der Bauleitplanung betreffenden Gesichtspunkte, wenn von der Darstellung der Bodennutzung in den Grundzügen die Rede ist.

Letztendlich geht es bei der Frage, ob durch die Änderung oder Ergänzung eines Bauleitplans in die dahinterstehende planerische Konzeption eingegriffen und dadurch die durch den Bauleitplan zum Ausdruck gebrachte städtebauliche Ordnung beeinträchtigt wird.[40] Ist dies der Fall darf vom vereinfachten Verfahren kein Gebrauch gemacht werden. Grundsätzlich entscheidet die Gemeinde frei, ob sie die beabsichtigte Änderung oder

---

35 § 13 BauGB liegt eine planerische Entscheidung zugrunde und es geht um eine beabsichtigte Planung der Gemeinde. Bei § 31 Abs. 2 BauGB geht es um die Zulassung eines einzelnen Bauvorhabens. Bei § 125 Abs. 3 BauGB geht es um die Frage, ob die Rechtmäßigkeit der Herstellung von Erschließungsanlagen durch Abweichungen von den Festsetzungen eines Bebauungsplans berührt wird, wenn die Abweichungen mit den Grundzügen der Planung vereinbar sind. Vgl. auch Krautzberger, a. a. O., (Fn. 6), § 13 Rn. 2.

36 Vgl. BVerwG, Beschl. v. 15.03.2000, – 4 B 18.00 – ZfBR 2001, 131 (131). Kritisch dazu Gierke, in. Brügelmann (Hrsg.), Baugesetzbuch Kommentar, Loseblattsammlung, Stand: 61. Lfg., September 2006, § 13 Rn. 27 ff.

37 So auch BVerwG, Urt. v. 29.01.2009, – 4 C 16.07 –, ZfBR 2009, 466 (469); dass., Urt. v. 04.08.2009, – 4 CN 4.08 – ZfBR 2009, 676 (676).

38 Vgl. Reidt, in: Battis/Krautzberger/Löhr (Hrsg.), Baugesetzbuch Kommentar, 13. Aufl., München, 2016, § 31 Rn. 29.

39 In diesem Sinne auch Mitschang, a. a. O., (Fn. 33), § 5 Rn. 8.

40 So auch Krautzberger, a. a. O., (Fn. 6), § 13 Rn. 17.

Ergänzung des Bauleitplans nach dem vereinfachten Verfahren durchführen möchte. Sie kann auch vom vereinfachten Verfahren absehen und auf das Regelverfahren oder auch auf das beschleunigte Verfahren zurückgreifen, soweit die dafür maßgeblichen Voraussetzungen vorliegen.[41]

3.2.1.2 Änderungen oder Ergänzungen des Bebauungsplans

Die Entscheidung zu der Frage, ob die Änderungen oder Ergänzungen eines Bebauungsplans die Grundzüge der zugrundeliegenden planerischen Konzeption unberührt lassen, kann im Einzelfall erhebliche Probleme hervorrufen. Abzustellen ist dabei immer auf den Bebauungsplan, der geändert oder ergänzt werden soll; dies aber nicht ausschließlich auf die Änderungen oder Ergänzungen reduziert, sondern auf die durch den Bebauungsplan zum Ausdruck gebrachte städtebauliche Entwicklung und Ordnung.[42] Die planerische Konzeption muss durch die beabsichtigten Änderungen oder Ergänzungen unangetastet bleiben und das ihr zugrundeliegende Leitbild darf nicht verändert werden. Der planerische Wille kommt durch die Festsetzungen des Bebauungsplans zum Ausdruck, so dass grundsätzlich davon ausgegangen werden kann, dass nur Änderungen und Ergänzungen, die sich auf Einzelheiten der städtebaulichen Entwicklung und Ordnung beziehen, das planerische Leitbild nicht verändern. Die Rechtsprechung sieht dies als erfüllt an, wenn es sich um „Randkorrekturen[43]" handelt. Diese müssen aber für sich betrachtet, in ihren faktischen Auswirkungen geradewegs keinen „Bagatellcharakter" haben[44], sondern können durchaus eine erhebliche Bedeutung, etwa für die Realisierung der Planung haben, indem z. B. nämlich erst durch die Änderungen oder Ergänzungen des Bebauungsplans, die Möglichkeit der wirtschaftlichen Rentabilität in Aussicht gestellt werden kann. Dies kann, räumlich betrachtet, lediglich einzelne Grundstücke[45],

41 Vgl. im Einzelnen § 13a Abs. 1 BauGB.

42 So deutlich Krautzberger, a. a. O., (Fn. 6), § 13 Rn. 18.

43 Vgl. BVerwG, a. a. O., (Fn. 38) ZfBR 2001, 131 (131).

44 Vgl. in diesem Sinne: Gierke, a. a. O., (Fn. 38), § 13 Rn. 42.

45 z. B. Vergrößerung oder Verkleinerung der überbaubaren Grundstücksflächen, Erhöhung oder Reduzierung des Maßes der baulichen Nutzung. Vgl. VGH Mannheim, Beschl. v. 09.12.2002 – 5 S 1985.02 – NVwZ-RR 2003, 419 (419), wonach eine an topografischen Gegebenheiten (hier: steile Böschung) ausgerichtete Festsetzung über die überbaubare Grundstücksfläche einen Grundzug der Planung

aber auch den gesamten Planbereich[46] betreffen. Umgekehrt können die beabsichtigten Änderungen und Ergänzungen aber auch Betroffenheiten bei nur Einzelnen auslösen und damit die planerische Gesamtkonzeption angreifen. Auch ist in diesem Zusammenhang darauf hinzuweisen, dass durch die Heranziehung bedingter und befristeter Festsetzungen[47] der Eingriff in das planerische Leitbild abgemildert werden kann. Angesichts dessen, bestände die Möglichkeit das vereinfachte Verfahren doch durchzuführen, weil ein zeitlich befristeter Eingriff in die städtebauliche Entwicklung und Ordnung hingenommen werden kann.[48] Inwieweit von der Planung Betroffene den vorgesehenen Änderungen oder Ergänzungen zustimmen, ist unerheblich.[49] Entscheidend ist daher nicht die Tragweite der angestrebten Änderung oder Ergänzung in der Wirklichkeit, sondern die vergleichende Bewertung zwischen den ursprünglichen und den geänderten oder ergänzten bauleitplanerischen Festsetzungen; und zwar im Einzelfall[50]. Vor diesem Hintergrund kann es möglich sein, dass eine beabsichtigte Änderung oder Ergänzung eines Bebauungsplans die Grundzüge der Planung berührt und dieser deshalb nicht im vereinfachten Verfahren aufgestellt werden kann. Der Flächennutzungsplan, der ebenfalls geändert oder ergänzt werden muss, aber vom vereinfachten Verfahren erfasst wird.[51] Hilfreich zur Beantwortung der Frage, ob das planerische Leitbild des Bauleitplans durch die vorgesehene Änderung oder Ergänzung beeinträchtigt wird, ist die Begründung[52] zum Bauleitplan. Je ausführlicher und umfangreicher sich diese mit einem

---

darstellen kann. Die Entscheidung ist allerdings zur Frage der Zulässigkeit einer Befreiung nach § 31 Abs. 2 BauGB ergangen.

46 z. B. Ausschluss von Wettbüros im gesamten Plangebiet.

47 Sog. „Baurecht auf Zeit“ nach § 9 Abs. 2 BauGB. Vgl. hierzu auch Krautzberger, a. a. O., (Fn. 6), § 13 Rn. 18.

48 z. B. im Zusammenhang mit einer zeitlich begrenzten Unterbringung von Flüchtlingen.

49 Zu Recht: Gierke, a. a. O., (Fn. 38), § 13 Rn. 42.

50 Vgl. Mitschang, a. a. O., (Fn. 33), § 13 Rn. 2a; Krautzberger, a. a. O., (Fn. 6), § 13 Rn. 18.

51 Vgl. Spannowsky, in: Schlichter/Stich/Driehaus/Paetow (Hrsg.), Berliner Kommentar zum Baugesetzbuch, Loseblattsammlung, Stand: 9. Lfg., September 2007, § 13 Rn. 16.

52 Vgl. im Einzelnen unten 6.6.

planerischen Aspekt auseinandersetzt, desto eher dürfte dieser dem planerischen Leitbild des Bauleitplans zuzuordnen sein.[53]

Festsetzungen in einem Bebauungsplan gehören insbesondere soweit sie die Art der baulichen Nutzung betreffen weder stets noch in der Regel zu den Grundzügen der Planung.[54] Ändert die Gemeinde nicht nur die Festsetzungen für das jeweilige Baugebiet, sondern den Baugebietstyp selbst, werden die Grundzüge der Planung allerdings in den meisten Fällen berührt sein.[55] Doch muss dies nicht zwangsläufig immer so sein. Beispielsweise dienen reine Wohngebiete dem Wohnen, allgemeine Wohngebiete vorwiegend dem Wohnen. Unter Heranziehung der Gliederungs- und Differenzierungsmöglichkeiten nach § 1 Abs. 4 bis 9 BauNVO[56] darf zwar die jeweilige Zwecksetzung des Baugebiets nicht verloren gehen, gleichwohl aber kann durch sie der Unterschied zwischen dem reinen und allgemeinen Wohngebiet nivelliert werden. Dies ist etwa gegeben, wenn die in einem allgemeinen Wohngebiet allgemein oder auch ausnahmsweise zulässigen, eher die Wohnnutzung störenden Arten von Nutzungen, wie Schank- und Speisewirtschaften oder Tankstellen ausgeschlossen werden. So kann sich der Wechsel von einem reinen zu einem allgemeinen Wohngebiet als qualitativ geringfügig darstellen, selbst wenn die Änderung das gesamte Baugebiet betrifft. Auch liegt dies gegebenenfalls noch im Bereich dessen, was die Gemeinde gewollt hätte, wenn sie die weitere Entwicklung einschließlich des Grundes für die Abweichung gekannt hätte, da es ihr vielleicht weniger auf ein ruhiges Wohngebiet, sondern vielmehr auf die Schaffung von Wohnbauflächen mit einem hohen Anteil von Wohngebäuden angekommen ist.[57]

---

53 Zu Recht: Jaeger, in: Spannowsky/Uechtritz, BeckOK, Öffentliches Baurecht, Baugesetzbuch, 32. Edition, Stand: 01.10.2015, § 13 Rn. 10.

54 Vgl. BVerwG, a. a. O., (Fn. 39), ZfBR 2009, 466 (469) und dass., a. a. O., (Fn. 39), ZfBR 2009, 676 (676).

55 Ebenda.

56 Verordnung über die bauliche Nutzung der Grundstücke (Baunutzungsverordnung – BauNVO) i. d. F. der Bek. vom 23. Januar 1990 (BGBl. I S. 132), zul. geänd. durch Gesetzes vom 11.06.2013 (BGBl. I S. 1548) geändert worden ist.

57 Vgl. in diesem Sinne BVerwG, a. a. O., (Fn. 39), ZfBR 2009, 676 (677).

Solche Einzelfälle hat die Rechtsprechung mehrfach entschieden. Nicht berührt wurden die Grundzüge der Planung etwa in folgenden Anwendungsfällen:[58]

- Die Änderung der Art der baulichen Nutzung von einem reinen in ein allgemeines Wohngebiet in einem Gesamtumfang von vier Parzellen bei gleichzeitigem Ausschluss von Schank- und Speisewirtschaften, Gartenbaubetrieben und Tankstellen.[59]
- Die Verminderung der Baugebietsflächen um die Flächen für eine Straßenbahntrasse.[60]
- Die Änderung von Festsetzungen über die Höhe von Einfriedigungen.[61]

Umgekehrt gibt es auch Anwendungsfälle, bei denen die Rechtsprechung ein „Berührtsein" der Grundzüge der Planung festgestellt hat, etwa:[62]

- Bei der Erweiterung eines Gewerbegebiets.[63]
- Bei der Änderung eines allgemeinen Wohngebiets zu einem Sondergebiet „Ladenzentrum".[64]
- Bei der Aufhebung der Zwei-Wohnungsklausel nach § 9 Abs. 1 Nr. 6 BauGB.[65]
- Bei Änderungen zur Bauweise.[66]

---

58 Vgl. als Überblick bei Jaeger, a. a. O., (Fn. 55), § 13 Rn. 11.1 und 12.1.; Schrödter, a. a. O., (Fn. 32), § 13 Rn. 8.

59 Vgl. BVerwG, a. a. O., (Fn. 38), ZfBR 2001, 131 (131) sowie dass., a. a. O., (Fn. 39), ZfBR 2009, 676 (676).

60 Vgl. VGH Mannheim, Urt. v. 15.10.2004, – 5 S 2586.03 –, NJOZ 2005, 843 (849).

61 Vgl. VGH Mannheim, Urt. v. 26.03.2014 – 3 S 1564.13 – NJOZ 2014, 1194 (1196).

62 Vgl. als Überblick bei Schrödter, a. a. O., (Fn. 32), § 13 Rn. 9.

63 Vgl. OVG Koblenz, Urt. v. 18.10.2006, – 1 C 10244.06 – NJOZ 2007, 769 (772).

64 Vgl. VGH München, Urt. v. 03.11.2010, – 9 N 08.2593 – BeckRS 2010, 36730 Rn. 32.

65 Vgl. OVG Weimar, Urt. v. 26.07.1996, – 1 EO 662.95 – NVwZ-RR 1997, 596 (597).

66 Vgl. VGH München, Urt. v. 20.12.2005, – 2 N 05916 – BeckRS 2005, 17918.

- Bei Festsetzungen zur Mindestgröße von Grundstücken nach § 9 Abs. 1 Nr. 4 BauGB.[67]
- Beim dem Ausschluss von zentrenrelevantem Einzelhandel.[68]

Seit der Umsetzung der Plan-UP-RL durch das Europaanpassungsgesetz Bau 2004 kommt dem „Berührtsein der Grundzüge der Planung“ noch eine weitere Funktion zu. In diesem Sinne kommt dem Tatbestandsmerkmal „Grundzüge der Planung nicht berührt“ neben seiner städtebaulichen Funktion in Bezug auf die Aufrechterhaltung des planerischen Leitgedankens auch noch eine umweltrechtliche Aufgabe zu. Im Zusammenwirken mit den weiteren Voraussetzungen des § 13 Abs. 1 BauGB ist sicherzustellen, dass nur solche Änderungen oder Ergänzungen eines Bauleitplans vom vereinfachten Verfahren erfasst werden, von denen keine erheblichen Auswirkungen auf die Umwelt ausgehen oder anders gewendet die Durchführung einer Umweltprüfung nicht erforderlich machen.[69] Erhebliche Umweltauswirkungen dürfen bei einem im vereinfachen Verfahren aufzustellenden Bebauungsplan nicht zu erwarten sein. Nach dem Willen des Gesetzgebers sollte nämlich das vereinfachte Verfahren nur zur sachgerechten Behandlung von solchen Bauleitplänen fortgeführt werden, bei denen von vorneherein keine erheblichen nachteiligen Umweltauswirkungen zu erwarten sind. Deshalb wird im vereinfachten Verfahren von der Durchführung einer Umweltprüfung ausdrücklich abgesehen.[70]

3.2.1.3 Änderungen oder Ergänzungen des Flächennutzungsplans

Für Änderungen oder Ergänzungen des Flächennutzungsplans kann ebenso das vereinfachte Verfahren herangezogen werden. Für das insoweit ebenfalls beachtliche Kriterium, dass die „Grundzüge der Planung“ nicht berührt werden dürfen, kann grundsätzlich auf die vorangehenden Ausführungen zum Bebauungsplan verwiesen werden.[71] Ergänzend können für die

67 Vgl. OVG Lüneburg, Beschl. v. 06.06.2005, – 1 LA 220.04 –, NJOZ 2005, 3848 (3860).
68 Vgl. BVerwG, a. a. O., (Fn. 39), ZfBR 2009, 466 (469).
69 Vgl. BVerwG, a. a. O., (Fn. 39), ZfBR 2009, 676 (677). Auch BT-Drs. 15/2250, v. 17.12.2003, S. 30.
70 Vgl. insoweit ausdrücklich § 13 Abs. 3 BauGB.
71 Vgl. oben 3.2.1.2.

Beantwortung der Frage, ob die Grundzüge der Planung durch Änderung oder Ergänzung von Flächennutzungsplänen berührt werden, noch weitere Hilfsmaßstäbe herangezogen werden.

Für den Flächennutzungsplan ist im Hinblick darauf zunächst § 13 Abs. 2 BauGB-1987 zu berücksichtigen. Hiernach kann für Änderungen oder Ergänzungen von Flächen oder sonstigen Darstellungen des Flächennutzungsplans, die im Umfang geringfügig oder von geringer Bedeutung sind, das vereinfachte Verfahren herangezogen werden. Durch das Bau- und Raumordnungsgesetz 1998 wurde dann das Kriterium „im Umfang geringfügig oder von geringer Bedeutung" durch das Kriterium der „Grundzüge der Planung nicht berührt" ersetzt und damit der Anwendungsbereich des vereinfachten Verfahrens erweitert.[72] Der Anwendungsspielraum für das vereinfachte Verfahren wurde dadurch vergrößert, denn ob eine Änderung oder Ergänzung die Grundzüge der Planung berührt oder ob sie lediglich „geringfügig oder von geringer Bedeutung" sein darf, eröffnet eine andere Anwendungsdimension. Demgegenüber stellt sich der Umfang der Änderungen oder Ergänzungen – auch schon nach dem bereits Dargelegten[73] – ohnehin nur als eingeschränkt geeignet für die Anwendbarkeit des vereinfachten Verfahrens dar.

Ein weiterer Hilfsmaßstab könnte für die Beantwortung der Frage nach dem „Berührtsein" der Grundzüge der Planung auch im Entwicklungsgebot gemäß § 8 Abs. 2 BauGB angelegt sein. Bezug genommen werden kann insoweit auf das oben bereits angeführte Beispiel, bei dem es um die Änderung der Art der baulichen Nutzung von einem reinen in ein allgemeines Wohngebiet, in einem Gesamtumfang von vier Parzellen, ging. Aber das Entwicklungsgebot erweist sich auch hier nur als Hilfsmaßstab[74], denn wenn etwa die Änderung der Baugebietsart von einem Gewerbegebiet in ein Industriegebiet planerisch beabsichtigt ist, dürften gleichwohl die Grundzüge der Planung berührt sein.[75]

72 Vgl. oben 2.1.

73 Vgl. oben 3.2.1.2.

74 Vgl. Krautzberger, a. a. O., (Fn. 6), § 13 Rn. 24a spricht im gleichen Sinne von einer „Orientierung".

75 Vgl. ebenso Schrödter, a. a. O., (Fn. 32), § 13 Rn. 10.

Angesichts dieser Unsicherheiten, ist es wohl sinnvoller ergänzend auf einen weiteren Hilfsmaßstab zurückzugreifen. Dieser ist in § 5 Abs. 1 Satz 2 BauGB angelegt. Hiernach können aus dem Flächennutzungsplan Flächen und sonstige Darstellungen ausgenommen werden, wenn dadurch die nach § 5 Abs. 1 Satz 1 BauGB darzustellenden Grundzüge nicht berührt werden. Es ist also auch bei der Darstellung von sog. „weißen Flächen“[76] zu gewährleisten, dass die sich aus der beabsichtigten städtebaulichen Entwicklung ergebende Art der Bodennutzung in den Grundzügen nicht berührt wird. Sie sind für die durch die Darstellungen des Flächennutzungsplans zum Ausdruck gebrachten Grundzüge ohne größere Bedeutung. Dementsprechend hat das Bundesverwaltungsgericht ausgeführt, dass der Flächennutzungsplan auch ohne die ausgenommenen Flächen nach seiner planerischen Grundkonzeption in sich schlüssig bleiben muss und mit den ausgenommenen Flächen nicht derart verknüpft sein darf, dass er ohne gleichzeitige Geltung des ausgenommenen Teils an einem Abwägungsfehler leidet. Außerdem müssen die ausgenommenen Flächen nach den weiteren Ausführungen später beplant werden können, ohne dass das vorweg beschlossene und genehmigte Bodennutzungskonzept geändert werden muss.[77]

Im Übrigen ist darauf hinzuweisen, dass der gegenüber dem Bebauungsplan grobmaschigere Flächennutzungsplan nach § 5 Abs. 1 Satz 1 BauGB die sich aus der beabsichtigten städtebaulichen Entwicklung ergebende Art der Bodennutzung bereits in den Grundzügen darstellt. Aus dem Begriff der „Grundzüge“ der Art der Bodennutzung ergeben sich allerdings keine starren von der jeweiligen planerischen Konzeption der Gemeinde unabhängigen Grenzen für den Inhalt, die Regelungstiefe und die Parzellenschärfe des Flächennutzungsplans.[78] Vielmehr hängt der Detaillierungsgrad von Darstellungen mit dem Begriff der „Grundzüge“ nicht zusammen, denn Darstellungen „gehören ungeachtet ihres Bestimmtheitsgrades zu den

76 Vgl. hierzu etwa Mitschang, a. a. O., (Fn. 33), § 5 Rn. 2.

77 Vgl. BVerwG, Beschl. v. 03.10.1984, – 4 N 1.84 – und – 4 N 2.84 – NVwZ 1985, 487 (488).

78 So BVerwG, Urt. v. 18.08.2005, – 4 C 13.04 – NVwZ 2006, 87, Rn. 26. Hier hat eine Gemeinde von der Darstellung von Grenzwerten für Geruchsimmissionen im Flächennutzungsplan Gebrauch gemacht, um damit die zulässigen Geruchsimmissionen von Tierhaltungsbetrieben in einer fremdenverkehrlichen Schwerpunktzone (Flächen für Erholungs-, Kur- und Freizeitzwecke) zu regeln.

Grundzügen der Art der Bodennutzung, wenn sie der Bewältigung eines Nutzungskonflikts dienen, der eine über die unmittelbar betroffenen Flächen hinausgehende Bedeutung für das dem Flächennutzungsplan zugrundeliegende gesamträumliche Entwicklungskonzept der Gemeinde hat. Die Gemeinde kann somit nicht jeden beliebigen Nutzungskonflikt zum Gegenstand ihres Entwicklungskonzepts machen und dadurch ins Einzelne gehende Darstellungen auf der Ebene des Flächennutzungsplans rechtfertigen. Sind jedoch detaillierte und konkrete Darstellungen erforderlich, um einen Nutzungskonflikt von grundlegender Bedeutung für ihre gesamträumliche Entwicklung planerisch zu bewältigen, kann der Flächennutzungsplan seiner Aufgabe nur gerecht werden, wenn auch derartige Darstellungen zulässig sind."[79] Welche Darstellungen hiernach zu den Grundzügen der Art der Bodennutzung zu rechnen sind, hängt hiernach nicht von dem Grad ihrer Bestimmtheit, sondern allein davon ab, inwieweit sie für die jeweilige städtebauliche Konzeption bezogen auf das gesamte Gemeindegebiet einen Beitrag leisten. Das Verhältnis zu § 13 BauGB stellt das Bundesverwaltungsgericht dergestalt dar, dass die dort angeführten Erleichterungen bei Änderung oder Ergänzung des Flächennutzungsplans nicht für die Darstellung von Einzelheiten der Bodennutzung gewährt, sondern für den Fall, dass der Flächennutzungsplan auch ohne die geänderten oder ergänzten Darstellungen ein tragfähiges Bodennutzungskonzept für die geordnete städtebauliche Entwicklung des Gemeindegebietes als Ganzes enthält.[80] Nach dieser Rechtsprechung handelt es sich bei allen Darstellungen des Flächennutzungsplans um „Grundzüge", so dass auch im angeführten Fall die Darstellung von Geruchsimmissionsgrenzwerten als Grundzug der Art der Bodennutzung anerkannt worden ist. Bei der Anwendung des vereinfachten Verfahrens ist aber auf die Grundzüge der Planung also auf die Auswirkungen der beabsichtigen Änderung oder Ergänzung auf das zugrundliegende städtebauliche Konzept abzustellen. Nicht die einzelne Darstellung des Flächennutzungsplans ist entscheidend, sondern das städtebauliche Konzept.[81]

Von daher ist der verbleibende Spielraum für Änderungen oder Ergänzungen des Flächennutzungsplans, bezüglicher einer Beeinträchtigung des

79 Ebenda, Rn. 29.
80 Ebenda, Rn. 25.
81 Vgl. Krautzberger, a. a. O., (Fn. 6), § 13 Rn. 26a.

zugrundeliegenden planerischen Leitbilds, von vorneherein eng. Angeführt wird die Möglichkeit, Bauflächen oder Baugebiete geringfügig räumlich zu verschieben,[82] doch dürften mit einer solchen Fallanwendung regelmäßig auch erhebliche nachteilige Auswirkungen auf die Umwelt[83] verbunden sein und damit das vereinfachte Verfahren ausscheiden. Eindeutiger dürfte der Fall liegen, wenn eine Änderung der Art der baulichen Nutzung vorgesehen ist, insbesondere soweit es sich um die Darstellung von Bauflächen handelt. In diesen Fällen ist grundsätzlich das Regelverfahren anzuwenden.

Ein gegenwärtig gar nicht selten vorkommender Fall der Ergänzung eines Flächennutzungsplans besteht in der Erweiterung der Gebietskulisse für die Errichtung von Windenergieanlagen, die mittels des Planvorbehalts nach § 35 Abs. 3 Satz 3 BauGB einer planerischen Standortsteuerung durch Darstellungen von Konzentrationszonen mit Ausschlussfunktion zugänglich gemacht worden sind.[84] Sollen im Flächennutzungsplan zusätzliche Flächen für die Nutzung der Windenergie nach § 249 Abs. 1 BauGB dargestellt werden, um der Windenergienutzung mehr Flächen zur Verfügung zu stellen, bedarf dies, trotz der in § 249 Abs. 1 BauGB enthaltenen erleichterten Anforderungen, dennoch grundsätzlich der Durchführung des Regelverfahrens, da insoweit meistens ein Grundzug der Flächennutzungsplanung, nämlich das Standortkonzept für die Errichtung von Windenergieanlagen, berührt wird. Aber auch hier kommt es wie bei den vorgenannten Änderungen stets auf den Einzelfall an.

Aus den vorgenannten Gründen wird ersichtlich, warum das vereinfache Verfahren für Flächennutzungsplanänderungen oder -ergänzungen in der Planungspraxis im Grunde genommen kaum Anwendung findet. Aus der Rechtsprechung ist lediglich auf eine Entscheidung hinzuweisen.

3.3 Aufstellung eines Bebauungsplans

Neben der Änderung oder Ergänzung eines Bauleitplans kann das vereinfachte Verfahren nach § 13 Abs. 1 Alt. 2 BauGB auch für die Aufstellung eines Bebauungsplans in einem Gebiet nach § 34 BauGB, durch den sich aus der vorhandenen Eigenart der näheren Umgebung ergebenden

82 Vgl. ebenda, § 13 Rn. 25; Schrödter, a. a. O., (Fn. 32), § 13 Rn. 10.
83 Hierzu genauer unten 5.
84 Vgl. Schrödter, a. a. O., (Fn. 32), § 13 Rn. 10.

Zulässigkeitsmaßstab nicht wesentlich verändert wird, herangezogen werden. Dies schließt es nicht aus, dass ein solcher Bebauungsplan dann später auf der Grundlage von § 13 Abs. 1 Alt. 1 BauGB auch wieder geändert oder ergänzt wird. Auch die Aufhebung eines Bebauungsplans kann unter Heranziehung des vereinfachten Verfahrens erfolgen, da anders als für die Änderung oder Ergänzung eines Bauleitplans eine Wahrung der Grundzüge der Planung nicht Voraussetzung ist.[85] Es spielt allerdings keine Rolle, ob es sich um einen qualifizierten, einfachen oder vorhabenbezogenen Bebauungsplan handelt.[86] Nicht erfasst werden Vorhaben, die nach § 34 Abs. 3a BauGB zulässig sind, da die Anwendung dieser Vorschrift ausdrücklich voraussetzt, dass sich die betreffenden Vorhaben gerade nicht in die Eigenart der näheren Umgebung einfügen.[87] Ausgeschlossen ist die Anwendung des vereinfachten Verfahrens auch für den Fall, dass sog. „Außenbereiche im Innenbereich" einer Überplanung zugeführt werden.[88]

Bei der mit dem Europaanpassungsgesetz Bau 2004 eingeführten Möglichkeit zur Aufstellung von Bebauungsplänen ist die Durchführung einer Umweltprüfung nicht erforderlich. Hiervon erfasst werden überwiegend solche Bebauungspläne, die der Sicherung des vorhandenen Bestandes dienen[89] (sog. „bestandssichernde Bebauungspläne") oder diesen modifizieren.[90] Ihnen kommt insoweit eine einschränkende oder ordnende Funktion zu.[91] Insoweit ist es nicht ausgeschlossen, dass durch Anwendung des vereinfachten Verfahrens auch neue Baurechte erst geschaffen werden.[92] Gleichwohl geht es bei der Aufstellung von Bebauungsplänen nach § 13 Abs. 1 Alt. 2 BauGB in erster Linie um die Bestandssicherung, mit dem Ziel, nach § 34 BauGB mögliche Gebietsverschlechterungen oder

---

85 Vgl. Spannowsky, a. a. O., (Fn. 53), § 13 Rn. 9.
86 Vgl. Mitschang, a. a. O., (Fn. 33), § 13 Rn. 2b.
87 Vgl. Schrödter, a. a. O., (Fn. 32), § 13 Rn. 11.
88 Dies ist aber im beschleunigten Verfahren nach § 13a BauGB möglich.
89 Um städtebauliche nicht erwünschte Umstrukturierungsprozesse von vorneherein zu vermeiden.
90 Indem bestimmte Arten der baulichen Nutzung ausgeschlossen oder zugelassen werden.
91 Vgl. BT-Drs. 15/2250, a. a. O., (Fn. 71), S. 50.
92 Vgl. Krautzberger, a. a. O., (Fn. 6), § 13 Rn. 28b.

-änderungen zu verhindern.[93] Daher wird in der Vorschrift auch als Grenze der Modifizierungsmöglichkeiten bestimmt, dass der sich aus der Eigenart der näheren Umgebung ergebende Zulässigkeitsmaßstab nicht wesentlich verändert werden darf.[94] Daher ist dieser zunächst zu ermitteln und die beabsichtigte über die Bestandssicherung hinausgehende Festsetzung an diesem widerzuspiegeln und danach zu fragen, ob sich durch die angedachte Festsetzung der Zulässigkeitsmaßstab verändern wird, mithin seine rahmensetzenden Vorgaben verlassen werden.[95]

§ 13 Abs. 1 Alt. 2 BauGB begrenzt das Plangebiet auf die „nähere Umgebung" und nimmt insoweit den gleichen Begriff wie in § 34 Abs. 1 BauGB, welcher durch die Rechtsprechung mittlerweile schon deutlich umrissen ist, in Bezug.[96] Daher reicht es vorliegend aus, auf einige wesentliche Aspekte hinzuweisen:

- So ist die nähere Umgebung jeweils im konkreten Einzelfall anhand der tatsächlichen städtebaulichen Situation zu bestimmen. Sie reicht so weit, wie einerseits die Umgebung den bodenrechtlichen Charakter eines Baugrundstücks prägt oder doch beeinflusst und andererseits die Ausführung des beabsichtigten Vorhabens sich auf die Umgebung auswirken kann.[97] Die Grenzen lassen sich aber nicht schematisch bestimmen.[98]
- Die Eigenart der näheren Umgebung im Sinne von § 34 Abs. 1 und 2 BauGB ist anhand der Kriterien Art (§§ 1 bis 15 BauNVO) und Maß der baulichen Nutzung (§§ 16 bis 21a BauNVO), Bauweise (§ 22 BauNVO) sowie überbaubare Grundstücksfläche (§ 23 BauNVO) zu bestimmen.

93 Ebenda, § 13 Rn. 28a; Mitschang, a. a. O., (Fn. 33), § 13 Rn. 2b.

94 Insoweit ist ein Rückgriff auf das Einfügungsgebot und seine Grenzen nach § 34 Abs. 1 BauGB zu kurz gegriffen, da es sich dabei lediglich um das Einfügen eines Einzelvorhabens handelt. Vgl. Mitschang, a. a. O., (Fn. 33), § 13 Rn. 2b; Spannowsky, a. a. O., (Fn. 53), § 13 Rn. 23 sowie Jaeger, a. a. O., (Fn. 55), § 13 Rn. 21.

95 Vgl. Spannowsky, a. a. O., (Fn. 53), § 13 Rn. 23 spricht insoweit von den Grundzügen des vorhandenen „faktischen" Plangebiets.

96 Vgl. im Einzelnen: Mitschang/Reidt, in: Battis/Krautzberger/Löhr (Hrsg.), Baugesetzbuch Kommentar, 13. Aufl., München, 2015, § 34 Rn. 20 ff.

97 Vgl. BVerwG, Urt. v. 18.10.1974, – IV C 77.73 – NJW 1975, 460 (461); dass., Urt. v. 26.05.1978, – IV C 9.77 – NJW 1978, 2564 (2565).

98 Vgl. BVerwG, Beschl. v. 28.08.2003, – 4 B 74.03 – BeckRS 2008, 39787.

Sie ist vor allem durch die vorhandene Bebauung[99] geprägt. Dabei ist die Eigenart der näheren Umgebung für jedes der genannten Kriterien gesondert zu bestimmen.[100]

Anwendungsbeispiele[101] für die Aufstellung von Bebauungsplänen im Sinne von § 13 Abs. 1 Alt. 2 BauGB sind:

- Die Sicherung einer Kleingartenanlage gegenüber anderen Nutzungen.
- Die Verhinderung der Zulässigkeit von Einzelhandelsgroßbetrieben in Gewerbegebieten, für die noch die vor 1977 gültige Baunutzungsverordnung[102] zur Anwendung kommt.

Für die Planungspraxis erweist es sich nur dann als sinnvoll, die Aufstellung eines Bebauungsplans auf der Grundlage von § 13 Abs. 1 Alt. 2 BauGB zu wählen, wenn sich die Gemeinde sicher ist, dass es sich bei dem zu überplanenden Bereich auch um ein Gebiet nach § 34 BauGB handelt, denn durch die Bezugnahme auf § 34 BauGB in § 13 Abs. 1 Alt. 2 BauGB sind auch bei der Heranziehung des vereinfachten Verfahrens die vielfach bestehenden Abgrenzungsschwierigkeiten im Hinblick auf die Zuordnung zum Innen- oder Außenbereich zu beachten.[103]

3.4 Aufstellung eines Bebauungsplans nach § 9 Abs. 2a BauGB

Der Anwendungsbereich des § 13 Abs. 1 Alt. 3 BauGB wurde mit der Innenentwicklungs-Novelle I aus dem Jahr 2007 um eine dritte Möglichkeit erweitert, und zwar für solche Bebauungspläne, die zum Schutz zentraler Versorgungsbereiche aufgestellt werden und nur Festsetzungen nach § 9 Abs. 2a BauGB enthalten.[104] Zwar wird dies auch von der bereits dargestellten Möglichkeit nach § 13 Abs. 1 Alt. 2 BauGB, einen Bebauungsplan

---

99 Das „Vorhandene“ muss allerdings eine prägende Wirkung haben, um die Eigenart der näheren Umgebung zu determinieren.

100 Vgl. BVerwG, Beschl. v. 13.05.2014, – 4 B 38.13 – NVwZ 2014, 1246 (1247).

101 Vgl. BT-Drs. 15/2250, a. a. O., (Fn. 71), S. 50 f.

102 Verordnung über die bauliche Nutzung der Grundstücke (Baunutzungsverordnung – BauNVO 1977) i. d. F. der Bek. vom 15.09.1977 (BGBl. I S. 1763).

103 Vgl. Jaeger, a. a. O., (Fn. 55), § 13 Rn. 18.

104 Kritisch zur Aufstellung von Bebauungsplänen nach § 9 Abs. 2a und 2b BauGB, weil bei fehlerhafter Anwendung Entschädigungsansprüche entstehen können, vgl. Schrödter, a. a. O., (Fn. 32), § 13 Rn. 13.

im vereinfachten Verfahren aufzustellen, erfasst sein, allerdings liegt das Besondere bei der Anwendung von § 9 Abs. 2a BauGB darin, dass für die Regelung der Zulässigkeit, der Unzulässigkeit oder der ausnahmsweisen Zulässigkeit von Einzelhandelsnutzungen in einem einfachen Bebauungsplan, die Art der baulichen Nutzung nicht festgesetzt zu werden braucht, sondern eine isolierte Regelung ausreichend ist.

Im Vordergrund steht auch hier zwar primär die Erhaltung vorhandener, aber daneben auch die Schaffung neuer Versorgungsstrukturen. Meistens erfolgt die Aufstellung solcher Bebauungspläne auf der Grundlage eines kommunalen Einzelhandelskonzepts. Das Merkmal, dass durch Aufstellung eines Bebauungsplans der sich aus der vorhandenen Eigenart der näheren Umgebung ergebende Zulässigkeitsmaßstab nicht wesentlich verändert werden darf, gilt hier ausdrücklich nicht. Ganz im Gegenteil: Der sich aus der näheren Umgebung ergebende Zulässigkeitsmaßstab wird wesentlich verändert, denn Ziel eines Bebauungsplans nach § 9 Abs. 2a BauGB ist es gerade, eine planerische Steuerung von bestimmten Arten der baulichen Nutzung vorzunehmen, die ohne, dass von der Heranziehung dieses Planungsinstruments innerhalb des im Zusammenhang bebauten Ortsteil Gebrauch gemacht wird, zulässig oder ausnahmsweise zulässig wären, aber der Erhaltung oder Entwicklung eines zentralen Versorgungsbereiches entgegenwirken würden.[105]

3.5 Aufstellung eines Bebauungsplans nach § 9 Abs. 2b BauGB

Mit der InnenentwicklungsNovelle II aus dem Jahr 2013 wurde schließlich der Anwendungsbereich des vereinfachten Verfahrens noch einmal um eine vierte Möglichkeit erweitert. Sie betrifft Bebauungspläne nach § 9 Abs. 2b BauGB. Ziel dessen ist die Ansiedlung von Vergnügungsstätten[106] für im Zusammenhang bebauter Ortsteile durch Aufstellung eines einfachen Bebauungsplans hinsichtlich ihrer Zulässigkeit als allgemein zulässig, unzulässig

105 Genauer: Mitschang/Reidt, in: Battis/Krautzberger/Löhr (Hrsg.), Baugesetzbuch Kommentar, 13. Aufl., München, 2016, § 9 Rn. 169 ff.

106 Vgl. hierzu: Stühler, Traiding-Down durch Spielhallen, BauR 2016, 200 (209 f.) sowie Mitschang, Der Vergnügungsstättenbebauungsplan nach § 9 Abs. 2b BauGB-neu, ZfBR 2012, 419 (420 ff.).

oder als ausnahmsweise zulässig mittels isolierter Festsetzungen[107] zu steuern. Wie für die sog. Einzelhandelsbebauungspläne kommt es auch hier nicht darauf an, dass der sich aus der Eigenart der näheren Umgebung ergebende Zulässigkeitsmaßstab nicht wesentlich verändert wird.

4 Europarechtliche Beurteilung

Nach § 2 Abs. 4 Satz 1 Halbsatz 1 BauGB wird für die Belange des Umweltschutzes nach § 1 Abs. 6 Nr. 7 und § 1a BauGB eine Umweltprüfung durchgeführt, in der die voraussichtlichen erheblichen Umweltauswirkungen ermittelt werden und in einem Umweltbericht beschrieben und bewertet werden. Hierzu ist die Anlage 1 zum Baugesetzbuch anzuwenden (§ 2 Abs. 4 Satz 1 Halbsatz 2 BauGB). Mit der Umsetzung der Plan-UP-RL in das nationale Städtebaurecht im Rahmen des Europaanpassungsgesetz Bau 2004 wurde eine obligatorische Umweltprüfung für Bauleitpläne eingeführt, von deren Durchführung nur in wenigen Fällen abgesehen werden darf. Ein solcher Fall liegt bei dem als Unterfall des Bauleitplanverfahrens ausgestalteten vereinfachten Verfahren vor (§ 13 Abs. 3 Satz 1 BauGB). Allerdings setzt dies voraus, dass die sich aus der europäischen Richtlinie zur Umweltverträglichkeitsprüfung (UVP-RL)[108] sowie der Plan-UP-RL ergebenden Voraussetzungen eingehalten werden.

Zurück geht diese Einschränkung der generellen Prüfpflicht auf die europarechtliche Grundlage in Art. 3 Abs. 3 bis 5 der Plan-UP-RL.[109] Nach Art. 3 Abs. 5 Satz 1 der Plan-UP-RL bestimmen die Mitgliedstaaten „entweder durch Einzelfallprüfung oder durch Festlegung von Arten von Plänen oder Programmen oder durch eine Kombination dieser beiden Ansätze, ob die in den Absätzen 3 und 4 genannten Pläne oder Programme voraussichtlich erhebliche Umweltauswirkungen haben. Zu diesem Zweck berücksichtigen die Mitgliedstaaten in jedem Fall die einschlägigen Kriterien des Anhangs II, um sicherzustellen, dass Pläne und Programme, die voraussichtlich

---

107 Vgl. oben 3.2.1.3.

108 Richtlinie 2011/92/EU des Europäischen Parlaments und des Rates vom 13.12.2011 über die Umweltverträglichkeitsprüfung bei bestimmten öffentlichen und privaten Projekten, ABl. 2012 Nr. L 26, S. 1.

109 Vgl. auch BVerwG, Beschl. v. 31.07.2014, – 4 BN 12.14 – ZfBR 2014, 765 (766).

erhebliche nachteilige Umweltauswirkungen haben von dieser Richtlinie erfasst werden."[110]

Dies wurde bei der Neuregelung von § 13 BauGB berücksichtigt, denn ausweislich der amtlichen Begründung zum Regierungsentwurf des Europaanpassungsgesetz Bau 2004 wurde die Ausgestaltung des vereinfachten Verfahrens als ein von den Voraussetzungen her eng begrenztes, vereinfachtes Verfahren zur sachgerechten Behandlung von Bauleitplänen charakterisiert, bei dem von vorneherein keine erheblichen nachteiligen Umweltauswirkungen zu erwarten sind.[111] Außerdem finde die integrierte Umweltprüfung keine Anwendung, wenn sie nicht zur Verbesserung der bauleitplanerischen Abwägung beitragen könne. Diese auf begrenzte Sachverhalte beschränkte Regelung stelle europarechtskonform eine abstrakt-generelle Artfestlegung nach Art. 3 Abs. 5 Satz 1 der Plan-UP-RL dar.[112] Die beiden europarechtlichen Anwendungsvoraussetzungen in § 13 Abs. 1 Nr. 1 und 2 BauGB müssen sicherstellen, dass Bauleitpläne, die im vereinfachten Verfahren aufgestellt werden dürfen, keine erheblichen nachteiligen Umweltauswirkungen haben. In diesem Sinne dürfen für die von § 13 BauGB erfassten Bauleitpläne

- die Zulässigkeit von Vorhaben, die eine Pflicht zur Durchführung einer Umweltverträglichkeitsprüfung nach Anlage 1 zum UVPG oder nach Landesrecht unterliegen, nicht vorbereitet oder begründet werden und
- auch keine Anhaltspunkte für eine Beeinträchtigung der in § 1 Abs. 6 Nr. 7b BauGB genannten Schutzgüter bestehen.[113]

Inwieweit diese Voraussetzungen vorliegen, erfordert eine Prüfung durch die Gemeinden als Planungsträger. Es handelt sich dabei um eine Prognoseentscheidung, die gerichtlich nur eingeschränkt überprüfbar ist.[114]

---

110 Hierzu: EuGH, Urt. v. 22.09.2011, – Rs. C-295/10 – ZUR 2012, 298 Rn. 35 ff.; ders., Urt. v. 18.04.2013, NVwZ-RR 2013, 503 (503).

111 Vgl. BT-Drs. 15/2250, a. a. O., (Fn. 71), S. 30 f.

112 So ebenda, S. 50.

113 Zu beiden Anforderungen genauer unten 5.

114 Vgl. ausführlich auch Jaeger, a. a. O., (Fn. 55), § 13 Rn. 25. Aus der Rechtsprechung vor allem OVG Greifswald, Urt. v. 21.12.2012, – 3 K 10.11 – BeckRS 2013, 49500.

5 Ausschluss des vereinfachten Verfahrens

Vom Verzicht auf die Umweltprüfung darf nur Gebrauch gemacht werden, wenn die vorgenannten Voraussetzungen erfüllt sind. Es dürfen UVP-pflichtige Vorhaben weder vorbereitet noch begründet werden und auch keine Anhaltspunkte für Beeinträchtigungen von europäischen Schutzgebieten (FFH- und Vogelschutzgebiete) bestehen. Die insoweit von der Gemeinde zu treffende Prognoseentscheidung stellt die Planungspraxis immer wieder vor erhebliche Probleme, weil

- oftmals die an die Prognoseentscheidung angelegten Anforderungen entweder nicht oder nur unzureichend bekannt sind und/ oder
- ein Absehen von der Umweltprüfung für die Gemeinden und für Vorhabenträger in finanzieller sowie auch im Hinblick auf den vorzunehmenden Aufwand verlockend ist und insoweit Defizite in Kauf genommen werden.

Gesetzgeberischer Ansatzpunkt ist die Prüfung der Frage, ob die Voraussetzungen für die Anwendung des vereinfachten Verfahrens vorliegen. Die damit verbundenen Anforderungen werden aufgrund der unterschiedlichen Fallgestaltungen, in denen das vereinfachte Verfahren zur Anwendung gebracht werden kann, im Folgenden genauer dargelegt.

5.1 Vorhaben, die einer UVP-Pflicht unterliegen

Die Vorabprüfung betrifft zunächst die Klärung der Frage, ob durch die im vereinfachten Verfahren vorgesehene Planung ein UVP-pflichtiges Vorhaben vorbereitet oder begründet wird (vgl. § 13 Abs. 1 Satz 1 Nr. 1 BauGB). Zur Klärung kann die Gemeinde auf § 3 Abs. 1 Satz 1 UVPG in Verbindung mit der Anlage 1 zum UVPG zurückgreifen, während sich die Verpflichtung zur Durchführung der Umweltverträglichkeitsprüfung letztlich erst aus den §§ 3a bis f UVPG ergibt. Mit Blick auf die Bauleitplanung lassen sich dabei im Wesentlichen zwei Kategorien unterscheiden, die eine UVP-Pflicht begründen. Angesprochen sind insoweit solche Vorhaben, die aufgrund der im Gesetz zur Umweltverträglichkeitsprüfung festgelegten Merkmale stets einer Verpflichtung zur Durchführung einer Umweltverträglichkeitsprüfung unterliegen (generell UVP-pflichtige Vorhaben). In die zweite Kategorie fallen im Weiteren diejenigen Vorhaben, die aufgrund einer Vorprüfung im

Einzelfall (sog. „Screening“[115]) entweder dann UVP-pflichtig sind oder eben nicht mit einer derartigen Prüfverpflichtung belegt sind. Diese Vorabprüfung fällt in den Aufgabenbereich der Gemeinden. Sie hat darzulegen, inwieweit die Ausnahmevoraussetzungen im konkreten Planungsfall vorliegen.

Die generell UVP-pflichtigen Vorhaben sind in Anlage 1 zum UVPG Spalte 1 durch den Großbuchstaben „X“ gekennzeichnet. Darunter fallen auch die sog. „planerischen Vorhaben“ nach Anlage 1 Nr. 18.1 bis 18.9 UVPG. In diesem Sinne ist der Bau eines Hotelkomplexes, für den im bisherigen Außenbereich ein Bebauungsplan aufgestellt wird, mit einer Bettenzahl von jeweils insgesamt 300 oder mehr oder mit einer Gästezimmerzahl von jeweils insgesamt 200 oder mehr generell UVP-pflichtig.[116] Demgegenüber ist für den Fall, dass der Hotelkomplex, für den im bisherigen Außenbereich ein Bebauungsplan aufgestellt wird, mit einer Bettenzahl von jeweils insgesamt 100 bis weniger als 300 oder mit einer Gästezimmerzahl von jeweils insgesamt 80 bis weniger als 200 mit einer allgemeinen Vorprüfung des Einzelfalls nach § 3c Satz 1 UVPG belegt. Diese Vorprüfung wird, seit dem Inkrafttreten des Europaanpassungsgesetz Bau 2004 am 20.07.2004, im Rahmen des Bauleitplanverfahrens durchgeführt. Insoweit bestimmt § 17 Abs. 1 Satz 2 UVPG, dass abweichend von § 17 Abs. 1 Satz 1 UVPG eine vorgeschriebene Vorprüfung des Einzelfalls entfällt, wenn für den aufzustellenden Bebauungsplan eine Umweltprüfung nach den Vorschriften des Baugesetzbuchs, die zugleich den Anforderungen einer Umweltverträglichkeitsprüfung entspricht, durchgeführt wird.[117] Als Rechtsgrundlage hierfür

115 Im Einzelnen Battis/Ingold, Screening-Verfahren in der Bauleitplanung LKV 2007, 433, (435).

116 Vgl. Nr. 18.1, Spalte 1 der Anlage 1 zum UVPG.

117 In der Planungspraxis führt dies oftmals dazu, dass soweit eine Vorprüfung erforderlich wird, von vorneherein vom vereinfachten Verfahren abgesehen wird. Begründet wird dies häufig damit, dass sich aus der Durchführung einer Vorprüfung des Einzelfalls auch als Ergebnis einstellen kann, dass eine Umweltprüfung vorzunehmen ist. Insoweit erforderlicher finanzieller und personeller Aufwand wird dann eher direkt in die Durchführung einer Umweltprüfung im Regelverfahren gesteckt. Größere Bedeutung hat dies allerdings für § 13a Abs. 1 Satz 1 Nr. 2 BauGB, also für diejenigen Bebauungspläne mit einer zulässigen Grundfläche von 20.000 bis 70.000 Quadratmeter. So zu Recht: Schrödter, a. a. O., (Fn. 32), § 13a Rn. 22.

ergibt sich ebenfalls die Anlage 1 zum Gesetz zur Umweltverträglichkeitsprüfung.[118]

Daneben gibt es aber auch noch den Fall, dass ein Hotelkomplex durch Bebauungsplan nicht im Außenbereich sondern im unbeplanten Innenbereich nach § 34 BauGB oder im bereits beplanten Bereich nach § 30 BauGB realisiert werden soll. Insoweit bestimmt Nr. 18.8 der Anlage 1 zum UVPG, dass der Bau eines Vorhabens der in den Nummern 18.1 bis 18.7 genannten Art, soweit der jeweilige Prüfwert für die Vorprüfung erreicht oder überschritten wird und für den in sonstigen Gebieten ein Bebauungsplan aufgestellt, geändert oder ergänzt wird, ebenfalls eine allgemeine Vorprüfung des Einzelfalls nach § 3c Satz 1 UVPG durchzuführen ist. Soll damit im unbeplanten Innenbereich ein Hotelkomplex mit einer Bettenzahl von jeweils insgesamt 600 durch einen Bebauungsplan realisiert werden, dann ergibt sich seine UVP-Pflicht trotz der deutlichen Überschreitung des in Nr. 18.1, Spalte 1 der Anlage 1 zum UVPG des mit „X" gekennzeichneten Größenwerts erst angesichts der vorzunehmenden allgemeinen Vorprüfung des Einzelfalls nach § 3c Satz 1 UVPG.[119] Die Realisierung planerischer Vorhaben im unbeplanten Innenbereich und im Geltungsbereich eines bestehenden Bebauungsplans erfährt dadurch eine Besserstellung gegenüber seiner Verwirklichung im Außenbereich. Gleichwohl ist dabei zu berücksichtigen, dass dadurch der Außenbereich auch geschützt wird. Inwieweit dies allerdings unter dem Druck, der auf dem Außenbereich angesichts der drängenden Probleme zur Unterbringung von Flüchtlingen, aber auch von anderen Wohnungssuchenden, entgegengebracht wird, aufrechterhalten werden kann, ist zu bezweifeln.

Nach § 13 Abs. 1 BauGB dürfen durch die Aufstellung, Änderung oder Ergänzung eines Bauleitplans im vereinfachten Verfahren keine Vorhaben zulässig werden, die einer Umweltverträglichkeitsprüfung nach Anlage 1 zum UVPG bedürfen. Unter diese erste Fallgruppe – fallen wie oben dargelegt – solche Bebauungspläne, die ein UVP-pflichtiges Vorhaben vorbereiten

118 Vgl. Nr. 18.1, Spalte 2 der Anlage 1 zum UVPG.

119 Zu kumulierenden Vorhaben und bei der Erweiterung oder Änderung eines bereits UVP-pflichtigen Vorhabens, vgl. § 3b Abs. 2 und 3 und § 3e UVPG.

oder begründen.[120] Wird dann der in der Anlage 1 zum UVPG für die verschiedenen Vorhaben angegebene obere Prüfwert erreicht oder überschritten, bedarf es der Durchführung einer Umweltverträglichkeitsprüfung.[121] Das vereinfachte Verfahren scheidet hier als Verfahrensform aus, ohne dass es einer weiteren Prüfung bedarf.[122] Keine anderen Maßstäbe dürften anzusetzen sein, wenn ein bereits bebautes Gebiet mit einem bereits UVP-pflichtigen Vorhaben im vereinfachten Verfahren überplant wird. Liegt das Vorhaben unterhalb der oberen Prüfwerte, aber oberhalb des unteren Prüfwerts ist eine allgemeine Vorprüfung nach § 3c UVPG erforderlich.

Allerdings bedarf es nicht nur in diesen Fällen der Durchführung einer Umweltverträglichkeitsprüfung, sondern auch dann, wenn die Verpflichtung zur Durchführung einer Umweltverträglichkeitsprüfung das Ergebnis einer allgemeinen Vorprüfung des Einzelfalls ist. Die Erforderlichkeit der Durchführung einer Umweltverträglichkeitsprüfung ergibt sich aus der Anlage 1 Spalte 2 zum UVPG. Dies betrifft auch die planerischen Vorhaben nach Nr. 18.1 bis 18.8 der Anlage 1 zum UVPG. Nr. 18.1. bis 18.7 der Anlage 1 zum UVPG verlangen dabei eine allgemeine Vorprüfung, soweit der überplante Bereich dem Außenbereich im Sinne von § 35 BauGB zuzuordnen ist. Nach Nr. 18.8 der Anlage 1 zum UVPG ist dann auch eine allgemeine Vorprüfung nach § 3c UVPG durchzuführen, wenn beim Bau eines Vorhabens nach den Nrn. 18.1 bis 18.7 der Anlage 1 zum UVPG der jeweilige Prüfwert für die Vorprüfung erreicht oder überschritten wird und für den in einem sonstigen Gebiet ein Bebauungsplan aufgestellt wird. In den Fällen, in denen die Durchführung einer allgemeinen Vorprüfung vorgesehen ist, bedarf es nach § 3c Satz 1 UVPG dann der Durchführung einer Umweltverträglichkeitsprüfung, wenn das Vorhaben nach Einschätzung der

---

120 Es handelt sich dabei um die in der Anlage 1 zum UVPG, Spalte 1 mit einem „X" gekennzeichneten Vorhaben. Aber auch die in Nr. 18.1 bis 18.9 der Anlage 1 zum UVPG aufgelisteten planerischen Vorhaben fallen darunter. Vgl. OVG Magdeburg, Urt. v. 18.06.2008, – 2 K 364.06 – BauR 2009, 957 (958).

121 Dies dürfte auch dann gelten, wenn einzelne Merkmale zur UVP-Pflichtigkeit des Vorhabens nicht im Bebauungsplan selbst, sondern in einem städtebaulichen Vertrag geregelt sind. Darauf weist Schrödter, a. a. O., (Fn. 32), § 13a Rn. 19 ausdrücklich hin.

122 Vgl. OVG Berlin-Brandenburg, Urt. v. 18.06.2008, – OVG 2 A 11.07 – NVwZ-RR 2009, 51 (52).

zuständigen Behörde aufgrund überschlägiger Prüfung unter Berücksichtigung der in der Anlage 2 aufgeführten Kriterien erhebliche nachteilige Umweltauswirkungen haben kann, die nach § 12 UVPG zu berücksichtigen wären. Im Rahmen einer gerichtlichen Prüfung wird dann der Frage nachgegangen, ob die Behörde den Rechtsbegriff der Erheblichkeit der Umweltauswirkungen nach § 3c UVPG zutreffend ausgelegt hat.

Dabei ist zu berücksichtigen, dass für die Ebene des Baugenehmigungsverfahrens ein anderer Maßstab anzulegen ist, als für die Bauleitplanung. Insoweit liegen erhebliche nachteilige Umweltauswirkungen auf der Ebene der Bauleitplanung nicht erst dann vor, wenn die nach dem jeweils einschlägigen materiellen Zulassungsrecht maßgebliche Schädlichkeitsgrenze voraussichtlich überschritten wird und damit die Umweltauswirkungen nach Einschätzung der Behörde so gewichtig sind, dass sie zu einer Versagung der Zulassung führen. Umweltauswirkungen sind vielmehr jedenfalls bereits dann erheblich, wenn sie an die Zumutbarkeitsschwelle[123] heranreichen.[124] Dies ist regelmäßig dann anzunehmen, wenn die Umweltauswirkungen abwägungsrelevant sind.[125] Für diese Fälle spielt es dann keine Rolle, ob nach der Anlage 1 zum UVPG nur eine allgemeine Vorprüfung des Einzelfalls erforderlich ist oder ob hierdurch unmittelbar eine UVP-Pflicht begründet wird.[126] Das vereinfachte Verfahren ist in beiden Fällen ausgeschlossen. Vielmehr reicht hier die begründete Möglichkeit erheblicher Umweltauswirkungen für die Annahme einer Verpflichtung zur Durchführung einer Umweltverträglichkeitsprüfung aus.[127] Denn § 3c Satz 1 UVPG lässt es für die verpflichtende Durchführung einer Umweltverträglichkeitsprüfung

---

123 z. B. wenn die Immissionswerte der TA Lärm nur um 1 dB(A) unterschritten werden. Vgl. OVG Münster, Urt. v. 19.05.2015, – 10 D 62.12.NE – BeckRS 2015, 47611 sowie dass., Urt. v. 10.04.2014, – 7 D 57.12 – ZfBR 2014, 700 (700).

124 Vgl. BVerwG, Urt. v. 17.12.2013, – 4 A 1.13 – NVwZ 2014, 669 Rn. 37.

125 Vgl. OVG Münster, Urt. v. 30.10.2015, – 7 D 28.14.NE – BeckRS 2015, 56343, Rn. 48; dass., a. a. O., (Fn. 126), ZfBR 2014, 700 (700).

126 Vgl. Krautzberger, Bauleitplanung im vereinfachten und im beschleunigten Verfahren nach dem BauGB 2007, UPR 2007, 170 (173).

127 Vgl. OVG Münster, Urt. v. 18.12.2009, – 7 D 62.08.NE – BeckRS 2010, 45705; Mitschang, Bebauungspläne im beschleunigten Verfahren, ZfBR 2007, 433 (442); Krautzberger, a. a. O., (Fn. 6), § 13 Rn. 32.; Jaeger, a. a. O., (Fn. 55), § 13 Rn. 25.

schon ausreichen, dass ein Vorhaben erhebliche nachteilige Umweltauswirkungen haben kann. Zurückgreifen kann die Gemeinde im Rahmen der von ihr anzustellenden Vorprüfung auf die Prüfwerte der Anlage 1 zum UVPG. Für die anzustellende überschlägige Prüfung ist dann der Durchführung der Planung auf Flächen des bisherigen Außenbereichs ebenso indizielle Wirkung beizumessen wie der Feststellung, dass erhebliche nachteilige Umweltauswirkungen im Sinne von § 3c UVPG i. V. m. § 12 UVPG anzunehmen sind oder im Zusammenwirken mit anderen Plänen oder Projekten zu erheblichen nachteiligen Umweltauswirkungen führen. Umgekehrt bedarf es nicht der Durchführung einer Umweltverträglichkeitsprüfung, wenn ein abwägungserheblicher Belang bereits im Zeitpunkt der Vorprüfung weder im Zusammenwirken mit anderen Plänen und Projekten noch für sich genommen Einfluss auf das Ergebnis der Planungsentscheidung haben kann.[128] Erhebliche nachteilige Umweltauswirkungen sind dann nicht zu erwarten, so dass das vereinfachte Verfahren zur Anwendung gebracht werden kann.[129] Dem Erfordernis, eine prognostische Beurteilung im Sinne einer „überschlägigen Vorausschau“ vornehmen zu müssen, genügt im Einzelfall auch eine zwar nicht ausdrücklich als solche bezeichnete, aber inhaltlich an den Anforderungen der Anlage 2 zum UVPG entsprechende Prüfung.[130] Von Bedeutung ist in diesem Zusammenhang aber auch, dass die Gemeinde in Anwendung des vereinfachten Verfahrens keineswegs davon freigestellt ist, Umweltbelange wie sie nicht direkt durch § 13 Abs. 1 Nr. 1 und 2 BauGB angesprochen sind, bei ihrer Abwägung zu berücksichtigen.[131] Vielmehr hat sie bei der von ihr zu treffenden Entscheidung alle in der konkreten Planungssituation relevanten umwelterheblichen Belange einzustellen.[132]

Inwieweit § 13 Abs. 1 Nr. 1 BauGB auch auf Angebotsplanungen, insbesondere bei der Ausweisung von Kern- und Gewerbegebieten, anwendbar

---

128 Vgl. BVerwG, Urt. v. 25.06.2014, – 9 A 1.13 – NVwZ 2015, 85 Rn. 23.

129 Vgl. Spannowsky, a. a. O., (Fn. 53), § 13 Rn. 27.

130 Vgl. OVG Saarlouis, Urt. v. 05.09.2013, – 2 C 190.12 –, NJOZ 2014, 143 (152).

131 Vgl. Krautzberger, Umwelt- und Naturschutz bei Bebauungsplänen nach dem vereinfachten und beschleunigten Verfahren (§§ 13, 13a BauGB), UPR 2011, 62 (63).

132 Vgl. ausdrücklich: Jaeger, a. a. O., (Fn. 55), § 13 Rn. 26; Stüer, Bauleitplanung Rechtsprechungsbericht 2005 – 2007, DVBl. 2008, 270 (274 f.).

ist, wenn ein vorprüfungspflichtiges oder sogar ein UVP-pflichtiges Vorhaben zugelassen werden kann, dies allerdings sich aus den Festsetzungen des Bebauungsplans so nicht unmittelbar hergeleitet werden kann, wurde durch die Rechtsprechung[133] bereits bejaht. Danach ist die Anwendung des vereinfachten Verfahrens nicht ausgeschlossen, soweit keine konkreten Festsetzungen in Bezug auf etwaige UVP-pflichtige Vorhaben vorliegen. Angesichts der neueren Entscheidungen des Europäischen Gerichtshofs[134] ist diese Entscheidung allerdings unter unionsrechtlichen Gesichtspunkten noch einmal in Frage zu stellen.[135] Hiervon dürfte allerdings der Fall zu unterscheiden sein, wo im Gewande einer Angebotsplanung ein eigentlich UVP-pflichtiges oder vorprüfungspflichtiges Vorhaben vorbereitet oder begründet wird und mit Blick auf die vorgenannte Rechtsprechung des Oberverwaltungsgericht Koblenz eine Umweltverträglichkeitsprüfung gerade nicht durchgeführt wird. Europarechtlich dürfte dies als eine Umgehung der UVP-Pflicht angesehen werden.

5.2 Beeinträchtigung von europäischen Schutzgebieten

Außerdem dürfen nach § 13 Abs. 1 Satz 1 Nr. 2 BauGB keine Anhaltspunkte für eine Beeinträchtigung der in § 1 Abs. 6 Nr. 7b BauGB genannten Schutzgüter bestehen. Insoweit angesprochen sind FFH- und Vogelschutzgebiete (im Sinne der FFH-RL[136] und der Vogelschutz-RL[137]) nach den §§ 31 ff. BNatSchG[138]. Die Gemeinde muss insoweit auf der Grundlage

133 So OVG Koblenz, Urt. v. 08.06.2011, – 1 C 11239.10.OVG –, – 1 C 11239.10 – BeckRS 2011, 52329.

134 Vgl. EuGH, a. a. O., (Fn. 113), 503 Rn. 37 ff.; ders., Urt. v. 15.10.2015, – Rs. C-137/14 – NVwZ 2015, 1665 ff.

135 Offen lassend: OVG Münster, a. a. O., (Fn. 128), BeckRS 2015, 56343 Rn. 42.

136 Richtlinie 92/43/EWG des Rates zur Erhaltung der natürlichen Lebensräume sowie der wild lebenden Tiere und Pflanzen vom 21.05.1992, ABl. EG Nr. L 206 vom 22.07.1992, S. 7, zul. geänd. durch die Richtlinie 2006/105/EG, ABl. EG Nr. L 363 vom 20.11.2006, S. 368.

137 Richtlinie 2009/147/EG des Europäischen Parlaments und des Rates vom 30.11.2009 über die Erhaltung der wild lebenden Vogelarten vom 30.11.2009, ABl. 2010 Nr. L 20, S. 7, zul. geänd. durch Art. 1 ÄndRL 2013/17/EU vom 13.05.2013, ABl. Nr. L 158, S. 193.

138 Gesetz über Naturschutz und Landschaftspflege (Bundesnaturschutzgesetz – BNatSchG) v. 29.07.2009, BGBl. I S. 2542, zul. geänd. durch VO vom 31.08.2015, BGBl. I S. 1474.

von § 34 Abs. 2 BNatSchG prüfen, ob durch die Verwirklichung des Bebauungsplans die Schutzzwecke oder Erhaltungsziele dieser Gebiete beeinträchtigt werden könnten. Anders als im Regelfall einer Verträglichkeitsprüfung kommt es hier allerdings nicht darauf an, dass „erhebliche“ Beeinträchtigungen zu erwarten sind. Auch nur geringfügige Beeinträchtigungen reichen damit aus, um eine Anwendung des vereinfachten Verfahrens auszuschließen. Besondere Bedeutung hat dies vor allem in den Fällen, in denen in räumlicher Nachbarschaft eines FFH- oder Vogelschutzgebiets Bebauungspläne aufgestellt werden, die im Rahmen ihrer Realisierung zu Beeinträchtigungen der Schutzzwecke oder Erhaltungsziele dieser Gebiete führen.

6 Verfahrensbezogene Erleichterungen

§ 13 Abs. 2 BauGB enthält die dem vereinfachten Verfahren seinen Namen gebenden „Vereinfachungen“. Es kann

- von der frühzeitigen Unterrichtung und Erörterung nach § 3 Abs. 1 BauGB und § 4 Abs. 1 BauGB abgesehen werden (§ 13 Abs. 2 Satz 1 Nr. 1 BauGB),
- der betroffenen Öffentlichkeit Gelegenheit zur Stellungnahme innerhalb einer angemessenen Frist gegeben oder wahlweise die Auslegung nach § 3 Abs. 2 BauGB durchgeführt werden (§ 13 Abs. 2 Satz 1 Nr. 2 BauGB) und/ oder
- den berührten Behörden und sonstigen Trägern öffentlicher Belange Gelegenheit zur Stellungnahme innerhalb einer angemessenen Frist gegeben oder wahlweise die Beteiligung nach § 4 Abs. 2 BauGB durchgeführt werden (§ 13 Abs. 2 Satz 1 Nr. 3 BauGB).

Während das klassische Bauleitplanverfahren grundsätzlich aus zwei Beteiligungsstufen besteht, liegt dem vereinfachten Verfahren nur ein einstufiger Aufbau zugrunde, denn nach § 13 Abs. 2 Satz 1 Nr. 1 BauGB kann von der frühzeitigen Unterrichtung der Öffentlichkeit sowie auch der Behörden und sonstiger Träger öffentlicher Belange abgesehen werden. Im vereinfachten Verfahren nach § 13 Abs. 2 Satz 1 – einleitender Satzteil – BauGB kann von den im Weiteren angeführten Verfahrenserleichterungen Gebrauch gemacht werden, was jedoch eine Ermessensentscheidung durch die Gemeinde zugrunde legt.

6.1 Verzicht auf frühzeitige Beteiligung

Das vereinfachte Verfahren kann nur in einfach gelagerten Fällen zur Anwendung gebracht werden. Deshalb kann die Gemeinde zur Beschleunigung des Verfahrens nach § 13 Abs. 2 Satz 1 Nr. 1 BauGB auf die frühzeitige Öffentlichkeitsbeteiligung verzichten. Dies ist für alle Fallgestaltungen des § 13 Abs. 1 BauGB unproblematisch möglich, denn über die Grundzüge der Planung sind die Öffentlichkeit aber auch die Behörden und sonstigen Träger öffentlicher Belange bereits im Aufstellungsverfahren für den Bauleitplan unterrichtet worden, so dass bei dessen Änderung oder Ergänzung auf die erste Stufe der Öffentlichkeits- und Behördenbeteiligung verzichtet werden kann, denn an den planerischen Grundzügen hat sich nichts verändert. Und in den übrigen Fallgestaltungen des § 13 Abs. 1 BauGB wird der Zulässigkeitsmaßstab nicht wesentlich verändert, so dass auch hier ohne materielle Einschränkung der Öffentlichkeits- und Behördenbeteiligung auf eine frühzeitige Unterrichtung und Erörterung im Sinne von § 3 Abs. 1 BauGB verzichtet werden kann.[139] Ob dieser Ansatz auch heute noch zeitgemäß ist, muss, im Hinblick auf die mit räumlichen Planungen insgesamt[140] verbundenen Diskussionen der letzten Jahre, zu Recht in Frage gestellt werden. Beteiligungen der Öffentlichkeit tragen zur Akzeptanz von Planungen bei. Ob sich eine Gemeinde solcher Möglichkeiten der Akzeptanzsteigerung von Planungen bedient, hat sie angesichts des jeweiligen Planungsfalls zu bedenken.[141] Macht die Gemeinde dennoch vom Absehen der Öffentlichkeitsbeteiligung Gebrauch, müssen jedenfalls die Voraussetzungen des § 3 Abs. 1 Satz 3 Nr. 1 BauGB nicht vorliegen, wonach bei Bebauungsplänen im klassischen Verfahren nur von der Unterrichtung und Erörterung abgesehen werden kann, wenn

1. ein Bebauungsplan aufgestellt oder aufgehoben wird und sich dies auf das Plangebiet und die Nachbargebiete nicht oder nur unwesentlich auswirkt oder

139 Vgl. Krautzberger, a. a. O., (Fn. 6), § 13 Rn. 35.

140 Nicht nur von Fachplanungen, etwa auch von windkraftsteuernden Regionalplänen oder auch bei konfliktträchtigen Bauleitplänen.

141 Vgl. in diesem Sinne auch Schrödter, a. a. O., (Fn. 32), § 13 Rn. 18; Jaeger, a. a. O., (Fn. 55), § 13 Rn. 34.

2. die Unterrichtung und Erörterung bereits zuvor auf anderer Grundlage erfolgt sind.

Besondere Bedeutung hat der Verzicht auf die frühzeitige Öffentlichkeitsbeteiligung insbesondere für die Änderung oder Ergänzung eines Flächennutzungsplans, weil sich die in § 3 Abs. 1 Satz 3 Nr. 1 BauGB enthaltene Voraussetzung, dass von der frühzeitigen Öffentlichkeitsbeteiligung abgesehen werden kann, nur auf die Aufstellung oder Aufhebung von Bebauungsplänen bezieht und insoweit für den Flächennutzungsplan die Möglichkeit einer tatsächlichen Erleichterung eröffnet wurde.

Schließlich kann die Gemeinde zur weiteren Beschleunigung des Planungsverfahrens nach § 13 Abs. 2 Satz 1 Nr. 1 BauGB auch von der frühzeitigen Beteiligung der Behörden sowie der sonstigen Träger öffentlicher Belange absehen. Der Gemeinde steht ein Wahlrecht zu, ob sie insgesamt von der frühzeitigen Beteiligung der Öffentlichkeit sowie der Behörden und sonstigen Träger öffentlicher Belange Gebrauch macht, bzw. nur die eine oder andere Möglichkeit für ihren jeweiligen Planungsfall heranzieht.

6.2 Eingeschränkte Öffentlichkeitsbeteiligung

Nach § 13 Abs. 2 Satz 1 Nr. 2 BauGB hat die Gemeinde die Möglichkeit zu wählen, ob sie für die Öffentlichkeitsbeteiligung im Rahmen der Offenlage des Bauleitplans nur auf die betroffene Öffentlichkeit abstellt oder auf das Regelverfahren nach § 3 Abs. 2 BauGB zurückgreift und der Öffentlichkeit innerhalb einer angemessenen Frist Gelegenheit zur Stellungnahme gibt. Wählt eine Gemeinde den Weg, nur der betroffenen Öffentlichkeit eine Beteiligung an der Planung zu ermöglichen und dadurch im Vergleich zur Beteiligung im Regelverfahren den Aufwand zu verringern, ergibt sich das Problem, die „betroffene Öffentlichkeit" zu ermitteln. Hierzu gehören nämlich nicht nur Eigentümer, sondern auch Mieter und Pächter sowie sonstige dinglich Berechtigte am Grundstück sowie im Übrigen auch alle Eigentümer der benachbarten Grundstücke, jedoch nur und soweit sie natürlich von der beabsichtigten Planung betroffen sind.[142] Im Einzelfall kann dies zu mehr oder minder erheblichen Problemen führen. Lässt sich jedenfalls der Kreis der Betroffenen nicht eindeutig bestimmen, dann muss die Gemeinde den

142 Vgl. Krautzberger, a. a. O., (Fn. 6), § 13 Rn. 36.

Entwurf des Bauleitplans nach § 3 Abs. 2 BauGB offenlegen.[143] Dies gilt auch für den Fall, dass ein oder mehrere Grundstückseigentümer aufgrund von Auslandsaufenthalten für die Abgabe einer Stellungnahme nicht ermittelt werden können.[144]

Eine Beteiligung der Öffentlichkeit erfolgt in der Regel individuell und schriftlich, indem dem Betroffenen der Planentwurf nebst Begründung übermittelt wird und dieser zur Abgabe einer Stellungnahme innerhalb einer angemessenen Frist aufgefordert wird. Gleichwohl ist es ausreichend, wenn die Gemeinde die betroffene Öffentlichkeit darüber informiert, dass der Planentwurf nebst Begründung bei der Gemeinde eingesehen werden kann[145] und Stellungnahmen innerhalb einer angemessenen Frist abgegeben werden können[146] oder sie unter Anwendung von § 28 VwVfG sogar von einer nur mündlichen Beteiligung Gebrauch macht.[147] Was die angemessene Frist angeht, innerhalb derer die betroffene Öffentlichkeit Gelegenheit hat, ihre Stellungnahmen abzugeben, enthält sich zunächst der Gesetzgeber einer klaren Regelung. Wenn im Rahmen des Regelverfahrens nach § 3 Abs. 2 BauGB eine einmonatige Frist für die Beteiligung der Öffentlichkeit als ausreichend angesehen wird, gilt dies zumindest auch für die Beteiligung der betroffenen Öffentlichkeit. Gleichwohl ist in einfachen Fällen auch eine Unterschreitung der Monatsfrist möglich, deren Umfang allerdings vom Einzelfall und den konkreten Auswirkungen der Planung abhängig zu machen ist. Weniger als zwei Wochen sollte die Beteiligungsfrist nicht umfassen.[148] Mit den eingegangenen Anregungen und Stellungnahmen ist wie im Regelverfahren gemäß den § 3 Abs. 2 BauGB zu verfahren.

6.3 Eingeschränkte Behörden- und TÖB-Beteiligung

Nach § 13 Abs. 2 Satz 1 Nr. 3 BauGB kann auch für die Beteiligung der Behörden sowie der sonstigen Träger öffentlicher Belange auf die Beteiligung

143 Vgl. Mitschang, a. a. O., (Fn. 33), § 13 Rn. 5.
144 So zu Recht Schrödter, a. a. O., (Fn. 32), § 13 Rn. 20.
145 Vgl. VGH Kassel, Urt. v. 24.02.2010, – 3 C 2866.09.N – ZfBR 2010, 692 (693).
146 Ebenda.
147 Vgl. Mitschang, a. a. O., (Fn. 33), § 13 Rn. 6.
148 Vgl. VGH Mannheim, Urt. v. 28.11.2012, – 3 S 2313.10 – NVwZ-RR 2013, 459 (460).

nur der berührten Behörden und sonstigen Träger öffentlicher Belange innerhalb einer angemessenen Frist[149] abgestellt oder wahlweise die Beteiligung nach § 4 Abs. 2 BauGB durchgeführt werden. Auch hier ist aus Rechtssicherheitsgründen bei der Anwendung der gesetzlich ermöglichten Beschränkung auf nur berührte Behörden und sonstige Träger öffentlicher Belange darauf hinzuweisen, den Kreis jener nicht zu eng zu bestimmen.[150] Inwieweit dann natürlich noch eine Beschleunigung gegenüber der Beteiligung nach § 4 Abs. 2 BauGB erreicht werden kann, ist fraglich. Denn nach § 4 Abs. 2 BauGB ist der Kreis der zu Beteiligenden zwar grundsätzlich weiter, weil die Stellungnahmen der Behörden und sonstigen Träger öffentlicher Belange einzuholen sind, deren Aufgabenbereich durch die Planung berührt werden kann, doch dürfte sich dadurch kein nennenswerter Unterschied zu § 13 Abs. 2 Satz 1 Nr. 3 BauGB ergeben.[151] Im Übrigen gelten für die Beteiligung der Behörden und sonstigen Träger öffentlicher Belange die §§ 4 und 4a BauGB. Die Beteiligung der betroffenen Behörden und der sonstigen Träger öffentlicher Belange und die Beteiligung der betroffenen Öffentlichkeit können ebenso wie bei der regulären Beteiligung nach den §§ 3 und 4 BauGB gleichzeitig erfolgen.[152]

6.4 Hinweispflichten

Aus europarechtlicher Sicht sind mit der Anwendung des vereinfachten Verfahrens zwei wichtige Hinweispflichten verbunden:

- Nach § 13 Abs. 2 Satz 2 BauGB muss für den Fall der Beteiligung lediglich der betroffenen Öffentlichkeit nach § 13 Abs. 2 Satz 1 Nr. 2 BauGB darauf hingewiesen werden, dass nicht fristgerecht abgegebene Stellungnahmen bei der Beschlussfassung über den Bauleitplan unberücksichtigt bleiben können und, dass bei der Aufstellung eines Bebauungsplans, ein Antrag nach der Verwaltungsgerichtsordnung unzulässig ist, wenn mit ihm nur Einwendungen geltend gemacht werden, die vom Antragsteller im Rahmen der öffentlichen Auslegung nicht oder verspätet geltend

149 Hierzu schon vorangehend 6.2.
150 Vgl. auch Schrödter, a. a. O., (Fn. 32), § 13 Rn. 23.
151 Vgl. Spannowsky, a. a. O., (Fn. 53), § 13 Rn. 36; Jaeger, a. a. O., (Fn. 55), § 13 Rn. 40.
152 Vgl. Gierke, a. a. O., (Fn. 38), § 13 Rn. 105.

gemacht wurden, aber hätten geltend gemacht werden können (vgl. § 3 Abs. 2 Satz 2 Halbsatz 2 BauGB).
- Nach § 13 Abs. 3 Satz 2 BauGB muss außerdem noch darauf hingewiesen werden, dass von einer Umweltprüfung abgesehen wird.

Die Hinweispflicht in § 13 Abs. 2 Satz 2 BauGB verweist auf die in § 3 Abs. 3 Satz 2 Halbsatz 2 BauGB enthaltene prozessuale Präklusion[153]. Hiernach ist in der Bekanntmachung der Offenlage des Bauleitplans auch darauf hinzuweisen, dass nicht fristgerecht abgegebene Stellungnahmen bei der Beschlussfassung über den Bauleitplan unberücksichtigt bleiben können und, dass bei Aufstellung eines Bebauungsplans, ein Antrag nach § 47 VwGO[154] unzulässig ist, wenn mit ihm nur Einwendungen geltend gemacht werden, die vom Antragsteller im Rahmen der Auslegung nicht oder verspätet geltend gemacht wurden, aber hätten geltend gemacht werden können. Mit § 13 Abs. 2 Satz 2 BauGB wird für den Fall der Beteiligung der betroffenen Öffentlichkeit geregelt, dass auch in diesen Fällen die Bestimmung über die prozessuale Präklusion anzuwenden ist. Dies ergibt sich daraus, dass § 3 Abs. 2 Satz 2 Halbsatz 2 BauGB nicht – wie bei der Offenlage des Plans im Regelverfahren – unmittelbar heranzuziehen ist.

Die zweite Hinweispflicht betrifft § 13 Abs. 3 BauGB und geht auf völkerrechtliche Anforderungen der Aarhus-Konvention sowie auch auf die europarechtliche Richtlinie zur Öffentlichkeitsbeteiligung[155] zurück. Hiernach kann im vereinfachten Verfahren von den Elementen der Umweltprüfung abgesehen werden. Dies betrifft die Erstellung des Umweltberichts, die Ausarbeitung einer zusammenfassenden Erklärung, die Angabe, welche

153 Die Frage nach der Bedeutung der Regelungen zur Präklusion für das Bauplanungsrecht widmet sich derzeit der Gesetzgeber vor dem Hintergrund der Entscheidung des Europäischen Gerichtshofs, a. a. O., (Fn. 137), NVwZ 2015, 1665 ff.

154 Verwaltungsgerichtsordnung (VwGO) i. d. F. der Bek. vom 19.03.1991 (BGBl. I S. 686), zul. durch Gesetzes vom 21.12.2015 (BGBl. I S. 2490).

155 Richtlinie 2003/35/EG des Europäischen Parlaments und des Rates vom 26.05.2003 über die Beteiligung der Öffentlichkeit bei der Ausarbeitung bestimmter umweltbezogener Pläne und Programme und zur Änderung der Richtlinien 85/337/EWG und 96/61/EG des Rates in Bezug auf die Öffentlichkeitsbeteiligung und den Zugang zu Gerichten, ABl. 2003 EG Nr. L 156 S. 17.

Arten umweltbezogener Informationen verfügbar sind, sowie das Monitoring. Möglich ist dies, weil im vereinfachten Verfahren eine Umweltprüfung nicht durchgeführt wird. Europarechtlich ist dies zulässig, weil den Mitgliedstaaten für Pläne, die die Nutzung kleiner Gebiete auf lokaler Ebene darstellen und festsetzen sowie für geringfügige Änderungen von Plänen, die einer Umweltprüfung unterliegen, ermöglicht wird auf die Umweltprüfung im Einzelfall verzichten zu können. Aufgrund der Abweichung von einer obligatorischen Umweltprüfung muss die Gemeinde bei der Anwendung des vereinfachten Verfahrens nach § 13 Abs. 3 Satz 2 BauGB im Zusammenhang mit der Information der betroffenen Öffentlichkeit oder in der Bekanntmachung der Auslegung ausdrücklich auf den Verzicht der Umweltprüfung hinweisen. Zwischen der Anwendung des vereinfachen Verfahrens und dem Absehen von der Umweltprüfung besteht eine Konnexität. Verstöße gegen diese Bestimmung sind damit europarechtlich relevant.

6.5 Satzungs- bzw. Feststellungsbeschluss

Für die Aufstellung, Änderung oder Ergänzung von Bebauungs- und Flächennutzungsplänen, die im vereinfachten Verfahren erstellt werden, gelten die gleichen Anforderungen an den Abschluss des Verfahrens wie für das Regelverfahren. Erleichterungen bestehen insoweit nicht. Der Bebauungsplan muss daher von der Gemeindevertretung als Satzung beschlossen, der Flächennutzungsplan muss durch Beschluss der Gemeindevertretung festgestellt werden. Gerade bei der Änderung eines Bebauungsplans im vereinfachten Verfahren wird der Unterschied zur Anwendung der Befreiungsregelung nach § 31 BauGB deutlich. Er liegt in der unmittelbaren demokratischen Legitimation und im rechtsstaatlichen Rechtsetzungsverfahren. Auch über die mit der Aufstellung, Änderung oder Ergänzung eines Bauleitplans zu erarbeitende Begründung muss beschlossen werden.[156]

Was eine eventuell bestehende Genehmigungspflicht von Bauleitplänen, die im vereinfachten Verfahren aufgestellt, geändert oder ergänzt werden, angeht, ist darauf hinzuweisen, dass ein Bebauungsplan nur dann von der höheren Verwaltungsbehörde zu genehmigen ist, wenn er nicht aus dem

156 Vgl. unten 6.6.

Flächennutzungsplan entwickelt wurde.[157] Demgegenüber bedarf ein Flächennutzungsplan, der im vereinfachten Verfahren geändert oder ergänzt wurde, stets der Genehmigung. In diesem Zusammenhang von Bedeutung ist die Bestimmung in § 246 Abs. 1a BauGB. Hiernach dürfen die Länder für genehmigungsfreie Bebauungspläne nach § 13 BauGB anders als für andere Bebauungspläne und Satzungen kein Anzeigeverfahren einführen. Für die Bekanntmachung ist auf die im Regelverfahren ebenfalls anzuwendenden Vorschriften der §§ 6 Abs. 5 und 6 BauGB sowie § 10 Abs. 3 BauGB und die dort geregelten Anforderungen hinzuweisen.

6.6 Anforderungen an die Begründung

Die Bedeutung der Begründung von Bauleitplänen, die im vereinfachten Verfahren aufgestellt, geändert oder ergänzt werden, wird in der Planungspraxis weithin unterschätzt. In der Begründung sind die wesentlichen Fragen, die bei der Wahl des vereinfachten Verfahrens eine Rolle spielen, anzugehen. Dies betrifft insbesondere Fragen, ob die Grundzüge der Planung berührt, die Anforderungen an die Aufstellung eines Bebauungsplans in einem im Zusammenhang bebauten Ortsteil nach § 34 BauGB erfüllt und die europarechtlichen Anforderungen eingehalten sind. Hier muss die Gemeinde „alle Karten auf den Tisch legen". Da es sich beim vereinfachten Verfahren um einen Sonderfall des Regelverfahrens handelt und überdies keine Umweltprüfung durchgeführt wird, müssen die hierfür maßgeblichen Aspekte in besonderem Maße dargelegt werden. Das ist mitunter anspruchsvoller als im Regelverfahren, wird in der Planungspraxis allerdings nur untergeordnet erfüllt.

Insbesondere sollte in der Begründung aus europarechtlichen Gründen heraus, am besten auf der ersten Seite und noch bevor auf inhaltliche Aspekte näher eingegangen wird, angegeben werden, dass der betreffende Bauleitplan im vereinfachten Verfahren aufgestellt, geändert oder ergänzt wird und deshalb auf die Durchführung einer Umweltprüfung verzichtet wird. In der Begründung sind dann die wesentlichen Fragen, ob die Grundzüge der Planung berührt und die europarechtlichen Anforderungen eingehalten

157 Vgl. § 10 Abs. 2 Satz 1 BauGB.

sind, darzulegen. Die hierfür ausschlaggebenden Gründe sind nach Maßgabe von Art. 3 Abs. 7 Plan-UP-RL zu dokumentieren.

7 Umweltrechtsbezogene Vereinfachungen

Nach § 13 Abs. 3 Satz 1 BauGB wird im vereinfachten Verfahren von der Umweltprüfung nach § 2 Abs. 4 BauGB, von dem Umweltbericht nach § 2a BauGB, von der Angabe nach § 3 Abs. 2 Satz 2 BauGB, welche Arten umweltbezogener Informationen verfügbar sind, vom Monitoring nach § 4c BauGB sowie von der zusammenfassenden Erklärung nach § 6 Abs. 5 Satz 3 BauGB beim Flächennutzungsplan und nach § 10 Abs. 4 BauGB beim Bebauungsplan abgesehen. Dabei ist zu berücksichtigen, dass zwischen dem Absehen von der Umweltprüfung und der Entscheidung für die Durchführung im vereinfachten Verfahren ein Zusammenhang[158] besteht. Zwar ist die interne Unbeachtlichkeitsklausel in § 214 Abs. 1 Satz 1 Nr. 2 BauGB entsprechend anzuwenden, wenn die Gemeinde das vereinfachte Verfahren angewendet hat, weil sie verkannt hat, dass die Änderung oder Ergänzung eines Bauleitplans die Grundzüge der Planung berührt und infolgedessen auch die Vorschriften über die Begründung der Bauleitpläne verletzt worden sind. Allerdings gilt dies nur, wenn die Durchführung einer Umweltprüfung und damit zusammenhängend eine Erstellung eines Umweltberichts gemeinschaftsrechtlich nicht geboten war.[159]

8 Besonderheiten des vereinfachten Verfahrens gegenüber dem Regelverfahren und dem beschleunigten Verfahren

Da das vereinfachte Verfahren nach § 13 BauGB einen Sonderfall des Regelverfahrens darstellt, werden im Folgenden die zwischen beiden Verfahren bestehenden Unterschiede näher betrachtet. In diese Überlegungen wird auch das beschleunigte Verfahren eingestellt, da in § 13a Abs. 2 BauGB auf die Beschleunigungselemente des vereinfachten Verfahrens zurückgegriffen wird. Bei allen Übereinstimmungen und Gemeinsamkeiten der einzelnen Verfahren ergeben sich doch auch Unterschiede, insbesondere in Bezug auf die Verfahren selbst sowie die mit ihnen jeweils verbundenen Rechtsfolgen.

158 Dies gilt im Übrigen auch beim beschleunigten Verfahren nach § 13a BauGB.
159 Vgl. BVerwG, a. a. O., (Fn. 39), ZfBR 2009, 676 (678).

8.1 Unterschiede zum Regelverfahren

Gegenüber dem Regelverfahren zur Aufstellung eines klassischen Bebauungsplans unterscheidet sich das vereinfachte Verfahren in zwei wesentlichen Punkten:

- Von der frühzeitigen Beteiligung der Öffentlichkeit und der Behörden und sonstigen Trägern öffentlicher Belange kann abgesehen werden[160] und
- bei der Öffentlichkeits- sowie der Behördenbeteiligung hat die Gemeinde ein Wahlrecht dergestalt, ob sie der betroffenen Öffentlichkeit sowie den von der Planung berührten Behörden und sonstigen Trägern öffentlicher Belange eine angemessene Frist zur Stellungnahme setzt oder den Entwurf nach § 3 Abs. 2 BauGB bzw. § 4 Abs. 2 BauGB auslegt und damit auf die Offenlage wie sie im klassischen Bauleitplanverfahren ihre Anwendung findet, zurückgreift.[161]

Im Übrigen unterscheidet sich das vereinfachte Verfahren gegenüber dem Regelverfahren auch im Anwendungsbereich, der einerseits nur auf die Änderung oder Ergänzung eines Bauleitplans, andererseits nur auf die Aufstellung von spezifischen Bebauungsplänen abstellt.[162]

8.2 Unterschiede zum beschleunigten Verfahren

Auch für das beschleunigte Verfahren lassen sich einige Unterscheidungen gegenüber dem vereinfachten Verfahren feststellen. Verfahrensrechtlich betrifft dies zunächst die ortsüblichen Bekanntmachungen.

- Nach § 13a Abs. 3 Satz 1 Nr. 1 BauGB ist ortsüblich bekannt zu machen, dass der Bebauungsplan im beschleunigten Verfahren ohne Durchführung einer Umweltprüfung aufgestellt werden soll; in den Fällen des § 13a Abs. 1 Satz 2 Nr. 2 BauGB einschließlich der hierfür wesentlichen Gründe.
- Ebenso ist nach § 13a Abs. 3 Satz 1 Nr. 2 BauGB ortsüblich bekannt zu machen, wo sich die Öffentlichkeit über die allgemeinen Ziele und Zwecke sowie die wesentlichen Auswirkungen der Planung unterrichten

160 Vgl. § 13 Abs. 2 Satz 1 Nr. 1 BauGB.
161 Vgl. § 13 Abs. 1 Satz 1 Nr. 1 und 2 BauGB.
162 Vgl. oben 3.2.

kann und dass sich die Öffentlichkeit innerhalb einer bestimmten Frist zur Planung äußern kann, sofern keine frühzeitige Unterrichtung und Erörterung im Sinne des § 3 Abs. 1 BauGB stattfindet.

Das beschleunigte Verfahren ist mit bestimmten Beschleunigungselementen ausgestattet, die dem vereinfachten Verfahren nicht zur Verfügung stehen:

- Die städtebaurechtliche Eingriffsregelung (§ 1a Abs. 3 BauGB) mit ihren Rechtsfolgen ist beim beschleunigten Verfahren ausgeschlossen. Nach § 13a Abs. 2 Nr. 4 BauGB gelten in den Fällen des § 13a Abs. 1 Satz 2 Nr. 1 BauGB Eingriffe, die aufgrund der Aufstellung des Bebauungsplans zu erwarten sind, als im Sinne des § 1a Abs. 3 Satz 6 vor der planerischen Entscheidung erfolgt oder zulässig.
- Nach § 13a Abs. 2 Nr. 2 Halbsatz 1 BauGB kann ein Bebauungsplan, der von den Darstellungen des Flächennutzungsplans abweicht, auch aufgestellt werden, bevor der Flächennutzungsplan geändert oder ergänzt ist. Außerdem darf die geordnete städtebauliche Entwicklung des Gemeindegebiets nicht beeinträchtigt werden (§ 13a Abs. 2 Nr. 2 Halbsatz 2 BauGB). Und schließlich ist der Flächennutzungsplan im Wege der Berichtigung anzupassen (§ 13a Abs. 2 Nr. 2 Halbsatz 3 BauGB).
- Nach § 13a Abs. 2 Nr. 3 BauGB werden besondere Anforderungen an die Abwägung gestellt: Es soll einem Bedarf an Investitionen zur Erhaltung, Sicherung und Schaffung von Arbeitsplätzen, zur Versorgung der Bevölkerung mit Wohnraum oder zur Verwirklichung von Infrastrukturvorhaben in der Abwägung in angemessener Weise Rechnung getragen werden.

Der Anwendungsbereich des beschleunigten Verfahrens erfasst nur Bebauungspläne, während beim vereinfachten Verfahren zumindest im althergebrachten Anwendungsbereich der Änderung oder Ergänzung von Bauleitplänen auch Flächennutzungspläne erfasst werden.

9 Rechtsfolgen bei Verstößen

Einige wichtige Aspekte im Zusammenhang mit einer fehlerhaften Anwendung des vereinfachten Verfahrens werden im Folgenden angesprochen, da sie häufig Anlass für die Aufhebung solcher städtebaulicher Planungen sind. Mit den Planerhaltungsvorschriften in den §§ 214 ff. BauGB wird das Ziel verfolgt, die Bestandskraft von Flächennutzungsplänen und städtebaulichen

Satzungen zu erhöhen. Seit ihrer Schaffung im Jahr 1976 haben sie an Umfang und Komplexität stetig zugenommen.

Nach § 214 Abs. 1 Satz 1 BauGB ist eine Verletzung von Verfahrens- und Formvorschriften für die Rechtswirksamkeit von Bauleitplänen nur beachtlich, wenn ein in § 214 Abs. 1 Satz 1 Nr. 1 bis 4 BauGB bezeichneter Fehler vorliegt und dieser Fehler nicht von einer der sog. „internen" Unbeachtlichkeitsklauseln erfasst wird. Der Katalog der beachtlichen Verfahrens- und Formvorschriften ist insoweit abschließend.[163] Dies gilt grundsätzlich für Verstöße gegen § 13 Abs. 1 BauGB, denn hierbei handelt es sich um eine Verfahrensvorschrift, deren Verletzung in § 214 Abs. 1 Satz 1 BauGB nicht als beachtlich bezeichnet wird.[164] Daher ist die unzulässige Anwendung des vereinfachten Verfahrens für sich genommen als Mangel unbeachtlich.[165] Sie kann aber in der Folge zu weiteren Verfahrensfehlern führen, welche wiederum hinsichtlich der Frage ihrer Beachtlichkeit anhand der § 214 Abs. 1 Satz 1 BauGB zu beurteilen sind.[166]

Entsprechend der Planerhaltungsvorschrift in § 214 Abs. 1 Satz 1 Nr. 2 Halbsatz 1 BauGB ist es für die Rechtswirksamkeit eines Flächennutzungsplans oder eines Bebauungsplans beachtlich, wenn die Vorschriften über die Öffentlichkeits- und Behördenbeteiligung nach § 13 Abs. 2 Satz 1 Nr. 2 und 3 BauGB verletzt worden sind. Dabei ist es unbeachtlich, wenn

- bei Anwendung der Vorschriften einzelne Personen, Behörden und sonstige Träger öffentlicher Belange nicht beteiligt worden sind, die entsprechenden Belange jedoch unerheblich waren oder in der Entscheidung berücksichtigt worden sind (Alt. 1).
- Außerdem ist unbeachtlich, wenn einzelne Angaben dazu, welche Arten umweltbezogener Informationen verfügbar sind (Alt. 2), oder

163 Deutlich: BVerwG, Urt. v. 04.11.2015, – 4 CN 9.14 – BeckRS 2016, 40934, Rn. 28.

164 Ausführlich und gut strukturiert: Petz, in: Schlichter/Stich/Driehaus/Paetow (Hrsg.), Berliner Kommentar zum Baugesetzbuch, Loseblattsammlung, Stand: 27. Lfg., Mai 2014, § 214 Rn. 49.

165 Vgl. Lohse, Irren ist gemeindlich: Zur Unbeachtlichkeit einer aufgrund fehlerhafter Wahl des vereinfachten Verfahrens unterlassenen Umweltprüfung, DÖV 2009, 794 (796).

166 Vgl. BVerwG, a. a. O., (Fn. 39), ZfBR 2009, 676 (677 ff.).

- der Hinweis nach § 3 Abs. 2 Satz 2 Halbsatz 2 BauGB (prozessuale Präklusion) gefehlt haben (Alt. 3), oder
- nach Wahl der Betroffenenbeteiligung der Öffentlichkeit, die Angabe darüber, dass von einer Umweltprüfung abgesehen wird, unterlassen wurde (Alt. 4) oder
- wenn bei Anwendung des § 13 BauGB die Voraussetzungen für die Durchführung der Beteiligung verkannt worden sind (Alt. 5).

Für das vereinfachte Verfahren spielen insbesondere die beiden zuletzt angeführten Mängel eine wichtige Rolle:

- Die Angabe, dass von einer Umweltprüfung abgesehen wird, wird unterlassen (§ 214 Abs. 1 Satz 1 Nr. 2 Halbsatz 2 Alt. 4 BauGB).
- Die Voraussetzungen für die Durchführung der Beteiligung wurden verkannt (§ 214 Abs. 1 Satz 1 Nr. 2 Halbsatz 2 Alt. 5 BauGB).

Zunächst ist es für die Rechtswirksamkeit des Flächennutzungsplans oder des Bebauungsplans nach § 214 Abs. 1 Satz 1 Nr. 2 Halbsatz 2 Alt. 4 BauGB unbeachtlich, wenn im vereinfachten Verfahren die Angabe über den Verzicht auf die Durchführung einer Umweltprüfung nach § 13 Abs. 3 Satz 2 BauGB unterlassen wurde.[167] Auf den ersten Blick scheint dies unproblematisch zu sein, denn jedenfalls kann dem zugänglich gemachten Planentwurf nebst seiner Begründung entweder im Rahmen der öffentlichen Auslegung oder bei der Betroffenenbeteiligung entnommen werden, dass auf die Durchführung einer Umweltprüfung verzichtet worden ist. Das Europarecht stellt hier aber weitergehende Anforderungen. Hiernach ist es nicht nur erforderlich, dass sich aus den Planunterlagen ergibt, dass auf die Durchführung der Umweltprüfung verzichtet wurde. Es ist vielmehr auch darzulegen, welche Gründe hierfür den Ausschlag gegeben haben. Deshalb hat die Rechtsprechung[168] unter Bezugnahme auf Art. 3 Abs. 7 der Plan-UP-RL nur dann einen Verstoß gegen diese Hinweispflicht als unbeachtlich

---

167 Vgl. im Einzelnen: Uechtritz, in: Spannowsky/Uechtritz, BeckOK Öffentliches Baurecht, Baugesetzbuch, 32. Edition, Stand: 15.01.2016, § 214 Rn. 47 und 104; Battis, in: Battis/Krautzberger/Löhr (Hrsg.), Baugesetzbuch Kommentar, 13. Aufl., München, 2016, § 214 Rn. 16.

168 Vgl. VGH Mannheim, Urt. v. 03.04.2013, – 8 S 1974.10 – NVwZ 2013, 833 (835).

angesehen, wenn dem Regelungsziel der Vorschrift dadurch Rechnung getragen wird, dass die Gründe für das Absehen von der Umweltprüfung der Öffentlichkeit zugänglich gemacht worden sind. Diese Information kann der Öffentlichkeit etwa zur Verfügung gestellt werden, indem in der Begründung[169] klargestellt wird, dass für das beabsichtigte Bauleitplanverfahren von der Durchführung einer Umweltprüfung abgesehen wird und welche maßgeblichen Entscheidungsgründe hierfür vorlagen. Entscheidend ist aber, dass diese Informationen der Öffentlichkeit tatsächlich gegeben werden und nicht bloß in den Verfahrensakten der Gemeinde enthalten sind.

Unbeachtlich ist es auch, wenn die Voraussetzungen für die Durchführung der Beteiligung verkannt worden sind (§ 214 Abs. 1 Satz 1 Halbsatz 2 Alt. 5 BauGB). Dabei setzt der Begriff des „Verkennens" nicht voraus, dass sich die Gemeinde ausdrücklich und im Einzelnen mit den Anforderungen des § 13 BauGB auseinandergesetzt hat.[170] Auch dann, wenn eine Gemeinde lediglich stillschweigend angenommen hat, sie dürfe das vereinfachte Verfahren durchführen, ist dies unbeachtlich.[171] Vor diesem Hintergrund liegt sicherlich dann ein beachtlicher Fehler vor, wenn sich die Gemeinde bewusst, also vorsätzlich bzw. bösgläubig, über das Gesetz hinwegsetzt und damit das vereinfachte Verfahren anwendet, obwohl ihr bekannt ist, dass die Voraussetzungen tatsächlich nicht gegeben sind.[172] Bei einem bewussten Verstoß gegen die gesetzlichen Anforderungen werden diese nicht verkannt, sondern schlichtweg nicht beachtet.[173] Unbeachtlich bleibt auch nur der Verfahrensverstoß als solcher, vorliegend also die unzulässige Durchführung des vereinfachten Verfahrens.[174] Nicht unbeachtlich

---

169 Vgl. oben 6.6.

170 Vgl. BVerwG, a. a. O., (Fn. 38), ZfBR 2001, 131 (131).

171 Vgl. OVG Lüneburg, Urt. v. 22.11.2001, – 1 K 595.00 – BRS 64 Nr. 42.

172 Vgl. OVG Lüneburg, Urt. v. 23.08.1993, – 6 K 3108.91 – BeckRS 2005, 20492; Petz, a. a. O., (Fn. 167), § 214 Rn. 76; Stock, in: Ernst/Zinkahn/Bielenberg/Krautzberger (Hrsg.), Baugesetzbuch Kommentar, Loseblattsammlung, Stand: 84. Lfg., Mai 2007, § 214, Rn. 54; Uechtritz, a. a. O., (Fn. 170), § 214 Rn. 48.

173 Vgl. OVG Koblenz, Urt. v. 16.05.2013, – 1 C 11004.12 –, BRS 81 Nr. 23.

174 Von der Unbeachtlichkeit nicht erfasst wird ein von der Rechtsprechung bereits entschiedener Fall, bei dem eine erneute Beteiligung der Öffentlichkeit schlichtweg von der Gemeinde übersehen wurde (vgl. VGH München, Urt. v. 12.02.2004, – 1 N 02.406 – BauR 2004, 1425 (1426). Sich aus dem

ist aber ein auf dem Verfahrensverstoß beruhendes Abwägungsdefizit.[175] Das Oberverwaltungsgericht Münster[176] hebt insoweit in einer neuen Entscheidung hervor, dass die unzulässige Anwendung des vereinfachten Verfahrens nach § 13 Abs. 1 BauGB, sofern dabei auf die Durchführung einer Umweltprüfung verzichtet wird, auch zu einem Abwägungsmangel, der gemäß § 214 Abs. 1 Satz 1 Nr. 1 und Abs. 3 Satz 2 BauGB beachtlich ist, führt. Bei genauer Betrachtung gilt die Unbeachtlichkeitsklausel in § 214 Abs. 1 Satz 1 Nr. 2 Halbsatz 2 Alt. 5 BauGB nur unmittelbar für die Öffentlichkeits- und Behördenbeteiligung. Sie ist jedoch nach der Rechtsprechung des Bundesverwaltungsgerichts[177] entsprechend anzuwenden, wenn der Plangeber verkannt hat, dass die Voraussetzungen für das vereinfachte Verfahren nicht vorliegen[178] und infolgedessen auch die Vorschriften über die Begründung der Bauleitpläne verletzt worden sind.[179] Allerdings hebt das Bundesverwaltungsgericht hervor, dass dies nur dann gilt, wenn die wegen der fehlerhaften Wahl[180] des vereinfachten Verfahrens unterlassene Umweltprüfung im Einzelfall nicht europarechtlich geboten war.[181] Inwieweit es europarechtlich zulässig ist, dass Rechtsvorschriften, die das Unterlassen einer unionsrechtlich gebotenen Umweltprüfung für unbeachtlich erklären, konnte das Bundesverwaltungsgericht offen lassen. In diesem Fall stand nämlich einer entsprechenden Anwendung des § 214 Abs. 1 Satz 1 Nr. 2 BauGB nichts im Wege, weil die Durchführung einer Umweltprüfung

Verfahrensverstoß ergebende weitere Mängel, die zu weiteren Verfahrensfehlern führen, sind hinsichtlich ihrer Beachtlichkeit ihrerseits wiederum nach § 214 Abs. 1 Satz 1 BauGB zu beurteilen. Sie sind nur dann unbeachtlich, wenn das Gesetz wie in § 214 Abs. 1 Satz 1 Nr. 2 Halbsatz 2 BauGB bestimmt. Vgl. BVerwG, a. a. O., (Fn. 39), ZfBR 2009, 676 (677).

175 Vgl. BVerwG, Beschl. v. 18.12.1987, – 4 NB 4.87 – NVwZ 1988, 727 (727).

176 Vgl. OVG Münster, a. a. O., (Fn. 126), BeckRS 2015, 47611.

177 Vgl. BVerwG, a. a. O., (Fn. 39), ZfBR 2009, 676 (677 ff.).

178 Verneinend BVerwG, a. a. O., (Fn. 166), BeckRS 2016, 40934 Rn. 30 zur entsprechenden Übertragbarkeit auf § 13a BauGB aufgrund der Entscheidung des EuGH, a. a. O., (Fn. 113), NVwZ-RR 2013, 503, Rn. 37 ff.

179 Ausführlich zu alledem: Petz, a. a. O., (Fn. 167), § 214 Rn. 84 f.

180 Nur die Wahl des falschen Beteiligungsverfahrens, nicht aber das völlige Unterlassen der notwendigen Beteiligung eines Betroffenen ist unbeachtlich. Vgl. BVerwG, Beschl. v. 11.12.2002, – 4 BN 16.02 –, DVBl. 2003, 795 (796 f.).

181 Vgl. BVerwG, a. a. O., (Fn. 39), ZfBR 2009, 676 (677 ff.).

im betreffenden Fall nicht geboten war. Sollte dieser Fall eintreten, dürfte sich das Unionsrecht durchsetzen.[182] Denn wenn die Voraussetzungen für die Durchführung des vereinfachten Verfahrens nicht vorliegen, hätte ja eine Umweltprüfung durchgeführt werden müssen.

Beachtlich ist nach § 214 Abs. 1 Satz 1 Nr. 3 BauGB wiederum, wenn die Vorschriften über die Begründung des Bauleitplans sowie ihrer Entwürfe verletzt worden sind.[183] Dabei ist allerdings unbeachtlich, wenn die Begründung des Flächennutzungsplans oder des Bebauungsplans oder ihrer Entwürfe unvollständig sind. Die Unbeachtlichkeitsklausel bezieht sich auf die Unvollständigkeit der Begründung, so dass eine fehlende Begründung einen beachtlichen Fehler darstellt. Dies gilt auch für

- Begründungen, die zwar vorhanden sind, aber von einem falschen Gemeindeorgan beschlossen wurden[184],
- wenn sich die Regelungskonzeption aus anderen Akten zum Bauleitplanverfahren ergibt[185],
- wenn die Begründung erst nachträglich angefertigt oder wesentlich geändert wurde.[186],
- wenn sich die Begründung als beschreibende Wiedergabe des Planinhalts darstellt[187].

Eine unbeachtliche Vorschriftsverletzung bezogen auf eine unvollständige Begründung liegt dann vor, wenn zu einzelnen Punkten der Plankonzeption zwar Ausführungen vorliegen, diese aber defizitär ausfallen. Das bedeutet, die Begründung enthält nicht zu allen, aber zumindest zu einzelnen die Planungskonzeption tragenden Planinhalten begründende Hinweise.[188] Gleichwohl muss immer noch erkennbar sein, worum es geht und auch

182 Vgl. BVerwG, a. a. O., (Fn. 166), BeckRS 2016, 40934 Rn. 30.
183 Umfassende Auflistung bei Petz, a. a. O., (Fn. 167), § 214 Rn. 80 ff.
184 Vgl. BVerwG, Beschl. v. 23.10.2002, – 4 BN 53.02 – NVwZ-RR 2003, 172 (173).
185 Vgl. BVerwG, Urt. v. 30.06.1989, – 4 C 15.86 – NVwZ 1990, 364 (364).
186 Vgl. OVG Lüneburg, Urt. v. 30.05.2001, – 1 K 389.00 – NVwZ-RR 2002, 98 (98).
187 Vgl. VGH Mannheim, Urt. v. 25.11.1983, – 5 S 962.83 – NVwZ 1984, 529.
188 Vgl. BVerwG, Urt. v. 05.07.1974, – 4 C 50.72 – BVerwGE 45, 309 (331).

die städtebauliche Konzeption muss zumindest in der Grundstruktur noch ablesbar sein.

Nach § 214 Abs. 1 Satz 1 Nr. 3 Halbsatz 3 BauGB ist abweichend von Halbsatz 2 eine Verletzung von Vorschriften in Bezug auf den Umweltbericht unbeachtlich, wenn die Begründung hierzu nur in unwesentlichen Punkten unvollständig ist. Fehlt ein europarechtlich erforderlicher Umweltbericht, weil die Gemeinde die Voraussetzungen des vereinfachten Verfahrens verkennt, dann verletzt sie die Vorschriften über die Begründung nach § 214 Abs. 1 Satz 1 Nr. 3 Halbsatz 1 BauGB. Die Begründung ist dann nicht nur unvollständig. Der Fehler ist nach § 214 Abs. 1 Satz 1 Halbsatz 1 BauGB beachtlich.

Jens Saurenhaus

Probleme des beschleunigten Verfahrens nach § 13a BauGB

Abstract: Vor dem Hintergrund der europarechtlichen Einwirkungen scheinen die rechtlichen Vorgaben für das Planaufstellungsverfahren wesentlich komplizierter geworden zu sein. Der Autor arbeitet die Problemfelder bei der Anwendung des beschleunigten Verfahrens nach § 13a BauGB heraus und erläutert aus richterlicher Sicht mögliche Verfahrensfehler der Gemeinden bei der Anwendung des beschleunigten Verfahrens.

In context of the influence of the European Law on National Law the legal requirements for the preparation procedure of plans seems to be becoming more complicated. The author explains the problematic issues of the application of the accelerated procedure of urban land-use Planning according to § 13a BauGB and explicates possible procedural errors of the municipality at the application of the accelerated procedure from the judicial view.

Verfahrensfehler bei der Aufstellung von Bebauungsplänen spielen in verwaltungsgerichtlichen Verfahren, vor allem vor den Obergerichten, eine große Rolle. Dies gilt nicht nur für die zahlreichen Normkontrollverfahren nach § 47 VwGO, sondern auch im Rahmen der inzidenten Kontrolle von Bebauungsplänen bei Streitigkeiten über Baugenehmigungen. Die hohe Fehlerquote im verfahrensrechtlichen Bereich ergibt sich nicht zuletzt daraus, dass die rechtlichen Vorgaben für das Planaufstellungsverfahren durch europarechtliche Einwirkungen wesentlich komplizierter geworden sind. Hier finden sich immer wieder neue Fallstricke für die planende Gemeinde, die sich zum Teil erst nach einigen Jahren der Rechtsanwendungspraxis in der ober- und höchstrichterlichen Rechtsprechung herauskristallisieren. Musterbeispiel dafür ist das beschleunigte Verfahren nach § 13a BauGB.

Gemäß § 13a Abs. 1 Satz 1 BauGB kann ein Bebauungsplan für die Wiedernutzbarmachung von Flächen, die Nachverdichtung oder andere Maßnahmen der Innenentwicklung (Bebauungsplan der Innenentwicklung) im beschleunigten Verfahren aufgestellt werden. Durch die Einführung des beschleunigten Verfahrens für die Aufstellung von Bebauungsplänen im Rahmen der BauGB-Novelle 2007 hat der Bundesgesetzgeber von der durch

Art. 3 Abs. 3 der Richtlinie 2001/42/EG vom 27. Juni 2001 über die Prüfung der Umweltauswirkungen bestimmter Pläne und Programme – Plan-UP-Richtlinie –[1] eröffneten Möglichkeit Gebrauch gemacht, die Bodennutzung kleiner Gebiete auf lokaler Ebene vom Erfordernis der Umweltprüfung auszunehmen.

§ 13a BauGB ergänzt insoweit den § 13 BauGB durch die Einführung einer differenzierten Umsetzung der Anforderungen an Umweltprüfungen für Bebauungspläne der Innenentwicklung. Diese Pläne werden nach näherer Maßgabe des § 13a Abs. 1 BauGB in den dort geregelten Fällen von der durch das Europarechtsanpassungsgesetz 2004 in § 2 Abs. 4 BauGB eingeführten generellen Umweltprüfpflicht für Bebauungspläne ausgenommen und insoweit auch mit Blick auf die naturschutzrechtliche Ausgleichspflicht privilegiert. Bei den „kleinen Bebauungsplänen" nach § 13a Abs. 1 Satz 2 Nr. 1 BauGB, mit denen eine zulässige Grundfläche im Sinne des § 19 Abs. 2 BauNVO oder eine Größe der Grundfläche von insgesamt weniger als 20.000 m^2 festgesetzt wird, beschränken sich die Anforderungen auf die in § 13 Abs. 1 BauGB genannten Ausschlusskriterien.[2] Gerade von diesen „kleinen Bebauungsplänen" wird nach den Eindrücken des Verfassers in der Praxis reger Gebrauch gemacht. In der jüngeren Rechtsprechung standen dabei vor allem die folgenden Problembereiche im Vordergrund der rechtlichen Prüfung:

1 Innenentwicklung im Außenbereich?

Das Tatbestandsmerkmal der Innenentwicklung umfasst den gesamten Anwendungsbereich des § 13a Abs. 1 Satz 1 BauGB, also nicht nur die Maßnahmen der Wiedernutzbarmachung und der Nachverdichtung von Flächen, sondern auch die anderen, nicht konkretisierten Maßnahmen. Es handelt sich um einen unbestimmten Rechtsbegriff, der der uneingeschränkten gerichtlichen Kontrolle unterliegt. Einen Beurteilungsspielraum hat die Gemeinde nicht. Denn der Begriff der Innenentwicklung ist nicht etwa wegen hoher Komplexität oder besonderer Dynamik der geregelten Materie

1 Vgl. ABl. EU L 197, S. 30.
2 Vgl. zum Ganzen etwa OVG Saarlouis, Urt. v. 05.09.2013 – 2 C 190/12 – BauR 2014, 313, m. w. N.

so vage und seine Konkretisierung so schwierig, dass die richterliche Kontrolle an die Funktionsgrenzen der Rechtsprechung stieße und deshalb der Gemeinde ein begrenzter Entscheidungsfreiraum zuzubilligen wäre[3].

Der Gesetzgeber knüpft mit der Regelung des § 13a Abs. 1 Satz 1 BauGB an die Bodenschutzklausel des § 1a Abs. 2 Satz 1 BauGB an. Er grenzt Bebauungspläne der Innenentwicklung von Bebauungsplänen ab, die Flächen außerhalb der Ortslagen einer Bebauung zuführen, und will mit § 13a Abs. 1 BauGB Planungen fördern, die der Erhaltung, Erneuerung, Fortentwicklung, Anpassung und dem Umbau vorhandener Ortsteile dienen (vgl. § 1 Abs. 6 Nr. 4 BauGB). Folgerichtig beschränkt das Tatbestandsmerkmal der Innenentwicklung den räumlichen Anwendungsbereich des § 13a Abs. 1 Satz 1 BauGB dahin, dass nur Flächen überplant werden dürfen, die von einem Siedlungsbereich mit dem Gewicht eines im Zusammenhang bebauten Ortsteils umschlossen werden; die Außengrenzen des Siedlungsbereichs dürfen durch den Bebauungsplan hingegen nicht in den Außenbereich erweitert werden. Hiervon ausgehend hat das Bundesverwaltungsgericht ausgesprochen, dem Bebauungsplan der Innenentwicklung sei die Inanspruchnahme von Außenbereichsgrundstücken im Grundsatz versagt. Dies gelte auch wenn sich die überplante Fläche als organische Fortsetzung eines vorhandenen Sicherungsbereichs darstelle und etwa für eine Einbeziehungssatzung nach § 34 Abs. 4 Nr. 3 BauGB Betracht komme; denn eine „Innenentwicklung nach Außen“ ermögliche § 13a BauGB nicht. Ausdrücklich offen gelassen hat das Bundesverwaltungsgericht u. a., ob § 13a Abs. 1 Satz 1 BauGB die Überplanung einer „Außenbereichsinsel“ im Innenbereich gestatte.[4]

Nach richtiger und vorherrschender Ansicht ist diese Frage zu bejahen. Der Begriff der „Innenentwicklung“ umfasst neben der „Wiedernutzbarmachung von Flächen“ und der „Nachverdichtung“ auch „andere Maßnahmen der Innenentwicklung“. Dies schließt die Entwicklung von unbebauten Flächen, deren Überbauung sich nach § 35 BauGB richtet, mit ein, wenn sie auf allen Seiten von Bebauung im Sinne einer Ortslage umgeben und damit als „Außenbereichsinseln“ im Innenbereich erscheinen. Diese Ansicht hat der VGH Baden-Württemberg bereits in einem Urteil im Oktober

3 Vgl. BVerwG, Urt. v. 04.11.2015 – 4 CN 9.14 – ZfBR 2016, 260.
4 Vgl. BVerwG a. a. O., (Fn. 3), ZfBR 2016, 260.

2013 formuliert[5]. In dem damals entschiedenen Fall ging es um eine zusammenhängende Freifläche von rund 10.000 m², die allseits von Bebauung umgeben war. Etwa das OVG Nordrhein-Westfalen hat sich dieser Betrachtungsweise angeschlossen[6].

Der zum Teil vertretenen Ansicht, dass durch einen Bebauungsplan der Innenentwicklung nur „Außenbereichsinseln" im Innenbereich überplant werden dürfen, die brachgefallen sind, nicht aber baulich noch ungenutzte Flächen[7], ist schon der VGH Baden-Württemberg richtigerweise entgegengetreten[8]. Für eine weite Auslegung sprechen nicht nur der Gesetzeswortlaut, sondern auch die Gesetzesbegründung, nach der der Bebauungsplan der Innenentwicklung abzugrenzen ist „von Bebauungsplänen, die gezielt Flächen außerhalb der Ortslage einer Bebauung zuführen"[9]. Der gesetzliche Zweck, den äußeren Umgriff der Siedlungsbereiche nicht zu erweitern, bleibt gewahrt. Auch das Unionsrecht, insbesondere die eingangs genannte Plan-UP-Richtlinie, steht dieser Betrachtung nicht entgegen. Nach der Rechtsprechung des EuGH ist es denkbar, dass Arten von Plänen, die die Voraussetzungen des § 13a Abs. 1 BauGB erfüllen, a priori voraussichtlich keine erheblichen Umweltauswirkungen haben[10].

Eine weitergehende Einbeziehung von Außenbereichsflächen, insbesondere die Einbeziehung von Außenbereichsbuchten, die allenfalls an drei Seiten von Bebauung umgeben sind, dürfte nach Maßgabe der Rechtsprechung des Bundesverwaltungsgerichts dagegen regelmäßig unzulässig sein. Das OVG Nordrhein-Westfalen hat etwa die Anwendung des beschleunigten Verfahrens für eine Außenbereichsfläche abgelehnt, die an einer Seite vollständig, an einer weiteren Seite ganz überwiegend und an einer dritten Seite immerhin etwa zur Hälfte von Bebauung umgeben war, sich im übrigen aber zu weiteren Außenbereichsflächen hin öffnete; unter diesen Umständen fehle es an einer hinreichenden Vorprägung durch Bebauung, die

5 VGH BW, Urt. v. 29.10.2013 – 3 S 198/12 – BRS 81 Nr. 43; vgl. auch VGH BW, Urt. v. 30.10.2014 – 8 S 940/12 – BauR 2015, 783.

6 Vgl. z. B. OVG NRW, Urt. v. 10.04.2014 – 7 D 57/12.NE – BauR 2014, 1111.

7 Vgl. etwa Gierke, in: Brügelmann, BauGB, Stand: September 20123, § 13a, Rn. 45.

8 Vgl. VGH BW, a. a. O., (Fn. 5), BRS 81, Nr. 43.

9 BT-Drucksache 16/2496, S. 12.

10 Vgl. EuGH, Urt. v. 18.04.2013 – C-463/11 – BauR 2013, 1097.

§ 13a Abs. 1 Satz 1 BauGB voraussetze.[11] Das Niedersächsische OVG ist zu dem gleichen Ergebnis für ein 8300 m² Plangebiet gekommen, das 2400 m² Intensivgrünland umfasste und damit im Übergang zwischen Siedlungs- und Außenbereich lag[12].

2 Bestimmung der nach § 13a Absatz 1 Satz 2 Nr. 1 BauGB maßgeblichen Grundfläche

Der „kleine" Bebauungsplan der Innenentwicklung darf nach § 13 Abs. 1 Satz 2 Nr. 1 BauGB nur eine zulässige Grundfläche im Sinne von § 19 Abs. 2 BauNVO oder eine Größe der Grundfläche von insgesamt weniger als 20.000 qm festsetzen. Die Grundflächen mehrerer Bebauungspläne sind gemäß § 13a Absatz 1 Satz 2 Nr. 1 Halbsatz 2 mitzurechnen, wenn diese Bebauungspläne in einem engen sachlichen, räumlichen und zeitlichen Zusammenhang aufgestellt werden. Gemeint ist damit das Zusammentreffen mehrerer Bebauungspläne nach § 13a Abs. 1 Satz 1 Nr. 2 BauGB. Es soll ausgeschlossen werden, dass ein Bebauungsplan in mehrere kleine Verfahren aufgespalten wird, um jeweils Grundflächenwerte unterhalb der 20.000 m² - Grenze zu erreichen. Die Regelung erfasst regelmäßig nicht das Zusammentreffen eines Bebauungsplans nach § 13 Abs. 1 Satz 2 Nr. 1 BauGB mit einem Bebauungsplan im Normalverfahren; entsprechendes dürfte für das Verhältnis zu einem nach § 13 BauGB im vereinfachten Verfahren erlassenen Bebauungsplan gelten[13]. Der Verwaltungsgerichtshof Baden-Württemberg hat in diesem Zusammenhang ausgesprochen, dass eine Addition der Grundfläche eines in einem engen sachlichen, räumlichen und zeitlichen Zusammenhang mit einem Bebauungsplan der Innenentwicklung aufgestellten „Bebauungsplan im Normalverfahren" allenfalls in Missbrauchsfällen in Betracht kommt. Dies sei – so der baden-württembergische Verwaltungsgerichtshof – insbesondere dann in Betracht zu ziehen, wenn bei der Umweltprüfung eines großen Plangebiets schwer zu überwindende naturschutzrechtliche Probleme in einem kleinen Bereich festgestellt werden, und dann für diesen Bereich die Aufstellung eines gesonderten

11 OVG NRW, Urt. v. 15.01.2015 – 2 D 81/14.NE –.
12 Vgl. Nieds. OVG, Beschl. v. 28.09.2015 – 1 MN 144/15 – BauR 2015, 1944.
13 Vgl. etwa Krautzberger, in: Ernst/Zinkahn/Bielenberg/Krautzberger, BauGB, Stand: August 2013, § 13a, Rn. 44.

Bebauungsplans der Innenentwicklung beschlossen wird[14]. Dem dürfte beizupflichten sein.

Wird ein Bebauungsplan geändert oder ergänzt, bezieht sich der Schwellenwert allein auf den Änderung- oder Ergänzungsbebauungsplan[15]. Der ursprüngliche Bebauungsplan ist nicht an den tatbestandlichen Voraussetzungen des § 13a Abs. 1 BauGB zu messen. Ist der Inhalt eines Änderungsbebauungsplans etwa lediglich eine Verkaufsflächenbeschränkung bei ansonsten unverändert bestehend bleibenden Festsetzungen zum Maß der baulichen Nutzung, stellt sich die Frage nach der Einhaltung des Schwellenwerts nicht.[16]

3 UVP-Pflicht, Vorprüfung nach § 3c UVPG

Der dritte Problembereich wird durch die Begriffe „UVP-Pflicht", „Vorprüfung nach § 3c UVPG" umrissen; er ist komplex und spielt in der jüngeren Rechtsprechung immer wieder eine Rolle. Gesetzlicher Aufhänger in § 13 a BauGB ist die in Abs. 1 Satz 4 der Norm getroffene Regelung. Nach dieser Bestimmung ist das beschleunigte Verfahren bei der Aufstellung eines Bebauungsplans der Innenentwicklung ausgeschlossen, wenn durch den Bebauungsplan die Zulässigkeit eines Vorhabens begründet wird, das der Pflicht zur Durchführung einer Umweltverträglichkeitsprüfung nach dem UVPG unterliegt. Das ist nicht nur der Fall, wenn das Vorhaben in Spalte 1 der Anl. 1 zum UVPG aufgeführt ist; die Pflicht zur Durchführung eines solchen Verfahrens kann auch das Ergebnis einer allgemeinen Vorprüfung des Einzelfalls sein[17].

---

14 VGH BW, a. a. O., (Fn. 5), BRS 81 Nr. 43.

15 Vgl. Krautzberger, a. a. O., (Fn. 13), § 13a, Rn. 45.

16 Vgl. BVerwG, Beschl. v. 21.09.2010 – 4 BN 23/10 – BauR 2011, 229.

17 Vgl. Bay VGH, Beschl. v. 30.08.2013 – 15 NE 13.1692 – KommunalPraxis BY 2013, 397, und v. 27.10.2009 – 15 CS 09.2130 – juris, Urt. v. 14.09.2011 – 9 N 10.2275 – BayVBl. 2013, 278, v. 03.03.2011 – 2 N 09.3058 – juris, und v. 03.08.2010 – 15 N 10.358 – juris; OVG M.-V., Urt. v. 21.11.2012 – 3 K 10/11 – Nord ÖR 2013, 211.

3.1 Trägerverfahren der UVP bzw. der Vorprüfung

Hier wird zunächst immer wieder diskutiert, ob das jeweilige B-Planverfahren (und nicht das Baugenehmigungsverfahren) das richtige „Trägerverfahren" für eine Umweltverträglichkeitsprüfung oder eine Vorprüfung nach § 3c UVPG ist.[18] Diese Frage dürfte jedenfalls dann zu bejahen sein, wenn ein vorhabenbezogener oder ein sogenannter „projektbezogener" Bebauungsplan erlassen werden soll, der sich auf die Verwirklichung eines UVP- oder vorprüfungspflichtigen Vorhabens richtet. Ein insoweit hinreichender „Projektbezug" kann sich dabei schon aufgrund des Inhalts der Festsetzungen des Bebauungsplans ergeben. Beispiel ist das „Sondergebiet für einen Lebensmitteldiscounter/Vollsortimenter mit 1.200 qm Verkaufsfläche", der zugleich mehr als 1.200 qm zulässige Geschossfläche aufweist und nach Nr. 18.8 i. V. m. Nr. 18.6 der Anlage 1 zum UVPG vorprüfungspflichtig ist[19]. Ein „projektbezogener" Bebauungsplan im vorgenannten Sinne liegt aber beispielweise auch dann vor, wenn ein Angebotsplan mit einem städtebaulichen Vertrag korrespondiert, aus dem sich der Bezug zu einem UVP- oder vorprüfungspflichtigen Vorhaben ergibt.[20] Ein „Projektbezug", der eine UVP-Pflicht oder Vorprüfungspflicht für das beschleunigte Verfahren auslöst, mag aber auch dann anzunehmen sein, wenn lediglich der Begründung des Bebauungsplans zu entnehmen ist, dass die Ansiedlung eines UVP- oder vorprüfungspflichtigen Vorhabens gefördert werden soll, oder im überplanten Bereich auch nur tatsächlich ein UVP- oder vorprüfungspflichtiges Vorhaben vorhanden ist, dessen Bestand durch die Festsetzungen des Plans gesichert wird. Ob und unter welchen Voraussetzungen für einen „neutralen" Angebotsplan, der ein UVP- oder vorprüfungspflichtiges Vorhaben lediglich möglich erscheinen lässt, anderes gilt,[21] bedarf weiterer Klärung. Für eine solche Differenzierung spricht mit erheblichem Gewicht der Gesichtspunkt der Verfahrenspraktikabilität; man stelle sich ein im

18 Vgl. etwa OVG Rheinland-Pfalz, Urt. v. 08.06.2011 – 1 C 11239/10 – BauR 2011, 1701, einerseits und VG Gelsenkirchen, Urt. v. 24.09.2015 – 5 K 2777/13 – juris, andererseits.

19 Vgl. OVG NRW, a. a. O., (Fn. 6), BauR 2014, 1111.

20 Vgl. OVG NRW, Urt. v. 30.10.2015 – 7 D 28/14.NE –.

21 Vgl. dazu erneut OVG Rheinland-Pfalz, Urt. v. 08.06.2011, a. a. O., (Fn. 18), BauR 2011.

vorgenannten Sinne neutralen Angebotsplan für ein Kerngebiet vor, dessen Festsetzungen an verschiedenen Stellen und in verschiedenen Varianten vorprüfungspflichtige Einzelhandelsvorhaben möglich erscheinen lassen. Dagegen mögen der Wortlaut des § 13a Abs. 1 Satz 4 BauGB sprechen - darauf hat sich etwa in jüngerer Zeit das Verwaltungsgericht Gelsenkirchen in einer Entscheidung zu § 13a Abs. 1 Satz 4 BauGB berufen[22] - und auch Rechtsunsicherheiten, die bei einer Differenzierung im vorgenannten Sinne entstehen können.

3.2 Erhebliche nachteilige Umweltauswirkungen im Sinne von § 3c Satz 1 UVPG

Nach § 3c Satz 1 UVPG ist bei Bestehen einer Vorprüfungspflicht eine Umweltverträglichkeitsprüfung durchzuführen, wenn das Vorhaben nach Einschätzung der zuständigen Behörde aufgrund „überschlägiger Prüfung" unter Berücksichtigung der in der Anl. 2 zum UVPG aufgeführten Kriterien erhebliche nachteilige Umweltauswirkungen haben kann, die nach § 12 UVPG zu berücksichtigen wären[23]. In einem vom OVG Nordrhein-Westfalen im April 2014 entschiedenen Fall[24] hatte die planende Gemeinde die ihr obliegende Pflicht, eine allgemeine Vorprüfung des Einzelfalls gemäß § 12 UVPG durchzuführen und das Ergebnis dokumentieren, im Ausgangspunkt auch zutreffend erkannt. Das Gericht nahm gleichwohl einen beachtlichen Verfahrensfehler an, weil das Ergebnis der Vorprüfung, nämlich die Entscheidung keine Umweltverträglichkeitsprüfung durchzuführen, nicht nachvollziehbar im Sinne von § 214 Abs. 2a Nr. 4 BauGB war.

Gemäß § 214 Abs. 2a Nr. 4 BauGB gilt für Bebauungspläne, die im beschleunigten Verfahren nach § 13a BauGB aufgestellt worden sind, die Beurteilung, dass der Ausschlussgrund nach § 13a Absatz 1 Satz 4 BauGB nicht vorliegt, als zutreffend, wenn das Ergebnis nachvollziehbar ist und durch den Bebauungsplan nicht die Zulässigkeit von Vorhaben nach Spalte 1 der Anl. 1 zum UVPG begründet wird; andernfalls besteht ein für die Rechtswirksamkeit

22 VG Gelsenkirchen, Urt. v. 24.09.2015, a. a. O., (Fn. 18), BauR 2014.

23 Vgl. zur Anwendbarkeit des § 3c UVPG: Bay. VGH, Beschl. v. 30.08.2013, a. a. O., (Fn. 17), KommunalPraxis BY 2013, 397.

24 OVG NRW, Urt. v. 10.04.2014, a. a. O., (Fn. 6), BauR 2014, 1111; vgl. zum Ganzen ferner auch OVG NRW, Beschl. v. 29.06.2015 – 10 B 353/15 – juris.

des Bebauungsplans beachtlicher Mangel. Diese Planerhaltungsvorschrift trägt der Tatsache Rechnung, dass der Gemeinde im Rahmen der Vorprüfung nach § 12 UVPG ein Beurteilungsspielraum zusteht, der gerichtlich nur eingeschränkt überprüfbar ist[25].

Die gerichtliche Prüfung erstreckt sich dabei allerdings auf die Frage, ob die Behörde den Rechtsbegriff der Erheblichkeit der Umweltauswirkungen im Sinne von § 3c UVPG zutreffend ausgelegt hat[26].

Dies war in dem in Rede stehenden Fall nicht geschehen. Die von der Gemeinde durchgeführte allgemeine Vorprüfung beruhte auf der unzutreffenden Grundannahme, dass zur Beurteilung der Erheblichkeit von Umweltauswirkungen des Vorhabens in der Gestalt von Geräuschen auf die Grenzwerte der TA-Lärm abzustellen sei. Die erstellten Berichte über die Vorprüfung des Einzelfalls verneinten erhebliche nachteilige Umweltauswirkungen der Sache nach mit dem Hinweis, dass die Immissionsrichtwerte der TA-Lärm eingehalten bzw. unterschritten würden. Die Gemeinde setzte damit die Schwelle der erheblichen Umweltauswirkungen im Sinne des § 3c Satz 1 UVPG mit der Schwelle der schädlichen Umwelteinwirkungen im Sinne des § 5 Abs. 1 BImSchG gleich.

Eine solche Betrachtungsweise verkennt den rechtlichen Maßstab. Nach § 3c Satz 1 i. V. m. § 12 UVPG sind erhebliche nachteilige Umweltauswirkungen nicht erst dann zu berücksichtigen, wenn die Umweltauswirkungen so gewichtig sind, dass sie nach Einschätzung der Behörde zu einer Versagung der Zulassung führen können. Denn die Umweltverträglichkeitsprüfung soll die Umweltbelange so herausarbeiten, dass sie in die Abwägung in gebündelter Form eingehen. Sie ist ein formalisierter Zwischenschritt mit dem Ziel einer zunächst auf die Umweltbelange beschränkten Bewertung der Auswirkungen des Vorhabens im Rahmen der Abwägung aller Belange und dient als wirkungsvolle Methode, die Umweltbelange in den Abwägungsprozess einzuführen. Gerade die Abwägungsentscheidung lässt das Planungsrecht als besonders geeignetes Trägerverfahren für die Umweltverträglichkeitsprüfung erscheinen. Hiervon ausgehend muss die

25 Vgl. OVG M.-V., Urt. v. 21.11.2012, a. a. O., (Fn. 17), Nord ÖR 2013, m. w. N.
26 Vgl. BVerwG, Urt. v. 17.12.2013 – 4 A 1.13 – juris und v. 20.08.2008 – 4 C 11.07 – BRS 73 Nr. 173, jeweils zu § 3a Satz 4 UVPG.

Umweltverträglichkeitsprüfung daher grundsätzlich die Abwägungsentscheidung vorbereiten, wenn Umweltauswirkungen in die Abwägung eingehen und damit bei der Entscheidung über die Zulässigkeit des Vorhabens im Hinblick auf eine wirksame Umweltvorsorge nach § 12 UVPG zu berücksichtigen sind. Maßgeblich ist insoweit das materielle Zulassungsrecht[27].

Dass die Lärmschutzbelange in dem vom OVG NRW zu beurteilenden Fall[28] bauplanungsrechtlich abwägungsrelevant waren, ergab sich schon aus den vielfältigen Lärmschutzfestsetzungen des Bebauungsplanes, ohne die die Einhaltung der nach der TA-Lärm maßgeblichen Immissionsrichtwerte nicht möglich gewesen wäre. Tragender Bestandteil des Abwägungsvorgangs war die Umsetzung der in einem Schallschutzgutachten vorgegebenen Schallschutzmaßnahmen.

Ungeachtet dessen überschritten auch die nach Umsetzung der Lärmschutzmaßnahmen verbleibenden Belastungen die Grenze zur Abwägungsrelevanz. Ausweislich des Schallschutzgutachtens unterschritt der von dem Vorhaben ausgehende Gewerbelärm den maßgeblichen Immissionsrichtwert von tagsüber 55 dB(A) partiell nur um 1 dB(A). Somit musste die Gemeinde die zu erwartende Lärmentwicklung – ausgehend von den Grenzwerten der TA-Lärm – als Belang für die Abwägungsentscheidung berücksichtigen. Dieser Belang ist umso gewichtiger, je näher die Belastung an die Grenzwerte heranreicht, sein Gewicht ist umso geringer, je weiter sie hinter dieser Schwelle zurückbleibt[29].

Hinsichtlich eines Unbeachtlichwerdens eines solchen Mangels durch Zeitablauf ist ergänzend folgendes anzumerken: § 215 Abs. 1 Satz 2 BauGB erstreckt die Wirkung der in Satz 1 geregelten Jahresfrist auch auf Fehler, die nach § 214 Abs. 2 a BauGB beachtlich sind. Allerdings ist in der Praxis festzustellen, dass der insoweit nach § 215 Abs. 2 BauGB erforderliche Hinweis gerne vergessen wird, mit der Folge, dass der planenden Gemeinde die Jahresfrist schon deshalb nicht zugutekommt. Außerdem stellt sich im Hinblick auf die jüngere Rechtsprechung des EuGH[30] die Frage, inwieweit § 215 Abs. 1 Satz 1 BauGB auf Sachverhalte, die der

---

27 Vgl. BVerwG, Urt. v. 17.12.2009, a. a. O., (Fn. 26), juris, m. w. N.
28 Vgl. OVG NRW, a. a. O., (Fn. 6), BauR 2014, 1111.
29 Vgl. erneut BVerwG, Urt. v. 17.12.2013, a. a. O., (Fn. 26), juris.
30 Vgl. EuGH, Urt. v. 15.10.2015 – C 137/14 – NJW 2015, 3495.

Industrieemissions- oder der UVP- Richtlinie unterfallen, überhaupt noch Anwendung finden kann. Dazu ist darauf hinzuweisen, dass das Bundesverwaltungsgericht jüngst die Revision gegen eine Entscheidung des Niedersächsischen Oberverwaltungsgerichts zugelassen hat, um der Frage nachzugehen, ob die Unbeachtlichkeit eines Verstoßes gegen die Anforderungen des § 3 Abs. 2 Satz 2 Halbsatz 1 BauGB nach Ablauf der Jahresfrist des § 215 Abs. 1 Satz 1 Nr. 1 BauGB mit den Anforderungen des Unionsrechts in Einklang steht[31]. Als gleichermaßen problematisch dürfte sich die Anwendung des § 215 Abs. 1 Satz 1 Nr. 1 BauGB auf Sachverhalte der hier in Rede stehenden Art darstellen, in denen die Frage einer UVP- Pflicht fehlerhaft beurteilt worden ist.

4 Beurteilung der städtebaulichen Erforderlichkeit von Bebauungsplänen der Innenentwicklung

Mit dieser Frage hat sich der 4. Senat des Bundesverwaltungsgerichts in einer Nichtzulassungsentscheidung im Sommer 2014 befasst und ausgesprochen: Für Bebauungspläne der Innenentwicklung im beschleunigten Verfahren nach § 13a BauGB gelten keine besonderen Anforderungen an die städtebauliche Erforderlichkeit nach § 1 Abs. 3 Satz 1 BauGB[32].

Dieser Auffassung ist beizupflichten. Schon der Wortlaut des § 13a BauGB bietet für eine andere Ansicht keinen Anhaltspunkt. Dies gilt insbesondere Hinblick auf § 13a Abs. 2 Nr. 3 BauGB. Nach dieser Vorschrift soll im beschleunigten Verfahren einem Bedarf an Investitionen zur Erhaltung, Sicherung und Schaffung von Arbeitsplätzen, zur Versorgung der Bevölkerung mit Wohnraum oder zur Verwirklichung von Infrastrukturvorhaben in der Abwägung in angemessener Weise Rechnung getragen werden. Gegenstand der Regelung ist – wie der Wortlaut der Vorschrift deutlich ergibt – die von der Erforderlichkeit der Bauleitplanung nach § 1 Abs. 3 Satz 1 BauGB zu trennende Abwägung. Auch Gesetzgebungsmaterialien und Systematik bieten keine Anhaltspunkte dafür, dass die Vorschrift die Anforderungen an die städtebauliche Erforderlichkeit des Plans modifizieren könnte. § 13a Abs. 2 BauGB

31 Vgl. BVerwG, Beschl. v. 03.03.2016 – 4 BN 40/15 – juris.
32 BVerwG, Beschl. v. 31.07.2014 – 4 BN 12/14 – BauR 2014, 1898.

bestimmt vielmehr die Rechtsfolgen der Wahl des beschleunigten Verfahrens, ohne eine Veränderung des Erforderlichkeitsmaßstabes anzuordnen.[33] In Übereinstimmung damit legen auch die Normenkontrollgerichte den Maßstab des § 1 Abs. 3 Satz 1 BauGB für Bebauungspläne der Innenentwicklung nach § 13a BauGB ohne Veränderung zu Grunde.[34]

5 Umdeutung eines beachtlich fehlerhaften Bebauungsplans nach § 13 Abs. 1 BauGB in ein „kleinen“ Bebauungsplan der Innenentwicklung nach § 13a Abs. 1 Satz 2 Nr. 1 BauGB?

Diese Frage wurde im Januar dieses Jahres in einem beim 7. Senat des OVG Nordrhein-Westfalen anhängig gewesenen Normenkontrollverfahren aufgeworfen. Das Verfahren hatte einen Bebauungsplan zum Gegenstand, der zu Unrecht nach § 13 Abs. 1 BauGB im vereinfachten Verfahren erlassen worden war, weil durch seine Festsetzungen in einem Gebiet nach § 34 BauGB der sich bisher aus der Eigenart der näheren Umgebung ergebende Zulässigkeitsmaßstab wesentlich verändert wurde. Der Plan wies nämlich rund ein Drittel des zuvor nach dem Maßstab von § 34 BauGB insgesamt bebaubaren Plangebiets als Grünfläche aus. Dieser Fehler war nach Maßgabe der einschlägigen Rechtsprechung des Bundesverwaltungsgerichts[35] beachtlich, weil die Gemeinde nach den Feststellungen des Senats hinsichtlich des Nichtvorliegens der Voraussetzungen § 13 Abs. 1 BauGB bösgläubig war. Vor diesem Hintergrund wurde von der planenden Gemeinde die Frage gestellt, ob ein derart fehlerhafter Bebauungsplan nicht möglicherweise als „kleiner“ Bebauungsplan der Innenentwicklung nach § 13a Abs. 1 Satz 2 Nr. 1 BauGB Bestand haben könne. Der 7. Senat des OVG Nordrhein-Westfalen hat die Frage verneint und sich dabei auf folgende Erwägungen gestützt[36]:

Der im vereinfachten Verfahren nach § 13 BauGB aufgestellte Bebauungsplan erfüllt zunächst nicht die verfahrensrechtlichen Anforderungen

---

33 Ebenda.

34 Vgl. etwa BW VGH, Urt. v. 29.10.2013, a. a. O., (Fn. 5) BRS 81 Nr. 43 sowie OVG NRW, Urt. v. 12.02.2014 – 2 D 13/14.NE – juris.

35 Vgl. BVerwG, Urt. v. 04.08.2009 – 4 CN 4.08 – BauR 2009, 1862.

36 OVG NRW. Urt. v. 27.01.2016 – 7 D 130/14.NE – BauR 2016, 621.

des § 13a BauGB. So fordert § 13a Abs. 3 Satz 1 Nr. 1 BauGB für den Fall des „kleinen“ Bebauungsplans nach § 13a Absatz 1 Satz 2 Nr. 1, ortsüblich bekanntzumachen, dass der Bebauungsplan im beschleunigten Verfahren ohne Durchführung einer Umweltprüfung nach § 2 Abs. 4 BauGB aufgestellt werden soll. Diese Vorschrift sichert die Verfahrenstransparenz und trägt der Vorgabe des Art. 3 Abs. 7 der Plan-UP-Richtlinie 2001/42/EG Rechnung[37]. Eine solche Bekanntmachung war hier nicht erfolgt. Dass dieser Verfahrensverstoß nach § 214 Abs. 2a Nr. 2 BauGB unbeachtlich wäre, ändert nichts an dem Befund, dass die verfahrensrechtlichen Anforderungen des § 13a BauGB nicht erfüllt sind, sondern setzt dies vielmehr voraus.

Ferner ist in Rechnung zu stellen, dass der Gesetzgeber für das beschleunigte Verfahren in § 13a Abs. 2 Nr. 3 BauGB – wie bereits oben erwähnt – eine besondere Abwägungsdirektive normiert hat, indem er dem Plangeber vorgibt, im beschleunigten Verfahren einem Bedarf an Investitionen zur Erhaltung, Sicherung und Schaffung von Arbeitsplätzen, zur Versorgung der Bevölkerung mit Wohnraum oder zur Verwirklichung von Infrastrukturvorhaben in der Abwägung in angemessener Weise Rechnung zu tragen. Diese Gesichtspunkte gehören zwar auch sonst zu den abwägungsrelevanten städtebaulichen Belangen[38]. Sie werden aber durch die genannte Vorschrift im Hinblick auf die Zielrichtung des beschleunigten Verfahrens dem Plangeber in besonderer Weise vor Augen geführt. Das gesetzgeberische Anliegen, den Abwägungsprozess auf diesem Wege im Hinblick auf das städtebauliche Ziel „Innenentwicklung“ besonders zu sichern, kann aber nur erreicht werden, wenn der Plangeber von vornherein erkennt, dass er im beschleunigten Verfahren tätig ist.

Ob schließlich auch das unterschiedliche Fehlerfolgenregime nach den §§ 214, 215 BauGB gegen die in Rede stehende Umdeutung spricht[39], hat der 7. Senat des OVG Nordrhein-Westfalen offen lassen.

---

37 Vgl. etwa Battis in: Battis/Krautzberger/Löhr, BauGB, 12. Aufl., § 13 a, Rn. 18.
38 Ebenda, Rn. 16.
39 Vgl. dazu auch Bayerischer VGH, Urt. v. 14.09.2015 – 9 N 12. 2303 – juris.

Joachim Tepperwien

Satzungsbeschluss, Ausfertigung und Schlussbekanntmachung

Abstract: Zu den aus Platzmangel nicht behandelten Fragen gehören insbesondere die nach dem Erfordernis einer förmlichen Bekanntmachungsanordnung, nach der Art und Weise, in der der Satzungsbeschluss bekanntgemacht werden darf/muss, insbesondere der Zulässigkeit einer Bekanntmachung im Internet oder durch Aushang, den inhaltlichen Anforderungen an die Bekanntmachung, der zeitlichen Abfolge von Ausfertigung und Genehmigung eines Bauleitplans, die Frage, wie das von § 10 Abs. 3 Satz 2 BauGB geforderte Bereithalten des Bebauungsplans ausgestaltet sein muss und welche Folgen hier Fehler haben, sowie die Frage, ob im Falle einer Neubekanntmachung im ergänzenden Verfahren die erste oder die zweite Bekanntmachung die Fristen des § 47 Abs. 2 Satz 1 VwGO und des § 215 BauGB auslöst. Satzungsbeschluss, Ausfertigung und Schlussbekanntmachung sind in weiten Teilen nicht im Baugesetzbuch, sondern im Landeskommunalrecht geregelt. Die verschiedenen Gemeindeordnungen bzw. Kommunalverfassungen treffen in vielen Fällen ähnliche Regelungen, doch ist dies nicht immer der Fall. Der nachfolgende Beitrag weist – dem Erfahrungshorizont des Autors entsprechend – einen Schwerpunkt bei der niedersächsischen Rechtsprechung und Literatur auf, berücksichtigt aber auch die Rechtslage in den anderen Bundesländern.

Official requirements for passing a statute, issuing and publicizing of development plans seem to be assessable and manageable compared to the difficulties prior to passing the statute. Nevertheless a considerable number of legal aspects exists, which are partly not fully clarified. The following article can only focus on a few aspects caused by time limitation. The article mainly focuses – according to the background of the author – on court ruling and literature of Lower Saxony, but though takes legal situations of other German states into account.

Die formellen Anforderungen an Satzungsbeschluss, Ausfertigung und Schlussbekanntmachung von Bauleitplänen sind auf den ersten Blick, verglichen mit den Schwierigkeiten im Vorfeld des Satzungsbeschlusses, überschaubar und relativ leicht zu bewältigen. Gleichwohl gibt es auch hier eine nicht zu unterschätzende Anzahl von Rechtsfragen, die teilweise noch nicht abschließend geklärt sind. Der nachfolgende Beitrag kann diese nicht alle behandeln; er beschränkt sich daher auf eine Auswahl.

Zu den aus Platzmangel nicht behandelten Fragen gehören insbesondere die nach dem Erfordernis einer förmlichen Bekanntmachungsanordnung,[1] nach der Art und Weise, in der der Satzungsbeschluss bekanntgemacht werden darf/muss, insbesondere der Zulässigkeit einer Bekanntmachung im Internet[2] oder durch Aushang,[3] den inhaltlichen Anforderungen an die Bekanntmachung,[4] der zeitlichen Abfolge von Ausfertigung und Genehmigung eines Bauleitplans,[5] die Frage, wie das von § 10 Abs. 3 Satz 2 BauGB geforderte Bereithalten des Bebauungsplans ausgestaltet sein muss und welche Folgen hier Fehler haben,[6] sowie die Frage, ob im Falle einer Neubekanntmachung im ergänzenden Verfahren die erste oder die zweite Bekanntmachung die Fristen des § 47 Abs. 2 Satz 1 VwGO[7] und des § 215 BauGB[8] auslöst.

Satzungsbeschluss, Ausfertigung und Schlussbekanntmachung sind in weiten Teilen nicht im Baugesetzbuch, sondern im Landeskommunalrecht geregelt. Die verschiedenen Gemeindeordnungen bzw. Kommunalverfassungen treffen in vielen Fällen ähnliche Regelungen, doch ist dies nicht immer der Fall. Der nachfolgende Beitrag weist – dem Erfahrungshorizont des Autors entsprechend – einen Schwerpunkt bei der niedersächsischen Rechtsprechung und Literatur auf, berücksichtigt aber auch die Rechtslage in den anderen Bundesländern.

---

1 Vgl. z. B. OVG Lüneburg, Urt. v. 21.12.2010 – 12 KN 71/08 – BauR 2011, 1140 = juris Rn. 24; OVG Bautzen, Urt. v. 14.01.2016 – 1 C 5/13 – juris, Rn. 62; § 1 Abs. 1 Satz 4 BbgBekanntmV.

2 Vgl. dazu OVG Lüneburg, Beschl. v. 29.11.2013 – 1 MN 157/13 – BauR 2014, 403 = juris, Rn. 17.

3 Vgl. zur vergleichbaren Problematik bei der Auslegungsbekanntmachung BVerwG, Urt. v. 18.11.2010 – 4 CN 3/10 – BVerwGE 138, 181.

4 Vgl. dazu BVerwG, Urt. v. 06.06.1984 – 4 C 22/80 – BVerwGE 69, 344 = BauR 1984, 602 = juris, Rn. 14 ff.

5 Vgl. dazu BVerwG, Beschl. v. 16.12.1993 – 4 C 22/92 – ZfBR 1994, 148 = NVwZ 1994, 1010 = juris, Rn. 18.

6 Vgl. dazu BVerwG, Beschl. v. 03.06.2010 – 4 BN 55/09 – BauR 2010, 1733 = ZfBR 2010, 581.

7 Vgl. dazu BVerwG, Urt. v. 18.08.2015 – 4 CN 10/14 – BauR 2015, 1891 = ZfBR 2015, 780.

8 Vgl. dazu BVerwG, Beschl. v. 25.02.1997 – 4 NB 40/96 – DVBl. 1997, 828 = NVwZ 1997, 893 = juris, Rn. 8.

1 Satzungsbeschluss, insbes. Mitwirkungsverbote

Der Blick ins Landesrecht ist insbesondere bei den Anforderungen an einen formell wirksamen Satzungsbeschluss geboten. Das BauGB enthält hierzu keine Vorgaben; es beschäftigt sich lediglich mit der – hier zu weit führenden – Frage, wie die im Rahmen des Satzungsbeschlusses erforderliche Abwägung zu erfolgen hat. In der gerichtlichen Praxis, jedenfalls in Niedersachsen, scheitern an den formellen Anforderungen an den Satzungsbeschluss die wenigsten Bebauungspläne. Am ehesten geltend gemacht wird der Verstoß gegen Mitwirkungsverbote für Ratsherrinnen und -herren, die oder deren Angehörige von der Planung unmittelbare Vor- oder Nachteile erwarten können.[9] In diesem Zusammenhang ist namentlich die Abgrenzung zwischen der – die Mitwirkung meist nicht hindernden – Betroffenheit der Ratsmitglieder als Angehöriger einer Bevölkerungsgruppe[10] und einer individuellen Betroffenheit mitunter schwierig. Erstere setzt zunächst die Bestimmung einer Gruppe mit gleichgerichteten Interessen nach abstrakten Kriterien voraus.[11] Danach bilden die Bewohner des Plangebiets meist keine Bevölkerungsgruppe, da ihre Interessen i. d. R. nicht gleichgerichtet sind; vielmehr wird jedes Grundstück individuell von den für es geltenden Festsetzungen betroffen.[12] Dieses Abgrenzungskriterium allein ist jedoch nicht ausreichend;[13] denn der Phantasie, wie selbst ein einziger Planbegünstigter abstrakt umschrieben werden könnte, sind keine Grenzen gesetzt. Umgekehrt schadet es nicht, dass die Begünstigten sich namentlich benennen

---

9 Vgl. Art. 49 BayGO; § 33 KVG LSA; § 31 GO NW; § 22 GO SH; § 18 GO BW; § 22 GO RP; § 25 HGO; § 27 KSVG Saarl; § 20 SächsGO; § 22 BbgKV; § 24 Abs. 1 KV MV; § 38 ThürKO.

10 § 33 Abs. 1 Satz 3 KVG LSA; § 31 Abs. 3 Nr. 1 GO NW; § 22 Abs. 3 Nr. 1 GO SH; § 18 Abs. 3 Satz 1 GO BW; § 22 Abs. 3 GO RP; § 25 Abs. 1 Satz 2 HGO; § 27 Abs. 3 Nr. 1 KSVG Saarl; § 20 Abs. 2 Nr. 2 SächsGO; § 22 Abs. 3 Nr. 1 BbgKV; § 24 Abs. 2 Nr. 1 KV MV; § 38 Abs. 1 Satz 2 ThürKO.

11 Vgl. VGH Kassel, Urt. v. 28.11.2013 – 8 A 865/12 –, NVwZ-RR 2014, 563 = juris, Rn. 28.

12 Vgl. VGH Mannheim, Beschl. v. 31.08.1964 – II 146/62 – ESVGH 14, 162 ff.; OVG Koblenz, Urt. v. 08.05.2013 – 8 C 10635/12 – DVBl. 2013, 1051 = juris, Rn. 50 m. w. N.

13 OVG Lüneburg, Urt. v. 25.01.1979 – III A 115/77 – OVGE 34, 494 [497].

lassen.[14] Da die Beschränkung des Mitwirkungsverbotes auf individuelle Betroffenheit bezweckt, die Anzahl der Befangenheitsfälle überschaubar zu halten – gerade in kleinen Kommunen ist von bestimmten Satzungen leicht eine Mehrzahl der Ratsherren betroffen –, ist maßgeblich vielmehr vor allem die Größe des bevorzugten oder benachteiligten Personenkreises, ohne dass es hier feste Grenzwerte gäbe; eine Gruppenbetroffenheit ist nicht mehr gegeben, wenn der Betroffenenkreis auf wenige Personen beschränkt ist. Ein Beispiel: Der Verwaltungsgerichtshof Mannheim[15] hatte jüngst einen Fall zu beurteilen, in dem zwei mitwirkende Ratsherren an einer durch den Plan gezielt von Verkehr entlasteten Straße wohnten. Der Verwaltungsgerichtshof hat zu Recht eine Betroffenheit als Angehörige einer Bevölkerungsgruppe angenommen, da der Kreis der Lärmentlasteten offenbar beträchtlich war. Wäre es um eine einzelne, nur sehr spärlich von Wohnbebauung gesäumte Straße gegangen, hätte die Entscheidung aber auch anders ausgehen können.[16]

Einen Fall, der in anderen Bundesländern hätte interessant sein können, hatte das Oberverwaltungsgericht Lüneburg[17] zu einem Bebauungsplan zur Beschränkung der Tierhaltung zu entscheiden. Zwei der mitwirkenden Ratsherren hatten „Baufenster" für weitere Ställe erhalten, im Großteil des übrigen Gemeindegebietes war demgegenüber die Tierhaltung ausgeschlossen worden. Abgesehen von der Frage, ob hier eine Gruppenbetroffenheit vorlag – es wurden ca. 20 Baufenster vergeben, praktisch alle aktiven tierhaltenden Landwirte erhielten eines – war fraglich, ob der bloße Erhalt des bestehenden Baurechts einen unmittelbaren Vorteil für die Landwirte bedeutete. Ihr Vorteil hätte allenfalls darin bestehen können, dass ihre verbleibenden Baufenster durch die Verknappung der für die lukrativen Tierhaltungsanlagen geeigneten Baugrundstücke einen Wertzuwachs erfahren haben könnten; das dürfte jedoch eher ein mittelbarer denn ein unmittelbarer Vorteil sein. Das Gericht musste dies freilich nicht entscheiden:

14 VGH Mannheim, Urt. v. 18.11.2015 – 8 S 2322/12 – juris, Rn. 74.

15 Ebenda, Rn. 71 ff.

16 Vgl. z. B. den ansonsten ähnlich gelagerten Fall im Urt. des OVG Koblenz, a. a. O., (Fn. 12), DVBl. 2013, 1051 = juris, Rn. 53.

17 Vgl. Urt. v. 20.08.2015 – 1 KN 142/13 – BauR 2015, 1949 = ZfBR 2015, 786 = juris, Rn. 54.

In Niedersachsen gilt das Mitwirkungsverbot nicht für die Beratung und Entscheidung über Rechtsnormen (§ 41 Abs. 3 Nr. 1 NKomVG), also auch Bebauungspläne;[18] befangene Ratsmitglieder trifft lediglich eine Offenlegungspflicht (§ 41 Abs. 4 Satz 3 NKomVG), deren Verletzung aber für die Wirksamkeit des Plans folgenlos bleibt.[19] Ob diese – bundeweit einzigartige – Regelung tatsächlich erforderlich ist, um Gemeinderäte beschlussfähig zu erhalten, darf bezweifelt werden, zumal auch in Niedersachsen die oben diskutierte Einschränkung der Mitwirkungsverbote bei Gruppenbetroffenheiten gilt (§ 41 Abs. 1 Satz 3 NKomVG).

Auch in den anderen Landesrechtsordnungen werden Verstöße gegen Mitwirkungsverbote jedoch i. d. R. durch Unbeachtlichkeits- und Präklusionsvorschriften ähnlich denen des BauGB eingeschränkt. So ist für eine Beachtlichkeit des Fehlers oft erforderlich, dass der Ratsbeschluss ohne Mitwirkung des befangenen Ratsmitglieds anders ausgefallen wäre;[20] ferner wird der Verstoß gegen das Mitwirkungsverbot unbeachtlich, wenn er nicht binnen bestimmter (meist Jahres-) Frist schriftlich gerügt wird.[21]

2 Ausfertigung

2.1 Art und Weise der Ausfertigung

Das Erfordernis, Bebauungspläne vor der Bekanntmachung auszufertigen, findet sich ebenfalls nicht im Baugesetzbuch. Bundesrechtliche Vorgaben

---

18 Auf Flächennutzungspläne wird man die Beschränkung analog anwenden müssen.

19 OVG Lüneburg, Urt. v. 09.12.2013 – 1 KN 215/11 – BauR 2014, 811 = juris, Rn. 32.

20 Art. 49 Abs. 4 BayGO; § 31 Abs. 6 GO NW; § 22 Abs. 5 Nr. 1 GO SH; § 22 Abs. 6 Satz 1 BbgKV; nach § 38 Abs. 4 Satz 1 ThürKO genügt es, wenn eine Kausalität nicht auszuschließen ist.

21 § 33 Abs. 5 Satz 2 i. V. m. § 8 Abs. 3 KVG LSA; § 7 Abs. 6 GO NW; § 22 Abs. 5 Nr. 2 GO SH; § 18 Abs. 6 Satz 4 i. V. m. § 4 Abs. 4, 5 GO BW; § 22 Abs. 6 Satz 5 i. V. m. § 24 Abs. 6 GO RP; § 25 Abs. 6 HGO; §§ 12 Abs. 6, 27 Abs. 6 KSVG Saarl.; §§ 20 Abs. 5 Satz 2, 3, § 4 Abs. 4 SächsGO; § 22 Abs. 6 Satz 2 i. V. m. § 3 Abs. 4 BbgKV; § 5 Abs. 5, 6, § 24 Abs. 5 KV MV.

ergeben sich lediglich aus dem Rechtsstaatsgebot. Das Bundesverwaltungsgericht fasst diese in ständiger Rechtsprechung[22] wie folgt zusammen:

> *„Die Ausfertigung von Rechtsnormen ist rechtsstaatlich geboten, um sicherzustellen, dass diese nicht mit einem anderen als dem vom Normgeber gewollten Inhalt erlassen werden. Das Rechtsstaatsgebot verlangt die Identität der anzuwendenden Norm und ihres Inhalts mit dem vom Normgeber Beschlossenen („Identitätsfunktion", „Beurkundungs- und Gewährleistungsfunktion"). Die Ausfertigung ist Wirksamkeitsvoraussetzung einer Norm."*

Im Übrigen richten sich die Anforderungen an die Ausfertigung nach dem jeweiligen Kommunalrecht. Dort ist manchmal von „ausfertigen"[23] manchmal von „unterzeichnen"[24] die Rede, teils fehlt jede ausdrückliche Regelung.[25] Idealtypisch erfolgt die Ausfertigung dadurch,

> *„dass eine Originalurkunde geschaffen wird, auf welcher der* [nach dem einschlägigen Kommunalrecht zuständige Amtsträger] *zeitlich nach dem Satzungsbeschluss des Rats und vor der Verkündung der Satzung schriftlich bestätigt, dass der Rat an einem näher bezeichneten Tag diesen Bebauungsplan als Satzung beschlossen hat",*[26]

ohne dass all diese Elemente zwingende Bestandteile einer Ausfertigung wären.[27] Als problematisch erweisen sich die Anforderungen an die wirksame Ausfertigung von Plänen, die aus mehreren Dokumenten bestehen (z. B. bei einer Trennung der textlichen Festsetzungen von der Planzeichnung, im Rahmen eines vorhabenbezogenen Bebauungsplans bei der Trennung des Bebauungsplans im engeren Sinne vom Vorhaben- und Erschließungsplan

---

22 BVerwG, Urt. v. 01.07.2010 – 4 C 4/08 – BVerwGE 137, 247 <Rn. 13>; vgl. auch Urt. v. 05.02.2009 – 7 CN 1/08 – NVwZ 2009, 719; Beschl. v. 04.09.2014 – 4 B 29–31/14 – BRS 82 Nr. 227, ZfBR 2014, 782 mit einer guten Zusammenfassung der höchstrichterlichen Rechtsprechung; Beschl. v. 27.01.1998 – 4 NB 3/97 – NVwZ 1998, 1067 = DVBl. 1998, 891.

23 Vgl. Art. 26 Abs. 2 Satz 1 BayGO; § 4 Abs. 2 GO SH; § 5 Abs. 3 HGO; § 4 Abs. 3 SächsGO; § 5 Abs. 4 Satz 1 KV MV.

24 Vgl. § 3 Abs. 3 BbgKV; § 9 Abs. 1 KVG LSA; § 11 Abs. 1 Satz 1 NKomVG.

25 Vgl. § 7 Abs. 4 GO NW; § 4 GO BW; § 24 GO RP; § 12 KSVG Saarl.

26 OVG Münster, Urt. v. 29.01.2013 – 2 D 102/11.NE – BauR 2013, 896 = juris, Rn. 50.

27 So kann u. a. nach niedersächsischem Recht auf die Angabe des Datums des Ratsbeschlusses verzichtet werden, OVG Lüneburg, Urt. v. 13.05.2014 – 1 KN 233/11 –, n. v.

oder wenn z. B. im ergänzenden Verfahren einzelne Planänderungen in einem vom geänderten Ursprungsplan getrennten Dokument enthalten sind). Erforderlich ist, dass die Zusammengehörigkeit der einzelnen Regelungsteile unzweifelhaft und ohne unzumutbare Schwierigkeiten zu erkennen ist. Unproblematisch ist das, wenn jedes Blatt ausgefertigt wird oder alle Dokumente körperlich verbunden sind. Umstritten ist, ob auch die Verbindung durch eine „gedankliche Schnur“[28] ausreicht, d. h. wenn im ausgefertigten Dokument auf bestimmte nicht separat ausgefertigte Dokumente derart Bezug genommen wird, dass Zweifel an deren Identität praktisch ausgeschlossen sind. Der 10. Senat des Oberverwaltungsgerichts Münster lehnt das bislang ab,[29] während es die übrige Rechtsprechung[30] akzeptiert. Bundesrechtlich ist die Ausfertigung mittels „gedanklicher Schnur“ jedenfalls nicht zu beanstanden.[31]

Folgt man der überzeugenden h. M., so stellt sich die Folgefrage, wann eine hinreichend eindeutige Bezugnahme vorliegt. Unproblematisch ist sicher, wenn das in Bezug genommene Dokument durch einen Stempel „Original“ gekennzeichnet ist und davon auch nur ein Exemplar existiert. Berücksichtigt man den Zweck der Ausfertigung, die Identität von beschlossenem und bekanntgemachtem Satzungsinhalt zu gewährleisten, wird man es sogar als ausreichend erachten können, wenn nur der *Inhalt* des einbezogenen Ausfertigungsexemplars und nicht ein bestimmtes körperliches Dokument eindeutig bezeichnet ist, wenn z. B. auf die am 21. Juli 2013 erstellte Version 2.2 der Planzeichnung Bezug genommen wird, von der mehrere identische Ausdrucke existieren. Erforderlich ist aber, dass die Bezugnahme wirklich eindeutig ist; war das Planungsbüro bei der Nummerierung seiner

---

28 Vgl. zur Herleitung des Begriffs VGH Mannheim, Urt. v. 08.05.1990 – 5 S 3064/88 – NVwZ-RR 1991, 20 = juris, Rn. 22.

29 Vgl. Urt. v. 08.03.2012 – 10 D 17/10.NE – BauR 2012, 1075; offengelassen dagegen in seinen Urt. v. 15.02.2012 – 10 D 46/10.NE – BauR 2012, 1080 = juris, Rn. 41 ff. und v. 01.09.2014 – 10 D 5/13.NE – juris, Rn. 29 ff.

30 Vgl. z. B. VGH Mannheim, a. a. O., (Fn. 28), NVwZ-RR 1991; OVG Lüneburg, Urt. v. 08.09.2010 – 1 KN 129/07 – DVBl. 2010, 1381 = BauR 2011, 1131 = juris, Rn. 173; OVG Münster, Urt. v. 19.07.2011 – 10 D 131/08.NE – juris, Rn. 25; OVG Münster, a. a. O., (Fn. 26), BauR 2013, 896 = juris; OVG Berlin-Brandenburg, Urt. v. 11.10.2007 – 11 A 7/05 – juris, Rn. 49; OVG Bautzen, Urt. v. 13.03.2008 – 1 D 6/07 – UPR 2009, 34 = juris, Rn. 25.

31 Vgl. BVerwG, Beschl. v. 16.05.1991 – 4 NB 26/90 – BVerwGE 88, 204.

Entwurfsfassungen beispielsweise nicht sorgfältig, so dass der begründete Verdacht besteht, es könnten verschiedene „Versionen 2.2" kursieren, so genügt die benannte Art der Bezugnahme nicht.

Umstritten und nach Maßgabe des jeweiligen Landesrechts zu beantworten ist, ob die Ausfertigung eines Ratsprotokolls genügt, wenn in diesem in eindeutiger Weise auf einen bestimmten Stand des Planentwurfs Bezug genommen wird. Das OVG Bautzen[32] und der 1. Senat des VGH München[33] verneinen das. Das OVG Bautzen stützt sich auf die Erwägung, die sächsische Gemeindeordnung sehe die Ausfertigung der Satzung neben der ohnehin erforderlichen Unterzeichnung des Ratsprotokolls vor. Dem könnte man freilich entgegenhalten, dass ohnehin nicht jede Unterzeichnung eines Ratsprotokolls automatisch eine wirksame Ausfertigung darstellt, sondern dies nur dann der Fall ist, wenn das Protokoll, wie dargestellt, die als Satzung beschlossenen Dokumente eindeutig bezeichnet. Der 1. Senat des VGH München argumentiert, das Ratsprotokoll sei nicht „die Satzung", die nach der BayGO auszufertigen sei. Das impliziert indes, dass „Ausfertigung" Unterzeichnung auf dem Satzungstext bedeutet, was jedenfalls nach Sinn und Zweck der Ausfertigung nicht zwingend ist. Es spricht daher einiges dafür, in diesem Punkt eher großzügig zu sein – freilich nur, wenn im Ratsprotokoll die beschlossene Planversion unmissverständlich bezeichnet ist.[34] Bundesrechtlich ist die Unterzeichnung nur des Ratsprotokolls jedenfalls unbedenklich.[35]

2.2 Person des Ausfertigenden

Dogmatisch ist hier wenig problematisch. Auszufertigen sind Bauleitpläne durch den Bürgermeister bzw. Hauptverwaltungsbeamten der plangebenden Körperschaft. Vertretung im Verhinderungsfall ist dabei stets, eine ständige Delegation der Aufgabe jedenfalls in einigen Ländern, z. B.

32 Vgl. OVG Bautzen, a. a. O., (Fn. 30), UPR 2009, 34 = juris Rn. 23 f.; Urt. v. 11.07.2013 – 1 C 11/12 –, BauR 2014, 809 = juris, Rn. 79.

33 Vgl. Urt. v. 04.04.2003 – 1 N 01.2240 – NVwZ-RR 2003, 669 = juris, Rn. 18; Urt. v. 20.10.2009 – 1 N 06.1545 –juris, Rn. 30.

34 Vgl. so z. B. der 14. Senat des VGH München, Urt. v. 18.11.1991 – 14 N 89.1153 – BRS 54 Nr. 32 und der VGH Mannheim, Urt. v. 19.09.2006 – 8 S 1989/05 – VBlBW 2007, 303 = juris, Rn. 33.

35 Vgl. BVerwG, a. a. O., (Fn. 31), BVerwGE 88, 204 <209>.

Nordrhein-Westfalen,[36] möglich, teils ist sie mit Blick auf die Bedeutung der Aufgabe umstritten.[37] In der Praxis kommen hier jedoch immer wieder Fehler vor: So hatte das Oberverwaltungsgericht Lüneburg (nicht zur Entscheidung gelangte) Fälle zu beurteilen, in denen die Ausfertigung eines von der Mitgliedsgemeinde beschlossenen Bebauungsplans durch den Samtgemeindebürgermeister erfolgte bzw. in denen der Bauamtsleiter unterzeichnete, ohne dass die Aufgabe an ihn delegiert worden wäre.

2.3 Reihenfolge von Ausfertigung und Bekanntmachung

Auch dieser Punkt ist in der Rechtsprechung weitgehend geklärt, so dass er nur wegen der Häufigkeit, mit der hier gleichwohl Fehler auftreten, angesprochen werden soll. Um ihre Identitätsfunktion zu erfüllen, hat die Ausfertigung vor der Bekanntmachung zu erfolgen,[38] freilich nicht unbedingt vor der Anordnung der Bekanntmachung.[39] Eine Ausfertigung am gleichen Tag wie die Bekanntmachung ist grundsätzlich zulässig. Dass der Bebauungsplan schon um 00.00 Uhr des Bekanntmachungstags in Kraft tritt, ändert daran nichts; denn die Ausfertigung muss zur Wahrung der Identitätsfunktion der Bekanntmachung, nicht dem Inkrafttreten vorausgehen.[40] Die Ausfertigung am Tag der Bekanntmachung kann aber, je nach den Umständen des Einzelfalls, ein starkes Indiz dafür sein, dass die vorgeschriebene Reihenfolge von Ausfertigung und Bekanntmachung nicht eingehalten worden ist;[41] die Gemeinden sind daher gut beraten, bei Ausfertigung und Bekanntmachung am gleichen Tag die genaue Uhrzeit dieser Handlungen

---

36 Vgl. OVG Münster, a. a. O., (Fn. 26), BauR 2013, 896 = juris, Rn. 50.

37 Vgl. OVG Bautzen, a. a. O., (Fn. 32), BauR 2014, 809; auch Thiele, Niedersächsisches Kommunalverfassungsgesetz, 2011, § 81 Nr. 4: nur Stellvertretung, keine Delegation.

38 Vgl. BVerwG, Beschl. v. 09.05.1996 – 4 B 60/96 – NVwZ-RR 1996, 630 = BauR 1996, 670.

39 Vgl. OVG Münster, Urt. v. 13.05.2004 – 7a D 30/03.NE – BRS 69 Nr. 29 = juris, Rn. 23 ff.; OVG Lüneburg, Urt. v. 06.08.2013 – 1 KN 217/11 – ZfBR 2014, 64 = juris, Rn. 41 f.; OVG Magdeburg, Urt. v. 30.09.2014 – 4 L 121/13 – juris, Rn. 30.

40 Vgl. BVerwG, Beschl. v. 27.01.1999 – 4 B 129/98 – NVwZ 1999, 878 = ZfBR 1999, 159.

41 Ebenda.

gerichtsfest zu dokumentieren. Nach dem Recht einiger Bundesländer ist jedenfalls das Ausfertigungsdatum ohnehin zu dokumentieren, so in Niedersachsen[42] und Baden-Württemberg.[43]

2.4 Heilung von Ausfertigungsmängeln

Ausfertigungsmängel stellen für die Gemeinden praktisch kein großes Problem dar. Sie können i. d. R. durch erneute Verkündung unproblematisch geheilt werden. Eines erneuten Ratsbeschlusses bedarf es hierfür nicht;[44] das gilt auch für ein rückwirkendes in Kraft setzen, zumal dieses dem ursprünglichen Ratswillen hinsichtlich des Zeitpunktes des Inkrafttretens entspricht.[45] Teilweise ist es gerichtliche Praxis, auf Ausfertigungsmängel im Vorfeld der mündlichen Verhandlung hinzuweisen, was die Gemeinden häufig zu einer Heilung noch im laufenden Verfahren nutzen. Dies ist ratsam, selbst dann, wenn die Gemeinde die vorläufige Rechtsauffassung des Gerichts nicht teilt. Zwar eröffnet die Neubekanntmachung die Normenkontrollantragsfrist des § 47 Abs. 2 Satz 1 VwGO erneut.[46] Ist der Plan aber ohnehin schon angegriffen, so hat die Kommune hierdurch wenig Schaden zu befürchten. Dem klagenden Bürger entsteht ebenfalls kein unzumutbarer Nachteil. Er kann die Heilung nutzen, das Verfahren für erledigt zu erklären; stützt er seinen Antrag, wie meist, auf andere Bedenken als die gegen die Ausfertigung, so ist ihm zuzumuten, das Verfahren mit entsprechendem Kostenrisiko auch gegen den (teilweise) geheilten Plan fortzuführen.

---

42 Vgl. OVG Lüneburg, a. a. O., (Fn. 27), n. v.; v. 09.09.2014 – 1 KN 215/12 – DVBl. 2014, 1473 = BauR 2015, 61.

43 Vgl. VGH Mannheim, Urt. v. 10.08.1984 – 5 S 3119/83 – BRS 42 Nr. 27.

44 Vgl. BVerwG, Beschl. v. 24.05.1989 – 4 NB 10/89 – NVwZ 1990, 256 = DÖV 1989, 192; OVG Lüneburg, Urt. v. 13.08.2013 – 1 KN 69/11 – BauR 2014, 72 = juris, Rn. 19.

45 Vgl. BVerwG, Urt. v. 10.08.2000 – 4 CN 2/99 – NVwZ 2001, 130 = BauR 2001, 71 = juris, Rn. 20 ff.

46 Vgl. BVerwG, a. a. O., (Fn. 7), BauR 2015, 1981 = ZfBR 2015, 780.

3 Schlussbekanntmachung

3.1 Pflicht zur baldigen Bekanntmachung?

Eine generelle Pflicht, einmal beschlossene Bebauungspläne binnen eines bestimmten Zeitraums bekanntzumachen, besteht nicht. Zwar ist es der Gemeinde verwehrt, einen beschlossenen, aber nachträglich als rechtswidrig oder unzweckmäßig erachteten Plan dadurch zu „beerdigen“, dass sie schlicht dauerhaft auf die Bekanntmachung verzichtet; erforderlich ist in diesen Fällen vielmehr ein Aufhebungsbeschluss.[47] Insbesondere vom Rat selbst veranlasste Verzögerungen, etwa der Auftrag an den Bürgermeister, die Bekanntmachung nicht vor Eintritt einer „Bedingung“ vorzunehmen, sind jedoch zulässig.[48] Dass zwischen Ratsbeschluss und Bekanntmachung einige Zeit verstreichen darf, zeigt schon die in § 214 Abs. 4 BauGB vorgesehene Möglichkeit, eine unerkannt fehlerhafte Bekanntmachung im ergänzenden Verfahren zu wiederholen - dies wird sehr häufig erst geraume Zeit nach dem Ratsbeschluss geschehen können. Indirekt führt zwar die Pflicht des Bürgermeisters, den Plan „unter Kontrolle zu halten“ und eine Neubefassung des Rats zu veranlassen, wenn geänderte Umstände die städtebauliche Erforderlichkeit (§ 1 Abs. 3 BauGB) des Plans in Frage stellen,[49] in den meisten Fällen zu einer gewissen Begrenzung des Zeitraums, der zwischen Ratsbeschluss und Bekanntmachung liegen darf; so hat das Bundesverwaltungsgericht bestätigt, dass ein Zeitraum von etwa 10 Jahren zwischen erster Beschlussfassung und dem beabsichtigten in Kraft Setzen ein gewichtiges Indiz dafür sein dürfte, dass eine neue Abwägung, also eine erneute Ratsbefassung, geboten ist.[50] Eine derartige zeitliche Grenze wird

---

47 Vgl. BVerwG, Urt. v. 29.07.1977 – IV C 51/75 – BVerwGE 54, 211 = DVBl. 1977, 897 = juris, Rn. 25; Beschl. v. 15.10.2001 – 4 BN 48/01 – BauR 2002, 445 = NVwZ-RR 2002, 256 = juris, Rn. 4.

48 Vgl. BVerwG, Urt. v. 19.09.2002 – 4 CN 1/02 – BVerwGE 117, 58.

49 Vgl. BVerwG, Urt. v. 29.09.1978 – IV C 30/76 – BVerwGE 56, 283 = BauR 1978, 449 = juris, Rn. 37 ff.; Beschl. v. 03.07.1995 – 4 NB 11/95 – NVwZ 1996, 374 = juris, Rn. 18; v. 18.12.1995 – 4 NB 30/95 –, NVwZ 1996, 890 = DÖV 1996, 380; v. 07.04.1997 – 4 B 64/97 – BauR 1997, 595 = ZfBR 1997, 209.

50 Vgl. BVerwG, Beschl. v. 03.07.1995, a. a. O., (Fn. 49), NVwZ 1996, 374 = juris, Rn. 19; einen Abstand von 2 1/2 Jahren hat das Gericht demgegenüber in seinem Urt. v. 29.9.1978 – IV C 30/76 –, BVerwGE 56, 283 = BauR 1978,

in der Praxis indes nur selten relevant werden und allenfalls der Heilung von sehr lange unerkannten Ausfertigungs- und Bekanntmachungsfehlern im Einzelfall entgegenstehen.[51] Von den Fällen einer auf Wunsch des Rates verzögerten Bekanntmachung von Bauleitplänen zu unterscheiden sind die Fälle, in denen der Bürgermeister die Bekanntmachung gegen den Ratswillen hinausschiebt, etwa weil er den Plan für rechtswidrig oder politisch nicht opportun hält. Da die Gemeindeordnungen ihm die Aufgabe zuweisen, Ratsbeschlüsse auszuführen[52] und Satzungsbeschlüsse des Rates die Erwartung ihrer baldigen Inkraftsetzung implizieren,[53] ist er dem Rat gegenüber grundsätzlich zur zeitnahen Bekanntmachung verpflichtet.[54] Welche Möglichkeiten ihm zustehen, wenn er den Ratsbeschluss für rechtswidrig hält, ist dem jeweiligen Landeskommunalrecht zu entnehmen.[55] Da Bebauungspläne jedoch einer umfassenden Vorbereitung durch die vom Bürgermeister geführte Verwaltung bedürfen, dürfte diese Fallgruppe freilich eher selten vorkommen.

Das Fehlen einer obligatorischen Bekanntmachungsfrist könnte Gemeinden veranlassen, mit der Bekanntmachung von Bebauungsplänen bewusst aus folgendem Kalkül zuzuwarten: Bis zur Bekanntmachung ist die Überprüfung eines Plans im Normenkontrollverfahren ausgeschlossen.[56] Der beschlossene, aber noch nicht bekannt gemachte Plan kann aber schon die Rechtswirkungen des § 33 BauGB entfalten. Das könnte dazu verleiten, vor der Bekanntmachung vollendete Fakten zu schaffen, was jedenfalls den Gemeinden möglich ist, die zugleich Genehmigungsbehörde sind. Zwar hat das Bundesverwaltungsgericht wiederholt betont, dass einem Plan, der nach seiner Verabschiedung nicht ohne schuldhaftes Zögern in Kraft gesetzt wird,

---

449 = juris, Rn. 39 ff. zwar als „auffallend groß“ bezeichnet, jedoch eine weitere Prüfung durch das Berufungsgericht für erforderlich gehalten.

51 So lag es auch in dem genannten Fall.

52 Vgl. z. B. § 85 Abs. 1 Satz 1 Nr. 2 NKomVG, § 62 Abs. 2 Satz 2 GO NW; Art. 36 BayGO.

53 Vgl. BVerwG, a. a. O., (Fn. 45), NVwZ 2001, 130 = BauR 2001, 71 = juris, Rn. 23; Beschl. v. 15.10.2001, a. a. O., (Fn. 47), BauR 2002, 445 = NVwZ-RR 2002, 256 = juris, Rn. 3.

54 Vgl. Gern, Deutsches Kommunalrecht, 1. Auflage, 1994, Rn. 384.

55 In Niedersachsen steht ihm die Möglichkeit des Einspruchs, § 88 NKomVG offen.

56 Vgl. BVerwG, Beschl. v. 02.06.1992 – 4 N 1/90 – NVwZ 1992, 1088.

die nach § 33 Abs. 1 Nr. 2 BauGB erforderliche materielle Planreife fehlt.[57] Das hilft dem Nachbarn, der sich gegen den Plan wenden möchte, freilich wenig, wenn er die Planausnutzung mangels Verletzung drittschützender Nachbarrechte nicht verhindern kann oder wegen des mit der Anfechtung sämtlicher den Nachbarn belastenden Einzelgenehmigungen verbundenen Prozessrisikos nicht verhindern will. Ob in solchen Fällen eine Normenkontrolle analog § 47 VwGO ausnahmsweise bereits vor Planbekanntmachung zulässig ist, hat das Bundesverwaltungsgericht offen gelassen,[58] in jedem Fall aber auf Konstellationen beschränkt, in denen Rechtsschutzlücken auftreten. Solche Konstellationen sind kaum denkbar. Kann der Bürger sich mangels eigener Rechtsverletzung nicht gegen bestimmte Planverwirklichungsakte wehren, so gibt es keinen Anlass, ihn diesen gegenüber im „Planerwartungsgebiet" besser zu stellen als im unbeplanten Gebiet. Verletzen die Ausführungsakte seine Rechte, ist dem Nachbar aber wegen der Vielzahl drohender Genehmigungen die Anfechtung jeder einzelnen unzumutbar, bietet das vorhandene Rechtsschutzsystem über die vorbeugende Unterlassungsklage mit dem Ziel, der Genehmigungsbehörde die Erteilung (weiterer) Baugenehmigungen auf der Grundlage des § 33 zu untersagen, ein alternatives Heilmittel.

3.2 Bekanntmachungsinhalt, insbesondere Hinweis auf DIN-Normen

Häufig wird in Bebauungsplänen auf externe Dokumente, namentlich auf DIN-Normen in einer Weise Bezug genommen, dass erst die Heranziehung dieser Dokumente erkennen lässt, unter welchen Voraussetzungen ein Vorhaben rechtlich zulässig ist. So wird z. B. festgesetzt, dass bestimmte Bauten ein nach der DIN 4109 „Schallschutz im Hochbau" zu ermittelndes Schalldämmmaß einhalten müssen. Für diese Fälle fordert die obergerichtliche Rechtsprechung bereits seit einiger Zeit eine zumutbare

57 Vgl. BVerwG, Urt. v. 25.11.1991 – 4 B 212/91 – juris; BVerwG Urt. v. 01.08.2002, – 4 C 5/01 – BVerwGE 117, 25.

58 Vgl. BVerwG, Beschl. v. 15.10.2001, a. a. O., (Fn. 47), NVwZ-RR 2002, 256 m. w. N. zum Streitstand; ihm folgend OVG Münster, Beschl. v. 30.04.2010 – 7 B 328/10.NE –, juris, Rn. 7 ff.

Kenntnisnahmemöglichkeit vom Inhalt der DIN-Norm.[59] Das Bundesverwaltungsgericht hat dies im Jahr 2010 bestätigt[60]:

> „[Bei Bezugnahme auf DIN-Normen im o.g. Sinn] *ist den dargelegten rechtsstaatlichen Anforderungen an die Verkündung von Rechtsnormen nicht allein dadurch genügt, dass die Gemeinde den Bebauungsplan gemäß § 10 Abs. 3 BauGB bekannt macht. Sie muss vielmehr sicherstellen, dass die Betroffenen auch von der DIN-Vorschrift verlässlich und in zumutbarer Weise Kenntnis erlangen können. Das kann sie dadurch bewirken, dass sie die in Bezug genommene DIN-Vorschrift bei der Verwaltungsstelle, bei der auch der Bebauungsplan eingesehen werden kann, zur Einsicht bereit hält und hierauf in der Bebauungsplanurkunde hinweist.*"

Der 3. Senat des Bundesverwaltungsgerichts hatte drei Jahre später ebenfalls über die wirksame Bekanntmachung einer Norm zu entscheiden, die auf eine DIN-Norm Bezug nahm.[61] Sie regelte die Anforderungen an die Emissionen von Speedbooten, die die Neustädter Bucht befahren durften. Der 3. Senat lehnte besondere Bereithalte- und Hinweispflichten auf die DIN-Norm ab. Es bestünden Einsichtnahmemöglichkeiten beim Deutschen Patent- und Markenamt in München, bei bundesweit eingerichteten DIN-Norm-Auslegestellen, ferner seien die Normen kostenpflichtig (für ca. 220 €) bestellbar. Das sei ausreichend, zumal das Hobby Sportbootbetrieb ohnehin mit erheblichen Kosten verbunden sei und die Beurteilung des Sportbootes die Beiziehung eines Sachverständigen erfordere, der im Zweifel bereits über die Norm verfüge. Anders als bei Bebauungsplänen gebe es keine Ersatzverkündung, so dass „Synergien" durch gemeinsame Einsicht der Norm und der DIN-Norm entfielen. Die Angabe einer genauen Fundstelle für die DIN-Norm sei nicht erforderlich; diese aufzutun, sei zumutbar.

Man hätte erwägen können, ob diese Überlegungen – trotz der vom 3. Senat vorgenommenen Abgrenzung von Bebauungsplänen – nicht auch die Rechtsprechung der Bausenate in Frage stellte – immerhin werden auch Gebäude i. d. R. unter Beiziehung von Fachleuten errichtet, die die DIN-Normen kennen, bzw. die DIN-Normen sind ohne diese Fachleute wohl

---

59 Vgl. OVG Koblenz, Urt. v. 04.07.2006 – 8 C 11709/05 – ZfBR 2007, 57 = juris, Rn. 20; OVG Münster, Urt. v. 09.05.2006 – 15 A 4247/03 – NVwZ-RR 2007, 191.

60 BVerwG, Beschl. v. 29.07.2010 – 4 BN 21/10 – NVwZ 2010, 1567 = BauR 2010, 1889 = ZfBR 2010, 689.

61 BVerwG, Urt. v. 27.06.2013 – 3 C 21/12 – BVerwGE 147, 100.

meist ohnehin nicht verständlich. Der 4. Senat hat eine Übertragung des Urteils auf Bebauungspläne jedoch explizit abgelehnt.[62] Anders als bei der Speedboot-Verordnung sei der Adressatenkreis von Bebauungsplänen in der Regel nicht homogen, so dass auf einen bestimmten Kenntnisstand aller Adressaten nicht abgestellt werden könne. Ausnahmen für Fälle, in denen das anders sei, könnten aus Gründen der Rechtssicherheit nicht gemacht werden.

Dieser Rechtsauffassung ist zuzustimmen. Die Anforderungen an die wirksame Verkündung einer Norm müssen in gewissem Umfang vorhersehbar sein. Das wäre nicht mehr der Fall, wenn für jeden Bebauungsplan zu prüfen wäre, ob alle Adressaten (nebst notwendiger „Hilfskräfte") einbezogene DIN-Normen ohnehin kennen und ob für sie die dreistelligen Anschaffungskosten oder die Anreise zur nächsten Einsichtnahmestelle zumutbar sind. Hinsichtlich des letzteren Punktes greift die Erwägung des 3. Senats, dass dem Bebauungsplanadressaten – anders als dem Adressaten einer sonstigen Rechtsnorm – durch die Ersatzverkündung ohnehin schon ein „Gang zur Behörde", nämlich zur Gemeinde zugemutet wird. Sein Gesamtaufwand wäre also höher als der des vom 3. Senat zu beurteilenden Verordnungsadressaten, müsste er zusätzlich noch eine DIN-Norm-Auslegungsstelle aufsuchen.

Für die DIN 4109, die in der Praxis recht häufig in Bezug genommen wird, besteht allerdings die Besonderheit, dass sie in vielen Bundesländern als technische Baubestimmung bekanntgemacht ist.[63] Mehrere Obergerichte haben entschieden, dass den Publikationserfordernissen damit genügt ist.[64] Das ist zutreffend. Zum einen werden die technischen Baubestimmungen im Volltext in amtlichen Veröffentlichungsblättern publiziert; deren Kenntnis wird beim Bürger - so unrealistisch das in der Praxis auch sein mag - vorausgesetzt. Zum anderen erhalten sie quasi Rechtsnormcharakter. In Bezug genommene Rechtsnormen müssen mit einem Bebauungsplan aber nicht (nochmals) bekannt gemacht werden. Auch der Hinweis auf die Fundstelle

---

62 Vgl. BVerwG, Beschl. v. 05.12.2013 – 4 BN 48/13 – ZfBR 2014, 158 = BauR 2014, 503.

63 In Niedersachsen gem. § 83 Abs. 1 NBauO im Nds.MinBl. 1991, 259; 2005, 941.

64 Vgl. VGH Mannheim, Urt. v. 19.10.2010 – 3 S 1666/08 –, juris, Rn. 22; OVG Koblenz, Urt. v. 06.11.2013 – 8 C 10607/13 – BauR 2014, 673 = ZfBR 2014, 261; OVG Lüneburg, Urt. v. 4.12.2014 – 1 KN 106/12 – BauR 2015, 613.

im Plan erübrigt sich damit – er ist zwar „bürgerfreundlich“, aber nicht zwingend erforderlich.

Die soeben skizzierte Problematik stellt sich im Übrigen nicht nur bei DIN-Normen. Sie kann auch bei anderen Regelungswerken auftreten, auf die der Plan Bezug nimmt. So werden Einzelhandelsbeschränkungen häufig dergestalt vorgenommen, dass zentrenrelevante Sortimente nach Maßgabe einer im Einzelhandelskonzept der planaufstellenden Gemeinde enthaltenen Sortimentsliste ausgeschlossen werden. In diesen Fällen wird es erforderlich sein, an die Zugänglichkeit der Sortimentsliste die gleichen Anforderungen zu stellen, wie an die inkorporierter DIN-Normen.[65]

65 Vgl. OVG Münster, Urt. v. 30.10.2015 – 7 A 2621/13 – juris, Rn. 18, 36; VG Köln, Urt. v. 16.12.2015 – 23 K 6792/13 – juris, Rn. 35 ff.

Christian-W. Otto

Die Änderung, Ergänzung und Aufhebung von Bebauungsplänen

Abstract: In diesem Beitrag wird erläutert, wie die Änderung, die Ergänzung und die Aufhebung von Bauleitplänen gemäß BauGB geregelt sind. Dabei wird auf verfahrensrechtliche sowie materielle Aspekte des jeweiligen Verfahrens eingegangen.

The following article explains how changing, supplementing and annulling of urban land-use plans is regulated according to the BauGB. The author deals with procedural and material aspects of each procedure.

1 Regel

Gem. § 1 Abs. 8 BauGB gelten die Vorschriften des Baugesetzbuchs über die Aufstellung von Bauleitplänen auch für ihre Änderung, Ergänzung und Aufhebung. Diese Grundregel gilt nur dann nicht, wenn der Gesetzgeber etwas anderes regelt. So wird die Änderung, Ergänzung oder Aufhebung von Bebauungsplänen etwa in § 8 Abs. 3 und 4 BauGB genannt und in den §§ 13, 13a BauGB zwischen der Aufstellung, Änderung, Ergänzung und Aufhebung unterschieden. In § 12 Abs. 6 Satz 3 BauGB wird die Möglichkeit bzw. Pflicht, einen vorhabenbezogenen Bebauungsplan aufzuheben, speziell geregelt. Hingegen ist die Aufhebung von Bebauungsplänen im Verfahren nach den §§ 13, 13a BauGB nicht zulässig.

Die Grundregel des § 1 Abs. 8 BauGB gilt für das Verfahren wie für die materiellen Anforderungen. Folglich bereiten die Änderung, Ergänzung und Aufhebung von Plänen zunächst dann keine Schwierigkeiten, wenn die Regelungen für die Aufstellung von Plänen beachtet und entsprechend angewendet werden. Bemerkenswert sind die Besonderheiten, die sich in diesen Verfahren daraus ergeben, dass ein bestehendes Baurecht im Sinne von § 30 BauGB angefasst wird. Während bei der erstmaligen Aufstellung eines Bebauungsplans entweder § 34 BauGB oder § 35 BauGB berührt wird, trifft das Verfahren der Änderung, Ergänzung und Aufhebung von Bebauungsplänen auf § 30 BauGB. Bemerkenswert sind auch die Einschränkungen in § 13 BauGB, die den Umgang mit dieser Vorschrift erschweren.

2 Verfahren

2.1 Grundsatz

Gem. § 1 Abs. 8 BauGB gelten die §§ 1 ff. BauGB unmittelbar für das Verfahren der Änderung, Ergänzung und Aufhebung von Bebauungsplänen. Es sind folglich die Verfahrensvorschriften der §§ 2 ff. BauGB zu beachten. D. h. insbesondere, dass eine Umweltprüfung durchzuführen ist.

Gegenstand der Umweltprüfung sind die Belange in § 1 Abs. 6 Nr. 7a und § 1a BauGB. In der Umweltprüfung ist also zu ermitteln, zu beschreiben und zu bewerten, wie diese Belange durch den neuen Planungszustand betroffen werden. Für die Ergänzung und Änderung eines Plans ist dies selbstverständlich.

Im Falle der Aufhebung des Plans ist Maßstab für die Prüfung das dann wirksam werdende Planungsrecht. Dies wird regelmäßig das Baurecht nach § 34 oder § 35 BauGB sein. Denkbar ist auch, dass ein älterer Bebauungsplan wieder auflebt, weil er zuvor allein durch den Rechtsgrundsatz lex posterior derogat legi priori verdrängt wurde. Sollte das alte Recht aber bei Inkrafttreten des neuen Plans ausdrücklich aufgehoben worden sein, beurteilt sich die planungsrechtliche Zulässigkeit von Vorhaben nach §§ 34 f. BauGB. Dieses Planungsrecht ist Gegenstand der Umweltprüfung. Es ist insbesondere zu prüfen, welche Auswirkungen durch eine nach §§ 34, 35 BauGB zulässige Nutzung verursacht werden. In der Abwägung nach § 1 Abs. 7 BauGB ist zu prüfen, ob diese Wirkungen die Aufstellung eines Bebauungsplans nach § 1 Abs. 3 BauGB fordern.

2.2 Verfahrenserleichterung gem. § 13 BauGB

Verfahrenserleichterungen sieht § 13 BauGB vor. Nach § 13 Abs. 1 BauGB kann die Gemeinde in Fällen, in denen durch die Änderung oder Ergänzung eines Bebauungsplans die Grundzüge der Planung nicht berührt werden, dazu sogleich unten 2.3, das vereinfachte Verfahren anwenden, wenn

- die Zulässigkeit von Vorhaben, die einer Pflicht zur Durchführung einer Umweltverträglichkeitsprüfung nach Anlage 1 zum Gesetz über die Umweltverträglichkeitsprüfung oder nach Landesrecht unterliegen, nicht vorbereitet oder begründet wird und

- keine Anhaltspunkte für eine Beeinträchtigung der in § 1 Abs. 6 Nr. 7 Buchstabe b BauGB genannten Schutzgüter bestehen. In diesem Verfahren kann gemäß § 13 Abs. 2 Nr. 1 BauGB auf die frühzeitige Unterrichtung und Erörterung nach § 3 Abs. 1 und § 4 Abs. 1 BauGB verzichtet werden.

Im vereinfachten Verfahren wird gem. § 13 Abs. 2 BauGB die Beteiligung verkürzt und gem. § 13 Abs. 3 Satz 1 BauGB von der Umweltprüfung nach § 2 Abs. 4 BauGB, von dem Umweltbericht nach § 2a BauGB und der Angabe nach § 3 Abs. 2 Satz 2 BauGB, welche Arten umweltbezogener Informationen verfügbar sind, abgesehen.

Für die Aufhebung eines Bebauungsplans gilt § 13 BauGB nicht. Der Anwendungsbereich für das vereinfachte Verfahren ist in § 13 Abs. 1 BauGB abschließend bestimmt. Ein Rückgriff auf § 1 Abs. 8 BauGB ist nicht zulässig.

2.3 Grundzüge der Planung

Ob bei einer Änderung oder Ergänzung des Bebauungsplans die Grundzüge der Planung berührt werden, beurteilt sich nach den konkreten Umständen des Einzelfalls. Entscheidend ist das im Bebauungsplan zum Ausdruck gebrachte planerische Wollen. Bezogen darauf darf der Änderung des Planinhalts keine derartige Bedeutung zukommen, dass die angestrebte und im Plan zum Ausdruck gebrachte städtebauliche Ordnung in beachtlicher Weise geändert wird. Die Änderung muss – soll sie die Grundzüge der Planung nicht berühren – von der planerischen Grundkonzeption gedeckt sein.[1]

Ein auf § 1 Abs. 5, Abs. 9 BauNVO gestützter Ausschluss von Einzelhandelsbetrieben bzw. Einzelhandelsnutzungen in Gewerbe- und Industriegebieten kann nach § 13 BauGB zulässig sein, wenn das in den Bebauungsplanfestsetzungen zum Ausdruck kommende Plankonzept weiter entwickelt und einer Entwicklung Rechnung getragen wird, die bei Aufstellung des Bebauungsplans in seiner Ursprungsfassung so nicht absehbar war.[2]

1 Vgl. BVerwG, Urt. v. 29.01.2009 – 4 C 16.07 –; BVerwG, Beschl. v. 20.12.2005 – 4 B 71.05 – BRS 69 Nr. 69 = BauR 2006, 659 und OVG Münster, Urt. v. 18.09.2009 – 7 D 85/08.NE –.

2 Vgl. OVG Münster, Urt. v. 18.09.2009 – 7 D 85/08.NE – juris.

Eine Änderung des Bebauungsplans im vereinfachten Verfahren nach § 13 BauGB ist zulässig, wenn die Abweichung noch im Bereich dessen liegt, was die Antragsgegnerin gewollt hätte, wenn sie die weitere Entwicklung einschließlich des Grundes für die Abweichung gekannt hätte. So kann die Änderung einer Höhenbegrenzung für einen Mobilfunkstandort von 32 auf 40 m und die geringe Standortverschiebung betreffende Abweichungen städtebaulich von minderem Gewicht sein und der planerische Grundgedanke erhalten geblieben sein.[3]

Eine Differenzierung der bisherigen Planfestsetzungen zur Nutzungsart nach § 1 Abs. 4 bis 9 BauNVO gehört nicht stets oder auch nur in der Regel zu den Grundzügen der Planung.[4]

Durch den Wegfall der Baumassenzahl werden die Grundzüge der Planung dann nicht berührt, wenn das Maß der baulichen Nutzung im Wesentlichen bereits durch die GRZ, die GFZ und die zulässige Wandhöhe festgelegt wird, so dass die ursprünglich festgesetzte Baumassenzahl keine praktische Bedeutung hatte.[5]

2.4 Fehlerfolgen

Hat der Plangeber infolge der Verletzung des § 13 Abs. 1 BauGB auch die Vorschriften über die Öffentlichkeits- und Behördenbeteiligung nach § 3 Abs. 2 und § 4 Abs. 2 BauGB verletzt, führt dieser Fehler nach der Rechtsprechung des Bundesverwaltungsgerichts nicht zur Unwirksamkeit des Plans. Eine Verletzung dieser Vorschriften ist zwar gemäß § 214 Abs. 1 Satz 1 Nr. 2 Halbsatz 1 BauGB an sich beachtlich; nach der letzten Alternative des zweiten Halbsatzes ist dabei jedoch unbeachtlich, wenn bei Anwendung des § 4a Abs. 3 Satz 4 BauGB oder des § 13 BauGB die Voraussetzungen für die Durchführung der Beteiligung nach diesen Vorschriften verkannt worden sind. Die interne Unbeachtlichkeitsklausel des § 214 Abs. 1 Satz 1 Nr. 2 Halbsatz 2 BauGB gilt unmittelbar nur für eine Verletzung der Vorschriften über die Öffentlichkeits- und Behördenbeteiligung. Sie ist jedoch nach der Rechtsprechung des Bundesverwaltungsgerichts entsprechend anzuwenden, wenn der Plangeber verkannt hat, dass die Voraussetzungen

3 Vgl. VGH München, Urt. v. 16.05.2013 – 2 N 12.260 –.
4 Vgl. OVG Münster, a. a. O., (Fn. 2), juris.
5 Vgl. VGH München, Urt. v. 24.10.2013 – 1 N 12.2436 –.

für das vereinfachte Verfahren nicht vorliegen und infolge dessen auch die Vorschriften über die Begründung der Bauleitpläne verletzt worden sind. Grund dafür ist, dass in dem Fall, dass das Fehlen des Umweltberichts für die Rechtswirksamkeit eines Bebauungsplans stets auch dann beachtlich wäre, wenn der Plangeber verkannt hat, dass die Voraussetzungen für das vereinfachte Verfahren nicht vorliegen, die diesen Fehler erfassende Unbeachtlichkeitsklausel in § 214 Abs. 1 Satz 1 Nr. 2 BauGB für die Vorschriften über die Öffentlichkeits- und Behördenbeteiligung leer liefe.

Anderes gilt aber dann, wenn die Durchführung einer Umweltprüfung unionsrechtlich geboten ist oder der Plangeber bewusst gegen § 13 Abs. 1 BauGB verstoßen habe.[6]

2.5 Beschleunigtes Verfahren

Nach § 13a Abs. 1 BauGB kann ein Bebauungsplan für die Wiedernutzbarmachung von Flächen, die Nachverdichtung oder andere Maßnahmen der Innenentwicklung (Bebauungsplan der Innenentwicklung) im beschleunigten Verfahren aufgestellt werden. § 13a BauGB gilt auch in den Fällen, in denen ein Bebauungsplan geändert oder ergänzt wird.

In jedem dieser Fälle (Aufstellung/Änderung/Ergänzung) darf der Bebauungsplan den Grundflächenwert des Abs. 1 Satz 2 Nr. 2 nicht überschreiten, wenn die zulässige Grundfläche geändert wird. Bei einer Überschreitung des Wertes von 20.000 qm bedarf es der Vorprüfung. Nach der Konzeption des Entwurfes eines Gesetzes zur Umsetzung der Richtlinie 2014/52/EU (BRaJDS. 806/16) ist die Vorprüfung regelmäßig erforderlich, weil die Grenze von 20.000 qm entfallen soll.

Sofern durch die Änderung oder Ergänzung des Bebauungsplans die Größe der Grundfläche nicht verändert wird, kann das beschleunigte Verfahren ohne Rücksicht auf die festgesetzte Grundfläche durchgeführt werden. Dies gilt auch dann, wenn der geänderte Bebauungsplan die Schwellenwerte des Abs. 1 Satz 2 überschreitet. Denn die Schwellenwerte sind in diesen Fällen bereits zuvor überschritten worden. Dies ergibt sich aus Abs. 1 Satz 1 Nr. 2 BauGB. Danach sind die Grundflächen nur dann zusammenzurechnen,

6 Vgl. BVerwG, Urt. v. 04.08.2009 – 4 CN 4.08 – und OVG Münster, Urt. v. 19.05.2015 – 10 D 62/12.NE –.

wenn die Pläne in einem engen sachlichen, räumlichen und zeitlichen Zusammenhang aufgestellt werden. Dies muss auch dann gelten, wenn der Bebauungsplan geändert oder ergänzt wird. Werden die Festsetzungen betreffend Grundfläche in dem Änderungs- oder Ergänzungsverfahrens nicht berührt, bleiben diese Festsetzung also bei der Beantwortung der Frage, ob eine Änderung nach § 13a BauGB zulässig ist, unberücksichtigt.

Wird der Bebauungsplan geändert oder ergänzt und werden dadurch die Werte in Abs. 1 Satz 2 überschritten, sind für diese Werte die Grenzen es Abs. 1 Satz 2 Nr. 1 und 2 BauGB beachtlich. Wie Abs. 1 Satz 2 Nr. 1 BauGB belegt, dürfen in diesen Fällen also die bereits festgesetzten Grundfläche in dem zu ändernden und zu ergänzenden Plan nicht mit den Werten der Änderung oder Ergänzung addiert werden.

2.6 Ergänzendes Verfahren

§ 214 Abs. 4 BauGB ist eine eigenständige Regelung. Sie gilt unabhängig von § 13 BauGB und dient der nachträglichen Änderung eines (vorläufig) aufgehobenen Bebauungsplans. So stellt auch in den Fällen des § 214 Abs. 4 BauGB das Gesetz anders als in § 13 Abs. 1 BauGB nicht ausdrücklich auf die „Grundzüge der Planung" ab. Nach der Rechtsprechung soll es jedoch nicht zulässig sein, durch das ergänzende Verfahren die „Identität der Satzung" zu verändern.[7]

3 Materielles

3.1 Planungserfordernis

Die Planungsschranke des § 1 Abs. 3 Satz 1 BauGB gilt ebenso wie das Abwägungsgebot des § 1 Abs. 7 BauGB auch für die Änderung, Ergänzung und (ersatzlose) Aufhebung eines Bebauungsplans. Dies ist in § 1 Abs. 8 BauGB klargestellt.

Die ersatzlose Aufhebung eines Bebauungsplans kann dabei grundsätzlich ein i. S. v. § 1 Abs. 3 Satz 1 BauGB legitimes Planungsziel sein. Eines besonderen – über die allgemeine städtebauliche Rechtfertigung

---

7 Vgl. OVG Koblenz, Urt. v. 16.05.2013 – 1 C 11004/12 – mit Verweis auf BT-Drucks. 13/6392, S. 38; Krautzberger in: Ernst/-Zinkahn/Bielenberg/Krautzberger, BauGB § 13 Rn. 17; Battis, in: Battis/Krautzberger/Löhr, § 214 Rn. 24 m. w. N.

hinausgehenden – städtebaulichen Grundes bedarf es für sie prinzipiell nicht. Jedwede Planung ändert die bestehende Rechtslage und greift in sie ein.[8]

Es kann städtebaulich geboten sein, einen Bebauungsplan aufzuheben, wenn eine Gemeinde seine Umsetzung nicht mehr beabsichtigt. Den Gemeinden ist unbenommen, sich auch noch nach dem Erlass eines Bebauungsplans für eine von ihm abweichende städtebauliche Entwicklung zu entscheiden. Will eine Gemeinde einen von ihr erlassenen Bebauungsplan nicht mehr ausführen, muss sie diesen Plan aufheben oder ändern und sich der daraus etwa folgenden Entschädigungspflicht nach § 42 BauGB stellen. Sie darf sich nicht darauf beschränken, ihn einfach nur „auf Eis zu legen“.[9]

Die gesetzlichen Planersatzvorschriften (§§ 34, 35 BauGB) können nur dann i. S. v. § 1 Abs. 3 Satz 1 BauGB die städtebauliche Entwicklung steuern, wenn nicht ein Planungsbedürfnis fortbesteht. Es darf nicht die Gefahr einer regellosen Bebauung im Aufhebungsgebiet drohen und/oder sich ungesicherte oder schwierige Erschließungsverhältnisse bzw. bewältigungsbedürftige Immissionskonflikte – mit anderen Worten bodenrechtlich relevante Spannungen – konkret abzeichnen. Reicht die Steuerungskraft der §§ 34, 35 BauGB nach Lage der Dinge nicht aus, im Gebiet des beseitigten Bebauungsplans eine geordnete städtebauliche Entwicklung zu gewährleisten, ist es nicht mit § 1 Abs. 3 BauGB vereinbar, dass die Gemeinde den Bebauungsplan ersatzlos aufhebt. Vielmehr kann dann schon aus Gründen der städtebaulichen Erforderlichkeit nach § 1 Abs. 3 Satz 1 BauGB die erneute Aufstellung eines Bebauungsplans im Anschluss an die oder gleichzeitig mit der Aufhebung des alten Plans erforderlich werden.[10]

---

8 Vgl. BVerwG, Urt. v. 10.08.1990 – 4 C 3.90 – BRS 50 Nr. 97 und v. 10.09.1976 – IV C 5.76 – BRS 37 Nr. 6; OVG Münster, Urt. v. 07.08.2006 – 7 D 67/05.NE –; OVG Saarland, Urt. v. 30.10.2001 – 2 N 4/00 – BRS 64 Nr. 52; OVG Münster, Urt. v. 08.04.2014 – 2 D 43/13.NE –.

9 Vgl. BVerwG, Urt. v. 22.01.1993 – 8 C 46.91 – BRS 75 Nr. 8; OVG Münster, Urt. v. 08.04.2014, a. a. O., (Fn. 8).

10 Vgl. zu alledem BVerwG, Beschl. v. 12.12.1990 – 4 B 143.90 – BRS 52 Nr. 30; BVerwG, Urt. v. 21.11.1986 – 4 C 22.83 – BRS 46 Nr. 3; OVG Münster, Urt. v. 04.11.2002 – 7a D 141/00.NE – und OVG Münster, Urt. vom 08.04.2014, a. a. O., (Fn. 8).

3.2 Abwägung

3.2.1 Änderung

Die Gemeinde darf durch ihre Bauleitplanung die bauliche Nutzbarkeit von Grundstücken verändern und dabei auch die privaten Nutzungsmöglichkeiten einschränken oder gar aufheben. Einen Planungsgrundsatz, nach dem die vorhandene Bebauung eines Gebiets nach Art und Maß auch bei einer Überplanung weiterhin zugelassen werden muss, gibt es nicht. Es gibt auch keinen Anspruch darauf, dass der Geltungsbereich des Bebauungsplans insgesamt unverändert bleibt. Die Gemeinde ist auch nicht gehalten, eine potentielle Bebaubarkeit eines Grundstücks aufrecht zu erhalten. Vielmehr dürfen auf der Grundlage der §§ 30 ff. BauGB bestehende bauplanungsrechtliche Ansprüche nach Maßgabe des Abwägungsgebots planerisch entzogen werden.[11]

Im Rahmen der planerischen Abwägung muss das private Interesse am Erhalt (bestehender) baulicher Nutzungsrechte (Gebietsbewahrungsanspruch) mit dem öffentlichen Interesse an einer städtebaulichen Neuordnung des Plangebiets abgewogen werden.[12] Die Gemeinde darf bei einer Änderungs- oder Aufhebungsplanung die durch die Erstplanung vorgegebene rechtliche Situation des überplanten Grundstücks nicht ignorieren. In die Abwägung ist einzustellen, dass sich der Entzug baulicher Nutzungsmöglichkeiten für den Betroffenen wie eine (Teil-)Enteignung auswirken kann. Sie hat deshalb das Interesse der Eigentümer planbetroffener Grundstücks an der Beibehaltung des bisherigen Zustands in die Abwägung einzustellen.[13]

Eine wirksame städtebauliche Änderungsplanung, die zu einer Reduzierung des Baurechts führt, setzt voraus, dass hinreichend gewichtige städtebaulich beachtliche Allgemeinbelange für diese Änderung bestehen. Die dafür streitenden städtebaulich beachtlichen Allgemeinbelange müssen umso gewichtiger sein, je stärker die Festsetzungen eines Bebauungsplans die Befugnisse des Eigentümers einschränken oder Grundstücke von einer

11 Vgl. BVerwG, Beschl. v. 26.08.2009 – 4 BN 35/09 – BRS 74 Nr. 25; VGH München, Urt. v. 26.11.2015 – 9 N 12.2592 –.

12 Vgl. VGH München, Urt. v. 26.05.2008 – 1 N 07.3143 –; – 1 N 08.439 – und VGH München, a. a. O., (Fn. 11).

13 Vgl. BVerwG, Beschl. v. 18.10.2006 – 4 BN 20/06 –.

Bebauung ganz ausschließen. Das durch Art. 14 Abs. 1 Satz 1 GG gewährleistete Eigentumsrecht gehört in hervorgehobener Weise zu den von der Bauleitplanung zu berücksichtigenden Belangen. Es umfasst neben der Substanz des Eigentums auch die Beachtung des verfassungsrechtlichen Grundsatzes der Verhältnismäßigkeit und des allgemeinen Gleichheitssatzes. Die Beschränkung der Nutzungsmöglichkeiten eines Grundstücks muss daher von der Gemeinde als ein wichtiger Belang privater Eigentümerinteressen in der nach § 1 Abs. 7 BauGB gebotenen Abwägung der öffentlichen und der privaten Belange beachtet werden. Im Rahmen der Abwägungsentscheidung hat die Gemeinde folglich die Nachteile einer Planänderung für Planunterworfene zu berücksichtigen. Schränkt sie bestehende Baurechte ein, hat sie darüber hinaus auch die Tatsache und den möglichen Umfang hierfür zu leistender Entschädigungen nach §§ 39 ff. BauGB in die Abwägung einzustellen.[14]

3.2.2 *Aufhebung*

Die Überlegungen, die die Abwägung bei der Änderung eines Bebauungsplans betreffen, gelten zunächst entsprechend auch für die Aufhebung des Bebauungsplans. Die Aufhebung eines Bebauungsplans kann also an einer fehlerhaften Abwägung scheitern. So bedeutet es einen Fehler im Abwägungsvorgang, wenn die Gemeinde der Auffassung ist, dass nach der Aufhebung die Bebauung nach § 34 BauGB zu beurteilen sei.[15] Beurteilt sich die Bebauung dann nach § 35 BauGB kann dies zugleich die städtebauliche Ordnung und Entwicklung im Sinne von § 1 Abs. 3 BauGB stören.

Ergänzend ist in die Abwägung einzustellen, welche planungsrechtliche Situation dadurch entsteht, dass das Baurecht des aufzuhebenden Bebauungsplans durch das dahinterliegende Baurecht ersetzt wird. Dieses Baurecht muss ermittelt werden. Da Bebauungspläne gemäß § 1 Abs. 1, Abs. 5, Abs. 6 Nr. 4 BauGB eine geordnete städtebauliche Entwicklung gewährleisten sollen, ist allerdings im Allgemeinen unumgänglich, mit ihrer Aufhebung zugleich darüber zu befinden, welche städtebauliche Ordnung an die Stelle

14 Vgl. BVerwG, Beschl. v. 15.05.2013 – 4 BN 1.13 – ZfBR 2013, 573, unter Bezugnahme auch auf BVerfG, Beschl. v. 19.12.2002 – 1 BvR 1402/01 – NVwZ 2003, 727; OVG Münster, Urt. v. 27.08.2015 – 2 D 41/14.NE –.

15 Vgl. OVG Münster, Urt. v. 08.04.2014, a. a. O., (Fn. 8).

der mit dem Plan vordem beabsichtigten Ordnung treten soll. Dies können die planersetzenden §§ 34, 35 BauGB oder – im Ausnahmefall – ein vormals geltender Bebauungsplan sein.

Die Gemeinde muss sich Klarheit darüber verschaffen, ob die gesetzlichen Planersatzvorschriften im Sinne von § 1 Abs. 3 Satz 1 BauGB tragfähig sind, um die städtebauliche Ordnung aufrecht zu erhalten und eine geordnete städtebauliche Entwicklung zu gewährleisten. Ist dies erkennbar nicht der Fall, hat die den Vorgängerbebauungsplan kassierende Gemeinde aus Gründen der städtebaulichen Erforderlichkeit nach § 1 Abs. 3 Satz 1 BauGB die erneute Aufstellung eines Bebauungsplans im Anschluss an die oder gleichzeitig mit der Aufhebung des alten Plans zu beschließen. So kann sie verhindern, dass einer regellosen Bebauung im Aufhebungsgebiet droht und/oder sich ungesicherte oder schwierige Erschließungsverhältnisse bzw. bewältigungsbedürftige Immissionskonflikte – mit anderen Worten bodenrechtlich relevante Spannungen – entstehen.[16]

Wenn die Gemeinde die Aufhebung und die Neuplanung kombiniert, muss sie bei ihrer Abwägungsentscheidung hinsichtlich der Aufhebung des alten Plans allerdings nicht auch noch berücksichtigen, dass die von ihr verfolgte Neuplanung theoretisch unwirksam sein könnte und die Grundstückssituation dann bodenrechtlich nach § 34 oder § 35 BauGB zu beurteilen sein könnte. Eine derartige Abwägung verlangt § 1 Abs. 7 BauGB nicht. Die Gemeinde darf im Rahmen ihrer Entscheidung über die Aufhebung bzw. Teilaufhebung eines Bebauungsplans vielmehr davon ausgehen, dass die – von ihr hinsichtlich ihrer Folgen gesondert abzuwägende – Neuplanung den an sie zu stellenden rechtlichen Anforderungen genügt.[17]

3.2.3 Aufhebung eines unwirksamen Bebauungsplans

Kommt eine Gemeinde zu der Erkenntnis, dass ein bestehender Bebauungsplan unwirksam ist, hat eine weitere Abwägung dahingehend stattzufinden, ob der Rechtsschein des Bebauungsplans beseitigt oder ob der

16 Vgl. zu alledem BVerwG, Beschl. v. 12. 12. 1990, a. a. O., (Fn. 10), BRS 52 Nr. 30; BVerwG, Urt. v. 21.11.1986, a. a. O., (Fn. 10), BRS 46 Nr. 3; OVG Münster, Urt. v. 04.11.2002, a. a. O., (Fn. 10) und Urt. v. 08.04.2014, a. a. O., (Fn. 8).

17 Vgl. OVG Münster, Urt. v. 08.06.2015 – 7 D 112/03.NE –; VG Köln, Urt. v. 02.09.2014 – 2 K 2808/13 –.

Bebauungsplan durch „Reparatur“ gerettet werden soll. Diese Abwägung setzt eine hinreichende Ermittlung der insoweit zu berücksichtigenden gegenläufigen Belange voraus. Hierbei sind insbesondere die Art und die Qualität des zur Unwirksamkeit führenden Mangels und das konkrete Gewicht der gegenläufigen (privaten) Interessen an einer Beibehaltung des Bebauungsplans mit dem fehlgeschlagenen Rechtsschein maßgeblich. Dabei haben Eingriffe in privates Eigentum besondere Bedeutung, denn privates Eigentum gehört selbstverständlich und in hervorgehobener Weise zu den abwägungserheblichen Belangen.[18]

Auch die Folgen für die Umwelt sind in die Abwägung einzustellen. Diese Folgen zu erkennen ist Aufgabe der Umweltprüfung, die auch in diesem Verfahren durchzuführen ist, vgl. oben 2.1.

18 Vgl. BVerwG, Urt. v. 01.11.1974 – IV C 38.71 – BRS 28 Nr. 6 und Beschl. v. 06.10.1992 – 4 NB 36.92 – BRS 54 Nr. 57; OVG Münster, Urt. v. 07.08.2006, a. a. O., (Fn. 8).

Olaf Reidt

Verfahren bei Veränderungssperren und Zurückstellung nach § 15 BauGB

Abstract: Der Beitrag erläutert, wie Gemeinden die Instrumente der Veränderungssperre und Zurückstellung von Baugesuchen zur Sicherung ihrer Bauleitplanung anwenden können, um eine sinnvolle und langfristige Planung zu ermöglichen. Nach einer kurzen Einführung zum Anwendungsbereich geht der Autor näher auf das Verfahren und die Umsetzung dieser Instrumente ein.

The article explains the proceedings for municipalities to make use the instruments of development freeze and postponement of construction requests (Zurückstellung von Baugesuchen) in order to improve reasonable and efficient long term planning. After a short introduction on how these instruments can help to secure planning projects the author explains in detail how and under what conditions the instruments can be applied.

Einleitung

Gemeinhin wird gesagt, die städtebauliche Entwicklungsmaßnahme gemäß den §§ 165 ff. BauGB sei das schärfste Schwert des Städtebaurechts.[1] Grund hierfür ist, dass eine Enteignung zugunsten der Gemeinde oder des Entwicklungsträgers gemäß § 169 Abs. 3 BauGB auch ohne einen Bebauungsplan möglich ist. Veränderungssperren und Zurückstellungen gemäß den §§ 14 ff. BauGB ermöglichen dies selbstverständlich nicht. Sie verschaffen der Gemeinde allerdings auf der sehr frühen Stufe eines bloßen Planaufstellungsbeschlusses die Möglichkeit, Baumaßnahmen innerhalb des betreffenden Gebietes auf längerer Sicht zu verhindern, dabei gemäß § 18 Abs. 1 BauGB für die ersten vier Jahre entschädigungslos. Für einen Bauherrn, vor allem einen solchen, der das Grundstück gezielt zum Zwecke einer kurzfristigen Bebauung erworben hat, kann dies aus naheliegenden Gründen sehr viel problematischer sein als eine Enteignung zum Verkehrswert. Daher ist von den Planungssicherungsinstrumenten, die der Gesetzgeber den Gemeinden

1 Siehe etwa Köhler/Fiesler, in: Schrödter, Baugesetzbuch, 8. Auflage 2015, § 165, Rn. 1.

an die Hand gegeben hat, mit Umsicht Gebrauch zu machen. Dies erfordert insbesondere eine zügige und auch die Interesse der Grundstückseigentümer in den Blick nehmende Planung. Soweit sicher absehbar ist, dass ein Vorhaben den hinreichend konkreten Planungsabsichten der Gemeinde entspricht, sollte die Blockade eines Bauvorhabens aufgegeben werden, ggf. also mit den Möglichkeiten einer Ausnahme gemäß § 14 Abs. 2 BauGB. Flankiert werden kann dies im Hinblick auf die kommunalen Planungsziele ggf. auch durch geeignete Regelungen in einem städtebaulichen Vertrag gemäß § 11 BauGB. Freilich ändert dies nichts daran, dass die Gemeinde mit den Planungssicherungsinstrumenten des Baugesetzbuchs in die Lage versetzt werden soll, möglichst sinnvoll und effizient zu planen. Während der Zeit in der ein Bebauungsplan aufgestellt oder geändert wird, sollen Veränderungen auf den betroffenen Grundstücken möglichst unterbunden werden können. Um eine sinnvolle Planung zu ermöglichen, sollen die tatsächlichen Gegebenheiten also gleichsam „eingefroren“ werden.[2] Das Baugesetzbuch enthält dabei verschiedene Mittel zur Sicherung der Bauleitplanung. Insbesondere zählen dazu die Veränderungssperre nach § 14 BauGB und die Zurückstellung von Baugesuchen nach § 15 BauGB. Die Veränderungssperre ist eine Möglichkeit zur generellen Regelung für den gesamten Planbereich oder eines Teils davon. Die Zurückstellung von Baugesuchen ermöglicht es, die Entscheidung über Baugesuche im Einzelfall für einen bestimmten Zeitraum auszusetzen. Beide Plansicherungsinstrumente finden bei Aufstellung oder Änderung von einfachen oder qualifizierten Bebauungsplänen Anwendung.[3] Für die Aufstellung eines Flächennutzungsplans hingegen kommt lediglich eine Zurückstellung nach § 15 Abs. 3 BauGB in Betracht.

1 Veränderungssperre

1.1 Voraussetzungen der Veränderungssperre

Die Veränderungssperre wird von der Gemeinde als Satzung beschlossen. Sie begründet ein baurechtliches Verbot und ist materieller Versagungsgrund

---

2 Vgl. Schiller, in: Bracher/Reidt/Schiller, Bauplanungsrecht, 8. Auflage 2014, Rn. 2463; Hager/Kirchberg, NVwZ 2002, 400.

3 Vgl. Schiller, a. a. O., (Fn. 2), Rn. 2464.

für eine Baugenehmigung.[4] Der Beschluss der Gemeinde, einen Bebauungsplan aufzustellen, muss das betroffene Plangebiet hinreichend bestimmt festlegen. Allerdings ist es unschädlich, wenn die Gemeinde letztendlich auf der Grundlage dieses Aufstellungsbeschlusses nicht einen, sondern mehrere Bebauungspläne aufstellt, solange sich diese Plangebiete insgesamt in dem durch den Aufstellungsbeschluss festgelegten Planumgriff halten.[5] Voraussetzung für den Erlass einer Veränderungssperre ist, dass der künftige Planinhalt bereits zum Zeitpunkt des Beschlusses über die Veränderungssperre hinreichend konkretisierbar, also bestimmt und absehbar, ist.[6] Die konkreten Vorstellungen müssen sich dabei nicht unmittelbar aus der Veränderungssperre selbst ergeben, sondern können auch auf Grundlage sonstiger Unterlagen der Gemeinde ermittelt werden.[7] Es muss überprüfbar sein, ob ein beantragtes Bauvorhaben zu bestimmten planerischen Zielvorstellungen der Gemeinde im Widerspruch stehen kann oder nicht.[8] Die Gemeinde muss daher positive Vorstellungen vom Inhalt des Bebauungsplans entwickelt haben, d. h. es bedarf zumindest eines Planungskonzepts[9]. Unzureichend ist hingegen eine reine Verhinderungsplanung der Gemeinde. Diese ist abzugrenzen von einer – im Einzelfall durchaus gerechtfertigten – Negativplanung, bei der die Gemeinde negative Planungsziele verfolgt, etwa dahingehend, dass ein bestimmter Bereich gezielt unbebaubar sein soll (z. B. aus Gründen des Immissions- oder Naturschutzes).[10] Für den über den bloßen Aufstellungsbeschluss hinausgehenden Grad der Konkretisierung der Planung, der für den Erlass der Veränderungssperre notwendig ist, kommt

---

4 Vgl. Mitschang, in: Battis/Krautzberger/Löhr, Baugesetzbuch, 13. Auflage 2016, § 14 Rn. 1.

5 Vgl. Schiller, a. a. O., (Fn. 2), Rn. 2471.

6 Vgl. st. Rspr. BVerwG, Urt. v. 10.09.1976 – 4 C 38/74 – BVerwGE 51, 121; BVerwG, Beschl. v. 05.02.1990– 4 B 191/89 – NVwZ 1990, 558; BVerwG, Urt. v. 19.02.2004 – 4 CN 16/03 – NVwZ 2004, 858.

7 Vgl. BVerwG, Urt. v. 01.10.2009 – 4 BN 34/09 – NVwZ 2010, 42.

8 Vgl. BVerwG, Urt. v. 10.09.1976 – 4 C 39/74 – BVerwGE 51, 121; OVG Lüneburg, Beschl. v. 19.12.2002– 1 MN 297/02 – NVwZ-RR 2003, 547.

9 Vgl. BVerwG, Urt. v. 19.02.2004 – 4 CN 16/03 – NVwZ 2004, 858; VGH München, Beschl. v. 22.03.2012 – 22 CS 12.349 – BauR 2012, 1217.

10 Vgl. Rieger, in: Schrödter, Baugesetzbuch, 8. Aufl. 2015, § 14 Rn. 12 ff.; Schiller, a. a. O., (Fn. 2), Rn. 2473.

es auf den Stand des Planverfahrens an.[11] Ein detailliertes und vollständig abgewogenes Planungskonzept ist jedenfalls zu Beginn des Planverfahrens schon auf Grund der noch folgenden Öffentlichkeitsbeteiligung und Beteiligung von Behörden im Planungsprozess nicht erforderlich.[12] In der Regel reicht es daher aus, wenn die Gemeinde bei Erlass einer Veränderungssperre bereits einen bestimmten Baugebietstyp ins Auge gefasst hat.[13] Spätere Abweichungen von dieser ursprünglichen Planung sind unschädlich, z. B. wenn anstelle eines reinen Wohngebiets ein allgemeines Wohngebiet ausgewiesen werden soll. Unzulässig ist hingegen eine nur diffuse Vorstellung zur Nutzungsart. Dies gilt vor allem dann, wenn die Bandbreite zulässiger Nutzungen sehr unterschiedlich ist, wie etwa bei dem Planungsziel eines WA- oder MI-Gebiets.[14]

Im Weiteren darf die Planung nur ein Ziel verfolgen, dass tatsächlich Aussicht auf Verwirklichung hat, d. h. mit dem Instrumentarium der Bebauungsplanung in rechtmäßiger Weise erreicht werden kann.[15] Der Sicherung des Bebauungsplans steht dabei jedoch nicht entgegen, wenn ein Flächennutzungsplan noch fehlt oder noch geändert werden muss, damit der Bebauungsplan dem Entwicklungsgebot des § 8 Abs. 2 BauGB genügt.[16] Eine in diesem Sinne hinreichend konkrete und Aussicht auf Verwirklichung bietende Planungskonzeption muss zwar nicht bereits beim Planaufstellungsbeschluss, wohl aber spätestens bei Erlass der Veränderungssperre vorhanden sein. Ansonsten ist die Veränderungssperre unwirksam. Liegt zum maßgeblichen Zeitpunkt kein ausreichendes Konzept vor, das dieses Maß an Konkretisierung erfüllt, kann dies nicht durch eine nachträgliche Änderung oder Konkretisierung des Planungsziels „geheilt“ werden.[17]

---

11 Vgl. Schiller, a. a. O., (Fn. 2), Rn. 2475.

12 Vgl. BVerwG, Urt. v. 19.02.2004 – 4 CN 16/03 – NVwZ 2004, 858; OVG Münster, Urt. v. 04.06.2003 – 7a D131/02.NE – BauR 2003, 1696.

13 Vgl. Schiller, a. a. O., (Fn. 2), Rn. 2475.

14 Ebenda.

15 BVerwG, Beschl. v. 21.12.2005 – 4 BN 61/05m – BeckRS 2006, 20270; BVerwG, Beschl. v. 21.12.1993 – 4 NB 40/93 – NVwZ 1994, 685.

16 Vgl. OVG Münster, a. a. O., (Fn. 12), BauR 2003, 1696.

17 OVG Lüneburg, Beschl. v. 19.12.2002 – 1 MN 297/02 – NVwZ-RR 2003, 547.

1.2 Inhalt und Verfahren

Die Veränderungssperre muss das von ihr betroffene Gebiet hinreichend genau bezeichnen.[18] Dabei ist eine Beschränkung auf Teilbereiche des Planbereichs oder auch ein einzelnes Grundstück möglich. Da sich die Maßnahmen, die durch die Veränderungssperre verboten sind, nicht unmittelbar aus dem Baugesetzbuch ergeben, müssen sie ausdrücklich in der Satzung aufgeführt werden.[19] Der Katalog des § 14 Abs. 1 BauGB ist also vollständig oder teilweise in die Satzung aufzunehmen.

Die Einzelheiten zum Satzungsbeschluss der Veränderungssperre richten sich nach den Gemeindeordnungen und Kommunalverfassungen der Länder. Da die Veränderungssperre auch gezielt dazu dienen darf, einen gestellten Bauantrag nicht genehmigen zu müssen, ist es folglich auch möglich, diese als Dringlichkeitsbeschluss oder Eilentscheidung zu erlassen.[20] Zulässig ist es dabei auch, die Aufstellung eines Bebauungsplans und die Veränderungssperre in derselben Gemeinderatssitzung zu beschließen. Notwendig ist allein, dass der Satzungsbeschluss über die Veränderungssperre dem Planaufstellungsbeschluss zeitlich nachfolgt.[21] Die Veränderungssperre kann jedoch auch deutlich später als die Aufstellung des Bebauungsplans beschlossen werden. Allerdings kann ein mehrjähriger Zeitraum zwischen Aufstellungsbeschluss und Beschluss der Veränderungssperre ein Indiz dafür sein, dass die gemeindliche Planungsabsicht inzwischen bereits aufgegeben wurde und die Inanspruchnahme des Plansicherungsinstruments nur eine unzulässige Verhinderungsfunktion haben soll.[22]

Die Satzung ist ortsüblich bekanntzumachen. Ergehen der Aufstellungsbeschluss und der Beschluss über die Veränderungssperre in einer Sitzung, darf auch die Bekanntmachung gleichzeitig stattfinden.[23]

---

18 Vgl. VGH München, Urt. v. 11.07.2000 – 26 N 99/3185 – NWvZ-RR 2001, 288.
19 Vgl. Rieger, a. a. O., (Fn. 10), § 14 Rn. 20; Schiller, a. a. O., (Fn. 2), Rn. 2489.
20 Vgl. OVG Lüneburg, Urt. v. 17.12.1998 – 1 K 1103/98 – NVwZ 1999, 1001.
21 Vgl. BVerwG, Beschl. v. 09.02.1989 – 4 B 236/88 – NVwZ 1989, 661.
22 Vgl. Schiller, a. a. O., (Fn. 2), Rn. 2491.
23 Vgl. OVG Münster, Urt. v. 30.10.2006 – 7 D 68/06.NE – BauR 2007, 517; BVerwG, Beschl. v. 06.08.1992 – 4 N1/92 – NVwZ 1992, 471; VGH Mannheim, Beschl. v. 11.02.1998 – 8 S 2770/97 – NVwZ-RR 1998, 717.

1.3 Die Verbote der Veränderungssperre

Mit der ortsüblichen Bekanntmachung treten die mit der Veränderungssperre verbundenen Verbotswirkungen ein.[24] Gemäß § 14 Abs. 1 Nr. 1 BauGB dürfen Vorhaben im Sinne von § 29 Abs. 1 BauGB grundsätzlich nicht durchgeführt und bauliche Anlagen nicht beseitigt werden. Als Auffangregel dient § 14 Abs. 1 Nr. 2 BauGB, nach dem erhebliche oder wesentlich wertsteigernde Veränderungen von Grundstücken oder baulichen Anlagen, deren Veränderungen nicht genehmigungs-, zustimmungs- oder anzeigepflichtig sind, ebenfalls nicht vorgenommen werden dürfen. Wird beispielsweise ein Waldgrundstück abgeholzt, dann handelt es sich zwar in der Regel nicht um eine wertsteigernde, wohl aber um eine erhebliche Veränderung des Grundstücks, die dem Verbot des § 14 Abs. 2 BauGB unterfällt. Die Drainage eines nassen Wiesengrundstücks kann eine wesentlich wertsteigernde Veränderung des Grundstücks im Sinne von § 14 Abs. 1 Nr. 2 BauGB darstellen, die daher im Bereich einer Veränderungssperre grundsätzlich nicht zulässig ist. Auch eine wesentlich wertsteigernde Änderung in diesem Sinne stellt beispielsweise die Aufforstung dar.[25] Ob dafür die Erteilung einer Ausnahme in Betracht kommt,[26] hängt von den beabsichtigten Bebauungsplanfestsetzungen ab. Keine Veränderung des Grundstücks im Sinne des § 14 BauGB stellt hingegen die Belastung eines Grundstücks mit einem dinglichen Recht dar.[27]

1.4 Von den Verboten nicht berührten Maßnahmen

Gemäß § 14 Abs. 3 BauGB sind von den Verboten der Veränderungssperre solche Vorhaben nicht betroffen, die bereits vor In-Kraft-Treten der Veränderungssperre genehmigt wurden. Allerdings gilt dieser Bestandsschutz nur für die Geltungsdauer der Genehmigung, die wiederum von der jeweiligen Landesbauordnung abhängig ist. Neben bereits genehmigten Vorhaben sind auch solche Vorhaben von der Veränderungssperre ausgenommen, von denen die Gemeinde nach Maßgabe des Bauordnungsrechts Kenntnis erlangt

24 Zur Notwendigkeit, die Verbote in der Satzung zu benennen, s. vorstehend unter 2.
25 Zu diesen Beispielen Schiller, a. a. O., (Fn. 2), Rn. 2502.
26 S. dazu nachfolgend unter 5.
27 Schiller, a. a. O., (Fn. 2), Rn. 2503.

hat und mit deren Ausführung vor dem In-Kraft-Treten der Veränderungssperre hätte begonnen werden dürfen. Unter diese Regelung fallen Vorhaben, für die die Genehmigungsfreistellung, das Kenntnisgabeverfahren und vergleichbare Institute des Verfahrensrechts der einschlägigen Landesbauordnung nicht in eine behördliche Entscheidung münden.[28]

Erfasst vom Begriff der baurechtlichen Genehmigung in § 14 Abs. 3 BauGB sind dabei auch bereits erteilte Teilbaugenehmigungen und Bauvorbescheide.[29] Ebenso sind gemäß § 14 Abs. 3 BauGB Unterhaltungsarbeiten von der Veränderungssperre ausgenommen.[30]

1.5 Ausnahmen von den Veränderungssperren

Durch den Erlass einer Veränderungssperre besteht grundsätzlich ein materielles Genehmigungshindernis. Es können jedoch Ausnahmen von diesem vorübergehenden Bauverbot gewährt werden. Eine gesonderte Antragsstellung ist dafür in formeller Hinsicht nicht notwendig. Der Bauantrag als solcher ist ausreichend.

Voraussetzung in materieller Hinsicht ist gemäß § 14 Abs. 2 BauGB, dass dem Vorhaben keine überwiegenden öffentlichen Belange entgegenstehen. Ob solche gegeben sind, ist durch Abwägung der öffentlichen Belange auf der einen Seite und dem Interesse des privaten Bebauungswunsches auf der anderen Seite zu ermitteln.[31] Gemäß § 15 Abs. 1 BauGB stehen öffentliche Belange einem Vorhaben dann entgegen, wenn zu befürchten ist, dass durch das geplante Bauvorhaben oder durch die Veränderung des Grundstücks die Durchführung der Planung unmöglich gemacht oder jedenfalls wesentlich erschwert wird. Zwar regelt § 15 Abs. 1 BauGB die Zurückstellung von einzelnen Baugesuchen, der Prüfungsmaßstab lässt sich jedoch im Wesentlichen auf § 14 Abs. 2 BauGB übertragen.[32] Da der Veränderungssperre noch keine endgültige Planung zu Grunde liegt, genügt es, wenn ein Widerspruch

28 Vgl. Schiller, a. a. O., (Fn. 2), Rn. 2507.
29 Vgl. Rieger, a. a. O., (Fn. 10), § 14 Rn. 33; Stock, in: Ernst/Zinkhahn/Bielenberg/Krautzberger, Baugesetzbuch, Stand: November 2015, § 14 Rn. 109.
30 Vgl. Stock, a. a. O., (Fn. 29), § 14 Rn. 131.
31 Vgl. Schiller, a. a. O., (Fn. 2), Rn. 2525.
32 Vgl. BVerwG, Beschl. v. 17.05.1989 – 4 CB 6/89 – NVwZ 1990, 58.

zu Planfestsetzungen und eine damit verbundene Erschwerung der Planung nicht ausgeschlossen werden kann.[33]

Stehen öffentliche Belange nicht entgegen, kann eine Ausnahme zugelassen werden. Der Baugenehmigungsbehörde steht also auch bei Vorliegen der tatbestandlichen Voraussetzungen ein Ermessen zu.[34] Dieses kann jedoch auf Null reduziert sein, wenn ein genehmigungsfähiger Bauantrag vor In-Kraft-Treten der Veränderungssperre rechtswidrig abgelehnt wurde.[35] Dasselbe gilt für Fälle, in denen Planreife im Sinne von § 33 BauGB gegeben ist.[36]

1.6 Die Geltungsdauer der Veränderungssperre

Das Baugesetzbuch enthält keine Regelung, die vorschreibt, dass in der Satzung die Geltungsdauer der Veränderungssperre angegeben werden muss. Dies ist allerdings zulässig. In der Regel tritt die Veränderungssperre gemäß § 17 Abs. 1 Satz 1 BauGB nach Ablauf von zwei Jahren außer Kraft. Gemäß § 17 Abs. 1 Satz 2 BauGB ist auf die 2-Jahres-Frist der Zeitraum anzurechnen, der seit der förmlichen Zurückstellung eines Baugesuchs nach § 15 Abs. 1 BauGB abgelaufen ist. Unterschieden wird mithin nach einer subjektiven und einer objektiven Geltungsdauer, da durch die Anrechnung lediglich die Geltungsdauer für denjenigen verkürzt wird, dem die Zurückstellung auferlegt wurde.[37]

Ebenso wird eine sogenannte faktische Zurückstellung angerechnet, d. h. der Zeitraum, in dem für ein Baugesuch die normale Bearbeitungszeit von ca. drei Monaten rechtswidrig überschritten wird, ohne dass eine förmliche

33 Vgl. Schiller, a. a. O., (Fn. 2), Rn. 2525.

34 Vgl. Mitschang, a. a. O., (Fn. 4), § 14 Rn. 19; Schiller, a. a. O., (Fn. 2), Rn. 2528.

35 Vgl. BVerwG, Beschl. v. 14.05.1968 – 4 C 56/65 – NJW 1968, 2350; BVerwG, Beschl. v. 30.09.1992 – 4 NB/35/92 – NVwZ 1993, 473.

36 Vgl. VGH Mannheim, Urt. v. 30.04.1984 – 5 S 2079/83 – NJW 1986, 149.

37 Vgl. BVerwG, Beschl. v. 27.04.1992 – 4 NV 11/92 – NVwZ 1992, 1090; BVerwG, Urt. v. 10.09.1976 – NJW 1977 –, 400.

Zurückstellung im Sinne von § 15 Abs. 1 BauGB erfolgt ist.[38] Dem gleichgestellt ist die rechtswidrige Ablehnung eines Baugesuchs.[39]

Die individuelle Berechnung der Geltungsdauer der Veränderungssperre wirkt sich auf die erste (§ 17 Abs. 1 Satz 3 BauGB) und zweite Verlängerung (§ 17 Abs. 2 BauGB) aus, da die Verlängerung jeweils vor Ablauf der individuellen Geltungsdauer in Kraft getreten sein muss, um wirksam zu sein.[40] Problematisch ist der Fall, wenn sich ein von der vorhergehenden Zurückstellung betroffener Bauherr auf die ausgelaufene Veränderungssperre beruft.[41] Nach der Rechtsprechung ist dies dem Bauherrn verwehrt, wenn die Gemeinde bei der Verlängerung der Veränderungssperre die individuelle Anrechnungsfrist übersehen hat und erst vor Ablauf der objektiven Geltungsdauer der Veränderungssperre die Verlängerung nach § 17 Abs. 3 Satz 1 oder Abs. 2 BauGB vorgenommen hat.[42]

Die Gemeinde darf die erste Verlängerung nach § 17 Abs. 1 Satz 3 BauGB „stückeln". Erlaubt ist daher nach § 17 Abs. 1 Satz 3 BauGB beispielsweise eine Verlängerung zunächst um acht Monate und dann um weitere vier Monate.[43] Eine Verlängerung nach § 17 BauGB ist dabei allerdings nur für eine rechtmäßige Veränderungssperre möglich. Bei Rechtswidrigkeit der ursprünglichen Veränderungssperre scheidet eine Umdeutung der Verlängerung in eine erneute Veränderungssperre in der Regel aus.[44] Unzulässig ist es zudem, bereits bei Erlass der ersten Veränderungssperre eine Geltungsdauer von drei Jahre zu beschließen, da es sich dann nicht mehr um eine Verlängerung handeln würde. Voraussetzung für eine wirksame Verlängerung ist weiter, dass die Verlängerung vor Ablauf der Veränderungssperre als Satzung beschlossen wird.[45]

---

38 Vgl. BVerwG, Beschl. v. 05.05.2011 – 4 B 12/11 – BeckRS 2011, 51855; BVerwG, Beschl. v. 27.04.1992 – 4 NB 11/92 – NVwZ 1992, 1090; BVerwG, Urt. v. 11.11.1970 – 4 C 79/68 – NJW 1971, 44.

39 Vgl. BVerwG, Beschl. v. 27.07.1990 – 4 B 156/89 – NVwZ 1991, 62; BVerwG, Urt. v. 11.11.1970 – 4 C 79/68 – NJW 1971, 44.

40 Vgl. Schiller, a. a. O., (Fn. 2), Rn. 2540.

41 ausführlich hierzu Schiller, a. a. O., (Fn. 2) Rn. 2548 f.

42 Vgl. BVerwG, Urt. v. 10.09.1976 – 4 C 38/74 – BVewGE 51, 121.

43 Schiller, a. a. O., (Fn. 2), Rn. 2551.

44 Vgl. OVG Lüneburg, Beschl. v. 15.10.1999 – 1 M 3614/99 – BauR 2000, 73; OVG Berlin, Urt. v. 02.02.1988 – 2 A 3/87 – NVwZ-RR 1990, 124.

45 Vgl. OVG Lüneburg, Urt. v. 12.06.1967 – 4 A 41/66 – DÖV 1968, 328.

Eine zweite Verlängerung bis zu einem weiteren Jahr ist gemäß § 17 Abs. 2 BauGB möglich, wenn besondere Umstände dies erfordern. Besondere Umstände in diesem Sinne sind insbesondere die Aufstellung mehrerer Bebauungspläne[46], der Eingang unerwartet vieler Stellungnahmen aus der Öffentlichkeit oder umfangreiche und kostenintensive Untersuchungen[47]. Nicht ausreichend sind dagegen beispielsweise das Fehlverhalten einer Gemeinde durch Überforderung[48] oder ein zu umfangreicher Zuschnitt des Plangebiets[49].

Möglich ist zudem gemäß § 17 Abs. 3 BauGB der Erlass einer erneuten Veränderungssperre. Die Gemeine kann also eine außer Kraft getretene Veränderungssperre ganz oder teilweise erneut beschließen, wenn die Voraussetzungen für den Erlass fortbestehen. Zudem müssten nochmals gesteigerte Gründe im Sinne von § 17 Abs. 2 BauGB vorliegen.[50] Abzugrenzen von der erneuten Veränderungssperre ist der Erlass einer neuen Veränderungssperre. Diese wird auf Grundlage einer völlig neuen Planungskonzeption und eines neuen Aufstellungsbeschlusses erlassen. Daher gelten für die neue Veränderungssperre dieselben Regelungen wie für die erstmalige Veränderungssperre.[51]

Erfolgt keine Verlängerung, tritt die Veränderungssperre gemäß § 17 Abs. 1 Satz 1 BauGB nach Ablauf von zwei Jahren ohne besonderen Rechtsakt außer Kraft. Einer Entscheidung der Gemeinde bedarf es ebenfalls nicht, sobald und soweit die Bauleitplanung rechtsverbindlich abgeschlossen ist. Auch dann tritt die Veränderungssperre also ohne Entscheidung der Gemeinde automatisch außer Kraft. Fallen die Voraussetzungen der Veränderungssperre aus sonstigen Gründen weg, muss die Gemeinde gemäß § 17 Abs. 4 BauGB hingegen die Veränderungssperre aufheben (z. B. wenn sie die Planung aufgibt). Dies muss in Form einer Aufhebungssatzung mit ortsüblicher Bekanntmachung erfolgen.[52]

---

46 Vgl. OVG Berlin, Beschl. v. 13.07.1984 – 2 A 4/81 – ZfBR 1984, 303.
47 Schiller, a. a. O., (Fn. 2), Rn. 2561.
48 Vgl. OVG Lüneburg, Urt. v. 05.12.2001 – 1 K 2682/98 – BauR 2002, 1452.
49 Schiller, a. a. O., (Fn. 2), Rn. 2562.
50 Vgl. BVerwG, Urt. v. 10.09.1976 – 4 C 38/74 – BVerwGE 51, 121.
51 Vgl. BVerwG, Beschl. v. 29.03.2007 – 4 BN 11/07 – NVwZ 2007, 954; BVerwG, Beschl. v. 20.11.2006 – 4 B 50/06 – BeckRS 2007, 20074.
52 Vgl. Rieger, a. a. O., (Fn. 10), § 14 Rn. 19; Schiller, a. a. O., (Fn. 2), Rn. 2572.

1.7 Die Entschädigung bei Veränderungssperren

Für entstandene Vermögensnachteile ist den von der Veränderungssperre Betroffenen gemäß § 18 Abs. 1 Satz 1 BauGB dann eine Entschädigung zu gewähren, wenn die Veränderungssperre länger als vier Jahre über den Zeitpunkt ihres Beginns oder der ersten Zurückstellung eines Baugesuchs nach § 15 Abs. 1 BauGB hinaus andauert. Bei der Fristberechnung nach § 18 Abs. 1 BauGB bilden die erste Veränderungssperre, ihre Verlängerungen und auch eine erneute Veränderungssperre einen Einheit. Dies ist auch dann der Fall, wenn ein verbotsfreier Zeitraum dazwischen liegt.[53] § 18 Abs. 1 BauGB schreibt vor, dass die zu gewährende Entschädigung für entstandene Vermögensnachteile in Geld und in angemessenem Umfang zu leisten ist. Es handelt sich dabei um einen Ausgleich für den Substanzverlust, nicht hingegen um Schadenersatz.[54] Die Entschädigung wird regelmäßig durch eine angemessene Verzinsung des bei endgültiger Teilenteignung für die entzogene Substanz geschuldeten Kapitals berechnet („Bodenrente").[55] Sind Grundstücke auf Grund der Veränderungssperre gänzlich nicht nutzbar, geschieht dies also durch die Verzinsung des gesamten Bodenwertes für die über die vier Jahre hinausgehende Verhinderung der Bebaubarkeit.[56]

2 Zurückstellung von Baugesuchen

2.1 Zurückstellung

Auf Antrag der Gemeinde setzt die Baugenehmigungsbehörde gem. § 15 Abs. 1 BauGB die Entscheidung über die Zulässigkeit eines Bauvorhabens aus, wenn die Voraussetzungen für eine Veränderungssperre gegeben sind, eine solche jedoch (noch) nicht erlassen wurde. Anders als bei der Veränderungssperre führt die Zurückstellung nicht dazu, dass ein Vorhaben unzulässig ist und ein Bauantrag daher abschlägig beschieden wird. Die Zurückstellung des Bauvorhabens erfolgt durch Verwaltungsakt. Der

53 Vgl. Schiller, a. a. O., (Fn. 2), Rn. 2575.

54 Vgl. Battis, in: Battis/Krautzberger/Löhr, Baugesetzbuch, 13. Aufl. 2016, §18 Rn. 9; Schiller, a. a. O., (Fn. 2), Rn. 2586.

55 Vgl. Schiller, a. a. O., (Fn. 2), Rn. 2586; Hornmann, Beck'scher OK, Stand: Januar 2016, § 18 Rn. 7.

56 Vgl. Battis, in: a. a. O., (Fn. 54), §18 Rn. 9; Schiller, a. a. O., (Fn. 2), Rn. 2586.

Betroffene kann sich daher gegen die Zurückstellung mit einem Widerspruch oder einer Anfechtungsklage, die beide aufschiebende Wirkung haben, zu Wehr setzen.

Ein Antrag der Gemeinde auf Zurückstellung kommt nur vor Erlass der Sachentscheidung der Bauaufsichtsbehörde in Betracht. Eines solchen Antrags bedarf es zudem nur, wenn Gemeinde und Baugenehmigungsbehörde nicht identisch sind. Die Baugenehmigungsbehörde hat, ohne dass ihr dabei ein eigener Ermessenspielraum zusteht, die Entscheidung über die Zulässigkeit eines Vorhabens auszusetzen, wenn ein dementsprechender Antrag der Gemeinde vorliegt.[57]

Der maximal zulässige Zurückstellungszeitraum beträgt zwölf Monate. Darauf anzurechnen sind gemäß § 17 Abs. 1 Satz 2 BauGB – wie bei der Berechnung der individuellen Geltungsdauer einer Veränderungssperre[58] – vorhergehende faktische Zurückstellungen oder Bausperren.[59]

2.2 Vorläufige Untersagung (§ 15 Abs. 1 Satz 2 und 3 BauGB)

§ 15 Abs. 1 Satz 3 BauGB eröffnet Gemeinden die Möglichkeit, eine vorläufige Untersagung innerhalb einer durch Landesrecht festgesetzten Frist von der Baugenehmigungsbehörde zu verlangen, wenn kein Baugenehmigungsverfahren stattfindet. Die vorläufige Untersagung steht somit der Zurückstellung gleich. § 15 Abs. 1 Satz 2 BauGB legt fest, dass der Antrag der Gemeinde auf vorläufige Untersagung nach Maßgabe der im Landesrecht festgelegten Frist gestellt werden muss. Problematisch ist insoweit, dass die meisten Landesbauordnungen eine solche Frist nicht enthalten. Soweit die Landesbauordnungen die Notwendigkeit regeln, Bauvorlagen auch bei genehmigungsfreien Vorhaben einzureichen und ein Baubeginn erst nach Ablauf einer bestimmten Frist zulässig ist, wird man diese Zeitdauer jedoch als landesgesetzliche Frist im Sinne des § 15 Abs. 1 Satz 2 BauGB für die Beantragung und den Erlass einer vorläufigen Untersagung zu Grunde legen

---

57 Vgl. Schiller, a. a. O., (Fn. 2), Rn. 2596.

58 Siehe vorstehend unter 1.6.

59 Vgl. OVG Lüneburg, Beschl. v. 28.11.2006 – 1 ME 147/06 – BauR 2007, 522; OVG Lüneburg, Urt. v. 30.09.1992 – 6 L 3200/91 – BauR 1993, 63.

können, solange keine anderweitige Frist in der einschlägigen Landesbauordnung geregelt ist.[60]

2.3 Zurückstellung von Vorhaben nach § 35 Abs. 1 Nr. 2 bis 6 BauGB bei der Flächennutzungsplanung (§ 15 Abs. 3 BauGB)

Bei § 15 Abs. 3 BauGB handelt es sich um eine Spezialregelung zur Sicherung von Konzentrationsflächen im Außenbereich auf Flächennutzungsplanebene. Bedeutung hat die Regelung vor allem für die Ausweisung von Windkonzentrationszonen.[61] Danach hat die Baugenehmigungsbehörde bzw. die immissionsschutzrechtlich zuständige Behörde auf Antrag der Gemeinde die Entscheidung über die Zulässigkeit von Vorhaben nach § 35 Abs. 1 Nr. 2 bis Nr. 6 BauGB für einen Zeitraum bis zu längstens einem Jahr nach Zustellung der Zurückstellung des Baugesuchs auszusetzen, wenn die Gemeinde beschlossen hat, einen Flächennutzungsplan aufzustellen, zu ändern oder zu ergänzen, mit dem die Rechtswirkungen des § 35 Abs. 3 Satz 3 BauGB erreicht werden sollen, und zu befürchten ist, dass die Durchführung der Planung durch das Vorhaben unmöglich gemacht oder wesentlich erschwert werden würde. Gemäß § 15 Abs. 3 Satz 4 BauGB ist eine Verlängerung der Aussetzung um höchstens ein weiteres Jahr möglich.

Voraussetzung für die Zurückstellung ist ein Aufstellungsbeschluss, der gemäß § 2 Abs. 1 Satz 2 BauGB ortsüblich bekanntgemacht werden muss.[62] § 15 Abs. 3 Satz 3 BauGB räumt der Gemeinde eine Antragsfrist von sechs Monaten nach förmlicher Kenntnisnahme ein. Auf Grund der unterschiedlichen Zielrichtung von § 36 BauGB und § 15 BauGB kann ein Antrag der Gemeinde auch dann gestellt werden, wenn sie zu dem Vorhaben gemäß § 36 BauGB ihr Einvernehmen erteilt hat, oder nach Ablauf von zwei Monaten das Einvernehmen als erteilt gilt.[63] Im Übrigen gelten die Ausführungen zur Zurückstellung gemäß § 15 Abs. 1 BauGB weitestgehend entsprechend.

---

60 Schiller, a. a. O., (Fn. 2), Rn. 2612.

61 Vgl. Schiller, a. a. O., (Fn. 2), Rn. 2615; Rieger, Zurückstellung und Flächennutzungsplan, ZfBR 2012, 430.

62 Vgl. Rieger, a. a. O., (Fn. 61), 433; Schiller, a. a. O., (Fn. 2), Rn. 2618.

63 Vgl. Rieger, a. a. O., (Fn. 61), 430; Schiller, a. a. O., (Fn. 2), Rn. 2621.

Tim Schwarz*

Bebauungsplanung im Berliner Bezirk Mitte – Bericht aus der Praxis

Abstract: Dieser Beitrag berichtet über die Planungspraxis der Berliner Bauleitplanung im Bezirk Mitte im Kontext wachsender Einwohnerzahlen und damit einhergehender erhöhter Bautätigkeiten. Anhand drei konkreter Praxisbeispiele aus der Lehrter Straße, Karl-Marx-Allee und Bachstraße wird ein Überblick über die Zielsetzungen und Anforderungen an die Bebauungsplanung gegeben, und veranschaulicht, wie diese in der Praxis umgesetzt wurden. Als abschließendes Fazit werden die zu erwartenden Anforderungen an die Stadtplanung im Zuge des wachsenden Bedarfs an Bausubstanz genannt, bei denen es u. a. um die Anpassung von Obergrenzen für das Maß der baulichen Nutzung geht. Dabei wird insbesondere die Einführung urbaner Innenstadtgebiete als Kategorie im Bebauungsplan mit Interesse verfolgt.

This article reports on planning practice in urban land-use planning in the central district of Berlin (Bezirk Mitte) in the context of growing population and the concomitant increase of building activities. On the basis of three case studies located at Lehrter Straße, Karl-Marx-Allee and Bachstraße, the author provides an overview of the objectives of and demands on the binding land-use planning, and illustrates how these are put into practice. In conclusion he summarizes future expectations on urban planning through the growing need for building stock and infrastructure, such as the adaptation of upper limits to the utilization of land for building. Here, the introduction of urban inner-city areas is observed with great interest.

1 Der Bezirk Mitte

Der Bezirk Mitte umfasst das Gebiet, in dem im 13. Jahrhundert die Doppelsiedlung Berlin-Cölln gegründet wurde.[1] Als Verwaltungseinheit entstand der heutige Bezirk im Rahmen der Gebietsreform[2] durch Zusammenlegung

* Bezirksamt Mitte von Berlin, Abteilung Stadtentwicklung, Bauen, Wirtschaft und Ordnung, Fachbereich Stadtplanung.

1 Die Stadt Cölln wurde im Jahr 1237 erstmals urkundlich erwähnt, Alt-Berlin im Jahr 1244.

2 Gesetz zur Verringerung der Zahl der Bezirke (GVBl), vom 10. Juni 1998 (GVBl. S. 131).

des ehemaligen Ost-Berliner Bezirks Mitte mit den ehemaligen West-Berliner Bezirken Wedding und Tiergarten im Jahr 2001. Auf einer Fläche von knapp 40 km^2 leben heute rund 360.000 Einwohner.[3] Der Bezirk umfasst wohl die bekanntesten Plätze der Stadt und bildet das touristische Zentrum von Berlin. Die einzelnen Ortsteile mit ihren Quartieren spiegeln die wechselvolle Geschichte der Stadt mit unterschiedlichen städtebaulichen Leitbildern und politischen Ideologien wieder. Die hieraus entstandenen Übergänge und Brüche zwischen den Ortsteilen erzeugen eine besondere Spannung im Stadtbild. So liegen das Nikolaiviertel und die historische Spandauer Vorstadt unmittelbar neben dem weiträumigen Marx-Engels-Forum, dem Alexanderplatz sowie den sozialistischen Musterwohnsiedlungen auf der Fischerinsel und dem zweiten Bauabschnitt der Karl-Marx-Allee. Ein Pendant zur Karl-Marx-Allee bildet die Bebauung des Hansaviertels, die im Rahmen der Interbau 1957 entstand und einen Gegenentwurf zur neoklassizistischen Stalinallee darstellt. Das Zentrum des alten preußischen Staates markiert die Friedrichstadt mit der Straße Unter den Linden und dem Brandenburger Tor. Unmittelbar daneben befinden sich im Tiergarten die Mehrzahl der Verfassungsorgane der Bundesrepublik mit dem Sitz des Bundespräsidenten, der Bundesregierung und dem Bundesrat. Mit dem Alexanderplatz, der Friedrichstraße und dem Potsdamer Platz befinden sich drei der fünf gesamtstädtischen Zentrenkernbereiche im Bezirk.[4] Weniger im Fokus des Tourismus aber durch eine kulturelle Vielfalt geprägt sind die in der Industrialisierung und der Gründerzeit gewachsenen Ortsteile Moabit, Wedding und Gesundbrunnen.

Vor dem Hintergrund des Bevölkerungswachstums und der starken Bautätigkeit wird sich der Bezirk verändern. Die Bevölkerungsprognose 2015–2030 für Berlin beschreibt in der mittleren Variante bis 2020 eine Zunahme der Bevölkerung um rund 190.000 Einwohner, bis 2030 insgesamt um 260.000 Einwohner. Für den Bezirk Mitte wird ein Wachstum von 7% angenommen, was rund 18.000 Einwohnern entspricht. In Verbindung mit der Verkleinerung der Haushalte sowie der Zunahme der Wohnfläche pro Einwohner kommt es auch in Mitte zu einer erhöhten Wohnraumnachfrage.

---

3 Datenstand: Bezirksamt Mitte von Berlin, Dezember 2015.

4 Vgl. Senatsverwaltung für Stadtentwicklung und Kommunikation (Hrsg.), Stadtentwicklungsplan Zentren 3, Berlin 2011, S. 37.

Für die Stadtplanung bedeutet dies als Aufgabe insbesondere die Aktivierung von Flächenpotenzialen durch Nutzung des vorhandenen oder die Schaffung von neuem Planungsrecht. Hinzu kommen die damit verbundenen Anforderungen an soziale und technische Infrastrukturen, die bereitgestellt werden müssen.

2 Besonderheiten des Berliner Bauleitplanverfahrens

Der Aufbau der Berliner Verwaltung trägt der Tatsache Rechnung, dass Berlin ein deutsches Land und zugleich eine Stadt ist.[5] Entsprechend ergibt sich ein zweistufiger Aufbau mit dem Senat (Hauptverwaltung) und den Bezirksverwaltungen[6]. Die Senatsverwaltungen nehmen als oberste Landesbehörden insbesondere Aufgaben von gesamtstädtischer Bedeutung wahr. Für den Bereich des Planens und Bauens zuständig ist die Senatsverwaltung für Stadtentwicklung und Umwelt. Die Bezirksverwaltungen bilden die nachfolgende Verwaltungsebene. Abgesehen von den Aufgaben mit gesamtstädtischer Bedeutung haben die Bezirke eine Regelzuständigkeit für alle Angelegenheiten. Allerdings bilden die Bezirke keine eigenen unterstaatlichen Gebietskörperschaften, sondern lediglich Selbstverwaltungseinheiten ohne Rechtspersönlichkeit. Dementsprechend ist die Einheitsgemeinde Berlin Träger der kommunalen Selbstverwaltung gemäß Art. 28 Abs. 2 S. 1 GG[7]. Entsprechend der gesamtstädtischen Aufgabenwahrnehmung liegt die vorbereitende Bauleitplanung bei der Senatsverwaltung für Stadtentwicklung und Umwelt. Für die verbindliche Bauleitplanung ergibt sich eine geteilte Zuständigkeit. Gemäß Nr. 8 der Anlage zum Allgemeinen Zuständigkeitsgesetz (AZG) ist die Senatsverwaltung für Stadtentwicklung und Umwelt zuständig für Bebauungsplanverfahren für Gebiete von außergewöhnlicher stadtpolitischer Bedeutung (einschließlich der Hauptstadtplanung) oder für

5 Vgl. Art. 1 Abs. 1 der Verfassung von Berlin, vom 23. November 1995 (GVBl. S. 779), zuletzt geändert durch Gesetz vom 7. März 2016 (GVBl. S. 114).

6 Vgl. § 2 Abs. 1 Allgemeines Zuständigkeitsgesetz – AZG, in der Fassung vom 22. Juli 1996 (GVBl. 1996, 302, 472), zuletzt geändert durch Artikel 3 des Gesetzes vom 22. März 2016 (GVBl. S. 122).

7 Vgl. Grundgesetz für die Bundesrepublik Deutschland (GG), vom 23. Mai 1949 (BGBl. S. 1), zuletzt geändert durch Artikel 1 des Gesetzes vom 23. Dezember 2014 (BGBl. I S. 2438).

Industrie- und Gewerbeansiedlungen von außergewöhnlicher stadtpolitischer Bedeutung[8] sowie die Bebauungsplanverfahren für die Verwirklichung von Erfordernissen der Verfassungsorgane des Bundes zur Wahrnehmung ihrer Aufgaben[9]. Alle anderen Bebauungsplanverfahren – und dies ist die Mehrzahl – liegen in der Verantwortung der zwölf Berliner Bezirke.[10] Allerdings behält sich die Hauptverwaltung verschiedene Informations- und Eingriffsrechte in das bezirkliche Bauleitplanverfahren vor. Geregelt sind diese im AZG sowie dem Ausführungsgesetz zum Baugesetzbuch (AGBauGB)[11]. Das AGBauGB regelt darüber hinaus ergänzende Verfahrensschritte zum bundesrechtlich im BauGB[12] geregelten Bauleitplanverfahren.

2.1 Das Aufstellungsverfahren nach dem AGBauGB

Hat ein Bezirk die Absicht, einen Bebauungsplan für ein bestimmtes Gebiet aufzustellen, erfolgt zunächst eine Mitteilung der Planungsabsicht gegenüber der Senatsverwaltung für Stadtentwicklung und Umwelt. Äußert sich die zuständige Senatsverwaltung nicht innerhalb von einem Monat nach Zugang der Mitteilung, so kann der Bezirk davon ausgehen, dass keine Bedenken erhoben werden. Geprüft werden dabei insbesondere die Entwicklung des Bebauungsplans aus dem Flächennutzungsplan, beschlossene städtebauliche Entwicklungskonzepte nach § 1 Abs. 6 Nr. 11 BauGB und die Voraussetzungen für die Anwendung des vereinfachten Verfahrens nach § 13 BauGB oder des beschleunigten Verfahrens für Bebauungspläne der Innenentwicklung nach § 13a BauGB. In der Äußerung wird auch angegeben, ob durch die Aufstellung des Bebauungsplans dringende Gesamtinteressen Berlins nach § 7 AGBauGB berührt sind. Dies kann sich insbesondere bei Wohnungsbauvorhaben ergeben, die wegen ihrer Größe (ab 200 Wohneinheiten) oder Eigenart von besonderer Bedeutung für den

8 § 9 Gesetz zur Ausführung des Baugesetzbuch (AGBauGB), in der Fassung vom 7. November 1999 (GVBl. S. 578), zuletzt geändert durch Artikel 1 des Gesetzes vom 23. Juni 2015 (GVBl. S. 283).

9 § 8 AGBauGB.

10 § 1 AGBauGB.

11 Vgl. Ebenda.

12 Vgl. Baugesetzbuch (BauGB), in der Fassung der Bekanntmachung vom 23. September 2004 (BGBl. I S. 2414), zuletzt geändert durch Artikel 6 des Gesetzes vom 20. Oktober 2015 (BGBl. I S. 1722).

Berliner Wohnungsmarkt sind.[13] Darüber hinaus werden in § 7 AGBauGB noch andere Fallbeispiele genannt, bei denen ein dringendes Gesamtinteresse berührt sein kann. Ist dies der Fall, wird eine Informationspflicht des Bezirks über den Fortgang der Planung ausgelöst. Kommt es zu einer Beeinträchtigung gesamtstädtischer Interessen kann die Senatsverwaltung einen Eingriff in das bezirkliche Bauleitplanverfahren vornehmen.[14] Neben der Möglichkeit zur Erteilung einer Weisung bei einzelnen Verfahrensschritten kann die Hauptverwaltung als letzte Möglichkeit auch das Bebauungsplanverfahren an sich ziehen. Die Regelung dient allerdings nicht dazu, von Seiten des Bezirks ein Bauleitplanverfahren an die Senatsverwaltung abzugeben.

Eine weitere Besonderheit ergibt sich zum Ende des Bebauungsplanverfahrens. Vor dem Beschluss der jeweiligen Bezirksverordnetenversammlung (BVV) über die Festsetzung des Bebauungsplans zeigt das zuständige Bezirksamt gemäß § 6 Abs. 2 AGBauGB den Bebauungsplan bei der Senatsverwaltung für Stadtentwicklung und Umwelt an, wenn ein dringendes Gesamtinteresse Berlins nach § 7 AGBauGB berührt ist. Für diese Prüfung hat die zuständige Stelle der Senatsverwaltung zwei Monate Zeit. Geprüft wird dabei die formelle Rechtmäßigkeit im Hinblick auf das Bauleitplanverfahren sowie die inhaltliche Vereinbarkeit des Bebauungsplans mit dem geltenden Recht. Zu letzterem gehören insbesondere die Erforderlichkeit der Planung nach § 1 Abs. 3 BauGB, die Zulässigkeit der Festsetzungen nach § 9 Abs. 1 BauGB und mögliche Fehler im Rahmen der Abwägung nach § 1 Abs. 7 BauGB. Liegen nach den Fehlerfolgenregelungen des § 214 BauGB unbeachtliche Fehler vor, werden entsprechende Hinweise gegeben. Beanstandungen erfolgen, wenn der Bebauungsplan Fehler aufweist, die im Rahmen einer Normkontrolle nach § 47 VwGO[15] dazu führen, dass ein Verwaltungsgericht die Unwirksamkeit des Bebauungsplans feststellen würde. Kommt es zu einer Beanstandung müssen gegebenenfalls Verfahrensschritte

13 Vgl. § 7 Abs. 1 Nr. 5 AGBauGB.
14 Vgl. § 7 Abs. 1 S. 1 AGBauGB i. V. m. § 13a Abs. 1 AZG.
15 Vgl. Verwaltungsgerichtsordnung VwGO, in der Fassung vom 19. März 1991 (BGBl. I S. 686), zuletzt geändert durch Artikel 3 des Gesetzes vom 21. Dezember 2015 (BGBl. I S. 2490).

wiederholt werden. Nach der Behebung der Beanstandung ist der Bebauungsplan erneut nach § 6 Abs. 2 AGBauGB anzuzeigen.

Durch die Prüfung zu Beginn des Bebauungsplanverfahrens, ob gesamtstädtische Interessen beeinträchtigt sein können, nimmt die Senatsverwaltung für Stadtentwicklung und Umwelt ihrer Aufgabe wahr, Einfluss auf Entwicklungen zu nehmen, die für ganz Berlin von Bedeutung sind. Durch die abschließende Rechtskontrolle wird die einheitliche Durchführung der Planverfahren sowie Rechtssicherheit der Bauleitpläne gestärkt, indem mögliche Fehler bereits vor der Festsetzung des Bebauungsplans behoben werden. Hierdurch können Fehler zwar nicht vollständig ausgeschlossen werden, zumindest aber die Fehleranfälligkeit reduziert werden. Mit der Verlagerung der Rechtskontrolle vor den Beschluss der BVV über den Bebauungsplan im Rahmen der Novelle des AGBauGB im Jahr 2015 wird zudem eine Beschleunigung der bezirklichen Bebauungsplanverfahren erwartet, da die BVV nur noch einen bereits geprüften Bebauungsplan beschließt. Darüber hinaus erfolgt eine Entlastung der Senatsverwaltung, da nur noch die Bebauungspläne einer Rechtskontrolle unterzogen werden müssen, die gesamtstädtische Interessen nach § 7 AGBauGB beeinträchtigen. Entsprechend sollen Kapazitäten für die Aufstellung von Bebauungsplänen nach §§ 8 und 9 AGBauGB frei werden.

2.2 Der Baunutzungsplan 1958/60

Neben den oben genannten verfahrensrechtlichen Besonderheiten gibt es auch verschiedene inhaltliche Besonderheiten, welche die Bauleitplanung in der Bundeshauptstadt prägen. Dies beginnt bereits bei der Frage des vorhandenen Planungsrechts. Abgesehen von bereits überplanten Flächen gilt zum großen Teil in den ehemaligen Westberliner Bezirken noch der Baunutzungsplan 1958/60[16] als übergeleiteter Bebauungsplan nach § 233 Abs. 3 BauGB.[17] Zusammen mit der (West-)Berliner Bauordnung aus dem Jahr 1958 und den förmlich festgestellten Baufluchtlinien erfüllt dieser die Anforderungen an einen qualifizierten Bebauungsplan nach § 30 Abs. 1 BauGB. Da in

16 Vgl. Baunutzungsplan in der Fassung vom 28. Dezember 1960 (Abl. von Berlin 1961, S. 742).

17 Vgl. Ausführlich: von Feldmann/Knuth, Berliner Planungsrecht, Berlin 1998, S. 17.

reinen und beschränkten Arbeitsgebieten nach dem Baunutzungsplan das gesamte Grundstück bebaubar ist, gilt der Baunutzungsplan hier auch ohne eine förmlich festgestellte Baufluchtlinie als qualifizierter Bebauungsplan. In den ehemalige Ost-Berliner Bezirken sind die meisten Gebiete dahingegen nach § 34 BauGB zu beurteilen, soweit diese nicht bereits durch einen Bebauungsplan überplant wurden. Aber auch Außenbereichsflächen kommen in Mitte vor. Hierzu zählt der große Tiergarten mit einer Fläche von rund 210 ha, der nach dem Tempelhofer Park im Bezirk Tempelhof-Schöneberg mit rund 355 ha die zweitgrößte Parkfläche der Stadt bildet.

2.3 Das Berliner Modell der kooperativen Baulandentwicklung

Eine aktuelle Neuerung bildet das Berliner Modell der kooperativen Baulandentwicklung, dass im Jahr 2014 eingeführt wurde. Vor dem Hintergrund der Schaffung von Wohnraum für unterschiedliche Bevölkerungsschichten und den damit verbundenen Kosten für die verkehrliche Erschließung und soziale Infrastrukturen, die oftmals erst geschaffen werden müssen, dient das Modell dazu, Vorhabenträger im Rahmen der Schaffung von Baurecht bei Aufstellung eines Bebauungsplans für ein Wohnungsbauprojekt an diesen Kosten angemessen zu beteiligen und gleichzeitig damit das Land Berlin zu entlasten. Anwendung findet das Modell, soweit die Aufstellung oder Änderung eines Bebauungsplans für ein Wohnungsbauprojekt erforderlich ist.[18] Ein wesentlicher Punkt ist dabei die Einführung einer festen Quote von 25 Prozent für geförderten Wohnungsbau, die grundsätzlich einzuhalten ist. Diese orientiert sich an anderen Baulandmodellen, wie zum Beispiel dem Münchner Modell der Sozialgerechten Bodennutzung (SoBon). Gesichert werden können die Mietpreis- und Belegungsbindungen zum einen über den städtebaulichen Vertrag und zum anderen über eine Festsetzung nach § 9 Abs. 1 Nr. 7 BauGB in Form von Flächen für sozialen Wohnungsbau. Eine Abweichung von der oben genannten Quote ist nur im Ausnahmefall mit entsprechender Begründung möglich.[19] Zu den Mietpreis- und Belegungsbindungen kommen Kosten für Kita-Plätze oder Schulplätze sowie öffentliche Spielplätze oder öffentliche Grünflächen, deren Bedarf sich durch das

18 Vgl. Senatsverwaltung für Stadtentwicklung und Umwelt (Hrsg.), Berliner Modell der kooperativen Baulandentwicklung, Berlin 2015, S. 12.

19 Ebenda, S. 15.

Wohnungsbauprojekt ergibt und die vom Vorhabenträger zu tragen sind. Berechnet werden diese über standardisierte Kostensätze. Die Übernahme der Kosten wird im städtebaulichen Vertrag vereinbart. Die Leistungspflichten unterliegen, wie alle Inhalte eines städtebaulichen Vertrags, den Anforderungen im Hinblick auf die Kausalität sowie die Angemessenheit. Daher ist im Rahmen des Bauleitplanverfahrens eine wirtschaftliche Gesamtbetrachtung vorzunehmen, bei der die Verpflichtungen des Investors der planungsbedingten Wertentwicklung durch die Bauleitplanung gegenübergestellt wird, um die Angemessenheit entsprechend zu prüfen und zu belegen.[20]

3 Bebauungsplanverfahren im Bezirk Mitte

2015 sind im Bezirk Mitte rund 370 Bebauungspläne als Rechtsverordnung festgesetzt.[21] Aktuell werden rund 40 Bebauungsplanverfahren vom Bezirksamt durchgeführt. Hierbei werden sieben als vorhabenbezogene Bebauungspläne nach § 12 BauGB mit Durchführungsvertrag durchgeführt. Vier der bezirklichen Angebotsbebauungspläne werden durch städtebauliche Verträge ergänzt. Das beschleunigte Verfahren für Bebauungspläne der Innenentwicklung nach § 13a BauGB kommt bei rund einem Drittel der Bebauungspläne zur Anwendung. Das vereinfachte Verfahren nach § 13 BauGB spielt derzeit keine Rolle bei der Aufstellung, Änderung oder Ergänzung von Bebauungsplänen. Bei 32 vom Bezirk durchgeführten Bebauungsplanverfahren handelt es sich um die Überplanung bereits bebauter Gebiete, in denen der Bestand gesichert oder weiterentwickelt werden soll. Elf Bebauungsplanverfahren dienen zur Schaffung von neuem Baurecht auf Brachflächen. Die drei folgenden Beispiele sollen einen Überblick über die Zielsetzungen und sich daraus ergebenden Anforderungen an die Verfahren geben.

20 Ebenda, S. 16.

21 Eine Übersicht unter: https://www.berlin.de/ba-mitte/politik-und-verwaltung/aemter/stadtentwicklungsamt/stadtplanung/verbindliche-bauleitplanung/#karte, Zugriff am 03.04.2016.

3.1 Lehrter Straße

Mit dem Neubauquartier Lehrter Straße werden in den nächsten Jahren auf einer Fläche von 4,6 ha rund 1.050 Wohneinheiten in zentraler Lage nördlich vom Berliner Hauptbahnhof realisiert. Grundlage für das derzeit größte Wohnungsbauprojekt des Bezirks bildet der Bebauungsplan 1-67VE[22]. Im Jahr 2013 wurde durch den Vorhabenträger ein Workshopverfahren durchgeführt, um eine städtebauliche Lösung für den Standort zu finden. In Abstimmung mit dem Bezirk wurde hieraus ein Masterplan entwickelt, der wiederum die Grundlage für den Bebauungsplan bildet. Im Juni 2014 hat der Vorhabenträger einen Antrag gestellt, das laufende Bebauungsplanverfahren 1–67 mit einem veränderten Geltungsbereich als vorhabenbezogenes Bebauungsplanverfahren weiterzuführen. Ziel des geplanten Vorhabens ist die Errichtung eines Wohngebiets in zentraler Lage mit ergänzenden Nutzungen, wie zum Beispiel Einzelhandel zur Nahversorgung, gebietsbezogenen Dienstleistungen und Gastronomie.[23]

Eine besondere Herausforderung für die Entwicklung der städtebaulichen Struktur sowie der darauffolgenden Bebauungsplanung war die Bewältigung der Lärmproblematik an dem Standort, der sowohl durch Verkehrslärm von Straße und Schiene, Sportlärm und gewerblichem Lärm beeinträchtigt wird. Als städtebauliche Lösung wurde hierzu die Figur um 45 Grad gedrehter Blöcke gewählt, die durch Lärmschutzwände miteinander verbunden werden. Hierdurch entstehen geschützte Blockinnenbereiche im Sinne eines lärmrobusten Städtebaus. Die Bebauung ist entlang der Bahnanlage achtgeschossig und entlang der Lehrter Straße sechsgeschossig vorgesehen. Die Blockschließungen im Norden und Süden sollen jeweils sieben- bzw. achtgeschossig ausgeführt werden. In der Mitte des Gebiets sieht das städtebauliche Konzept die Anlage eines doppelten, jeweils dreiecksförmigen Stadtplatzes vor, der sich sowohl zur Lehrter Straße, wie auch zur Bahn hin öffnet. Eine Anbindung an die östlich gelegene Europacity ist durch eine Fußgängerbrücke über die Bahnanlagen geplant. Von der Bahnlinie selbst wird das geplante Wohngebiet durch einen Grünzug getrennt.

22 Ebenda.
23 Ebenda.

Der Vorhaben- und Erschließungsplan sieht eine Bruttogeschossfläche von rund 84.000 m² vor, auf der rund 750 Wohnungen verschiedener Größe als Miet- und Eigentumswohnungen realisiert werden. Im Hochhaus am Stadtplatz sind rund 295 Kleinstwohnungen geplant – eine derzeit stark nachgefragte Wohnform für verschiedene Nutzergruppen, die nur für einen bestimmten Zeitraum oder nur wenige Tage der Woche, dafür aber regelmäßig, eine Wohnung benötigen, bzw. als Zweitwohnung in Berlin nutzen. Gewerblich nutzbare Flächen, insbesondere für Einzelhandel, sollen in den Erdgeschosszonen im Bereich des Stadtplatzes angesiedelt werden. Eine Kindertagesstätte mit 75 Plätzen ist im Bereich des angrenzenden SportPark Poststadion geplant und wird vom Vorhabenträger errichtet.

Nach der Umstellung des Verfahrens im Juni 2014 auf einen vorhabenbezogenen Bebauungsplan konnte das Bauleitplanverfahren mit Beteiligung der Behörden nach § 4 Abs. 2 BauGB, Bürgerbeteiligung nach § 3 Abs. 2 BauGB sowie einer erneuten, eingeschränkten Beteiligung der Behörden im April 2016 abgeschlossen werden. Die Realisierung ist auf mehrere Jahre angelegt und über entsprechende Fristen im Durchführungsvertrag geregelt.

3.2 Karl-Marx-Allee II. Bauabschnitt

Das Wohngebiet Karl-Marx-Allee II. Bauabschnitt (KMA II) gilt als der „erste idealtypische sozialistische Wohnkomplex“[24] der DDR. Das historisch zur Stralauer Vorstadt gehörende Gebiet wurde im Zweiten Weltkrieg stark zerstört. Als Ergebnis des im Jahr 1958 durchgeführten städtebaulichen Wettbewerbs erfolgte eine vollständige Überformung des alten Stadtgrundrisses zwischen 1959 und 1965.[25] Das vormals stark verdichtete Gebiet mit etwa 40.000 Einwohnern veränderte sich in eine aufgelockerte Stadtlandschaft, in der zurzeit etwa 8.000 Menschen leben.[26] Prägend für die KMA II ist die 125 Meter breite namensgebende Magistrale. Das Zentrum des Gebietes bildet der Kreuzungsbereich von Karl-Marx-Allee und Schillingstraße mit dem Neubau des ehemaligen Hotels Berolina, dass

24 Kil, Das Wohngebiet Karl-Marx-Allee II, in: Dubrau (Hrsg.) Architekturführer Berlin-Mitte, Band 2, Berlin 2009, S. 587.

25 Vgl. Landesdenkmalamt Berlin (Hrsg.), Denkmale in Berlin Mitte, Bezirk Mitte, Ortsteil Mitte, Petersberg 2003, S. 63.

26 Vgl. Bezirksamt Mitte von Berlin, Datenstand: Dezember 2015.

mittlerweile das Rathaus Mitte beherbergt. Weitere prägende Gebäude in diesem Bereich sind das Kino International und das Café Moskau. Die Versorgungseinrichtungen befinden sich überwiegend entlang der Schillingstraße. Die Wohngebäude mit fünf-, acht- und zehngeschossigen Gebäuden wurden nach der Wiedervereinigung modernisiert und die Fassaden mit Wärmedämmung versehen. Bis heute kam es kaum zu Veränderungen im Gebiet durch Abriss oder Errichtung neuer Gebäude. Die Freiflächen sind von einer hohen Durchlässigkeit geprägt und können sowohl von den Bewohner als auch der Öffentlichkeit zur Erholung, zum Spielen und zum Sport aktiv genutzt werden.[27]

Bereits im Jahr 2000 hat das Bezirksamt Mitte auf Grund eines hohen Veränderungsdrucks, der auf dem Berliner Innenstadtbereich lastete, die Aufstellung von Bebauungsplänen für das „Wohngebiet Karl-Marx-Allee, II. Bauabschnitt“[28] beschlossen. Da der Veränderungsdruck im Gebiet im Laufe der folgenden Jahre jedoch wieder nachließ, wurden die Planverfahren im Jahre 2006 wieder eingestellt. Mittlerweile ist dieser jedoch aufgrund von Grundstücksteilungen, Grundstücksverkäufen und Baubegehren wieder signifikant angestiegen. Die Beurteilung von Bauvorhaben über den § 34 BauGB erscheint daher nicht mehr geeignet, um die städtebauliche Entwicklung im Gebiet zu steuern. Entsprechend fasste das Bezirksamt 2011 daher die Aufstellungsbeschlüsse für die Bebauungspläne 1–82 und 1–83. Der Geltungsbereich der Bebauungspläne umfasst eine Fläche von rund 58 ha. Zielsetzung ist es, das Wohngebiet Karl-Marx-Allee, II. Bauabschnitt in seiner städtebaulichen Eigenart zu sichern und als zentrumsnahes, innerstädtisches Wohngebiet zu stabilisieren. Folgende nachstehenden Ziele werden hierbei verfolgt:

- Freihaltung großer, unbebauter Flächen von baulicher Nutzung (u. a. Sicherung des städtebaulichen Erscheinungsbildes und Quartierscharakters, Stabilisierung des Kleinklimas);
- begrenzte Nachverdichtung, die der städtebaulichen Struktur der Gesamtanlage entspricht;

27 Vgl. Bezirksamt Mitte von Berlin, a. a. O., (Fn. 21), Zugriff am 22.04.2016.
28 Den vorhergehenden, I. Bauabschnitt der Karl-Marx-Allee (vormals Stalinallee) bilden die in den 1950er Jahren errichteten Gebäude vom Strausberger Platz bis zum Frankfurter Tor.

- Berücksichtigung der Bezüge zum historischen Stadtgrundriss in der Freiraumplanung;
- Stabilisierung und Stärkung der Schillingstraße als Nahversorgungsstandort.

Nach der Durchführung der frühzeitigen Beteiligungen der Öffentlichkeit gemäß § 3 Abs. 1 BauGB sowie der Behörden und Träger öffentlicher Belange nach § 4 Abs. 1 BauGB ergab sich ein differenziertes Bild der unterschiedlichen Problemlagen im Gebiet. So wurden Bereiche identifiziert,

- in denen Planungsrecht relativ leicht und schnell geschaffen werden kann,
- in denen wegen privater Bauwünsche und laufender Veränderungssperren ein besonderer Zeitdruck besteht und auf die die Arbeitskapazitäten zu konzentrieren sind,
- Flächen, für die eine Konfliktlösung längere Zeit in Anspruch nehmen wird, weil sie beispielsweise vom Agieren anderer Entscheidungsträger abhängt.

Aus diesem Grund erfolgte die Teilung der beiden Bebauungspläne 1–82 und 1–83 in zwölf Plangebiete, die jeweils spezifische, überschaubare Aufgabenstellungen und Problemlagen haben und weiterbearbeitet werden.[29] Dies verdeutlicht die Probleme der Überplanung einer solchen Großsiedlung mit einem Bebauungsplan.

3.3 Bachstraße

Das geplante Wohnbauprojekt liegt in der westlichen Innenstadt Berlins zwischen der Spree und dem nordwestlichem Rand des Großen Tiergartens im Ortsteil Hansaviertel. Durch das Stadtbahnviadukt getrennt, befindet es sich in der Nachbarschaft des angrenzenden Hansaviertels. Nordwestlich an das Plangebiet schließt sich am gegenüberliegenden Spreeufer der Ortsteil Moabit an. Anlass zur Aufstellung des Bebauungsplans ist die Nachnutzung des Standorts des ehemaligen evangelischen Konsistoriums[30]. Seit dem Abriss des Gebäudes Ende 2011 liegt die Fläche brach. Mit der Absicht den

29 Vgl. Bezirksamt Mitte von Berlin, a. a. O., (Fn. 21), Zugriff am 03.04.2016.
30 Sitz der obersten Verwaltungsbehörde der Evangelischen Kirche Berlin-Brandenburg-schlesische Oberlausitz (EKBO).

Standort einer Wohnnutzung zuzuführen, wurde im Jahr 2012 ein beschränkter Ideen- und Realisierungswettbewerb „Wohnungsneubau Bachstraße 1–2“ durchgeführt. Ein zunächst vorgesehenes städtebauliches Konzept sah eine geschlossene Blockrandbebauung vor, die auf den Vorgaben des Planwerks Innere Stadt[31] basierte. Vor dem Hintergrund einer stärkeren Berücksichtigung der städtebaulichen Leitlinien des benachbarten Hansaviertels, das im Rahmen der Interbau 1957 entstand, wurde die Entwicklung einer Blockrandbebauung zurückgestellt. Mit der Zielsetzung einer Entwicklung eines Wohnstandortes mit unterschiedlichen Wohnkonzepten wurden zwei Workshopverfahren und darauffolgend ein städtebaulicher Realisierungswettbewerb mit teilweiser hochbaulicher Vertiefung durchgeführt. Das präferierte städtebauliche Konzept sieht drei unterschiedliche Gebäudetypen vor. Ein Wohnriegel entlang der Bachstraße bildet eine städtische Raumkante und schirmt das Gebiet von der Bachstraße und dem Stadtbahnviadukt ab. Im Kreuzungsbereich Bachstraße / Altonaer Straße wird diese Raumkante durch einen 2-geschossigen Bau weitergeführt. Das prägnanteste Gebäude bildet ein Punkthochhaus mit 15 Geschossen an der Altonaer Straße. In seiner Kubatur knüpft dies an die Wohnhochhäuser des Hansa-Viertels an und bildet zusammen mit dem Gebäude der Hansaschule (Gymnasium Tiergarten) eine Torsituation an der Hansabrücke. Im Innenbereich des Baublocks sind punktförmige Stadthäusern vorgesehen. Die dazwischenliegenden Freiflächen, die sich zur Spree hin öffnen, dienen als Grün- und Erholungsraum für die Bewohner. Insgesamt sind auf der Fläche rund 160 Wohneinheiten unterschiedlicher Wohnungsgröße als Miet- und Eigentumswohnungen geplant.

Der zuvor erläuterte städtebauliche Entwurf bildet die Grundlage für den Bebauungsplan 1–72[32]. Dieser wurde als klassischer Angebotsplan im Normalverfahren mit Umweltprüfung durchgeführt. Aufgrund der konkreten städtebaulichen Vorgaben durch das vorangegangene Wettbewerbsverfahren kann dieser Plan aber auch als projektbezogener Bebauungsplan bezeichnet werden, der zwar rein formal als Angebotsbebauungsplan gilt,

31 Vgl. Planwerk Innere Stadt (2010), im Internet unter: http://www.stadtentwicklung.berlin.de/planen/planwerke/pix/innere_stadt/planwerk_innere_stadt_2010.jpg, Zugriff am 10.04.2016.

32 Vgl. Bezirksamt Mitte von Berlin, a. a. O., (Fn. 21), Zugriff am 03.04.2016.

aber im Hinblick auf die vorhabenkonkreten Festsetzungen einem vorhabenbezogenen Bebauungsplan nahekommt. Ergänzend wurden zwei städtebauliche Verträge mit den beiden Grundstückseigentümern und künftigen Bauherren abgeschlossen. Hierin geregelt werden unter anderem die aus Gründen des Lärmschutzes notwendige Bauabfolge sowie notwendige Erschließungsmaßnahmen.

Neben den Aspekten des Denkmalschutzes, der Verkehrsplanung, arten- und naturschutzfachlichen Aspekten bis hin zu Frage der Radarverträglichkeit des geplanten Wohnhochhauses stellte die Bewältigung des Lärmschutzes besondere inhaltliche Anforderungen. Denn aufgrund des Schienen- und Straßenverkehrslärms lagen die Beurteilungspegel im Geltungsbereich mit bis zu 71 dB(A) am Tag und bis zu 64 dB(A) in der Nacht deutlich über den Orientierungswerten der DIN 18005 für allgemeine Wohngebiete (WA 55/45 dB(A)). Daher musste ein differenziertes Schallschutzkonzept entwickelt und zwischen Bezirk, Schallgutachtern, Planungsbüro und Bauherren und der der Senatsverwaltung für Stadtentwicklung und Umwelt abgestimmt werden.

3.3.1 Trennungsgrundsatz/Lärmrobuster Städtebau

Aufgrund der innerstädtischen Lage entlang von Hauptverkehrsstraßen und der Stadtbahn war der Trennungsgrundsatz des § 50 BImSchG[33] im Rahmen der Bauleitplanung nicht umsetzbar, bzw. mit dem städtebaulichen Ziel der Schaffung eines innerstädtischen Wohngebietes nicht in Einklang zu bringen.[34] Insofern musste zunächst überprüft werden, inwiefern besondere städtebauliche Gründe von besonderem Gewicht vorliegen, die ein Zurücktreten des Trennungsgrundsatzes rechtfertigen.[35] Zunächst anzuführen sind die hohe städtebauliche Qualität, die Nutzungsvielfalt und -mischung der Umgebung, die Zentralität eines Quartiers und die Qualität der Anbindungen sowie schnell erreichbare, attraktive Ruhe- und Grünbereiche in der Umgebung des geplanten Projektes. Darüber hinaus erfolgt im Plangebiet eine Verringerung und Kompensation von Lärmbelastungen

33 Vgl. Bundes-Immissionsschutzgesetz (BImSchG), in der Fassung der Bekanntmachung vom 17. Mai 2013 (BGBl. I S. 1274), zuletzt geändert durch Artikel 76 der Verordnung vom 31. August 2015 (BGBl. I S. 1474).

34 Vgl. BVerwG, Urt. v. 22.03.2007 – 4 CN 2/06 – juris, Rn. 14.

35 Vgl. BVerwG, Urt. v. 06.03.2013 – 4 BN 39/12 – juris, Rn. 4.

durch die geplanten Baukörperfestsetzungen des Bebauungsplans. Durch die geschlossene Raumkante zu den Lärmquellen (Straße und Schiene) können weitgehend ruhige Innenbereiche[36] geschaffen werden. Ausgenommen hiervon ist das geplante Wohnhochhaus, da dies keine lärmabgewandte Seite besitzt. Die erforderliche Höhe der Gebäude zur Sicherung des lärmrobusten Städtebaus wurde zum Teil als Mindest- bzw. Höchstmaße der Höhe baulicher Anlagen festgesetzt. Außerdem wurde eine bedingte Festsetzung nach § 9 Abs. 2 BauGB in den Bebauungsplan aufgenommen. Diese regelt die Errichtung der lärmabschirmenden Bebauung entlang der Straßen, bevor eine Bebauung des Blockinnenbereichs erfolgen darf. Zur dauerhaften Sicherung des Schallschutzes erfolgt die Eintragung einer Baulast oder einer Grunddienstbarkeit.

3.3.2 *Aktive Schallschutzmaßnahmen*

Zusätzlich zu den bereits beschriebenen Maßnahmen waren aktive Schallschutzmaßnahmen in Form von Schallschutzwänden auf niedrigeren Baukörpern notwendig, um negative Lärmeinwirkungen auf den Blockinnenbereich zu vermeiden. Rechtsgrundlage hierfür bildet § 9 Abs. 1 Nr. 24 BauGB. Zusätzlich beachtet werden mussten hierbei außerdem die notwendige Erschließung sowie die Nutzung als Feuerwehzufahrten. Zur Verringerung optischer Beeinträchtigungen müssen die Lärmschutzwände von der vorderen Gebäudeoberkante abgesetzt sowie aus transparenten Materialien errichtet werden.

3.3.3 *Passive Schallschutzmaßnahmen*

Aufgrund der Überschreitung der Orientierungswerte der DIN 18005 sowie der Lärmindizes der strategischen Lärmkarte für Aufenthaltsräume in Wohnungen von 53 dB(A) wurden Festsetzungen von Luftschalldämmmaßen erforderlich.[37] Die Höhe der Luftschalldämmmaße ist dabei abhängig von den im Rahmen des Lärmgutachtens ermittelten Lärmpegelbereichen nach der DIN 4109. Die innerhalb der Lärmpegelbereiche I bis III erforderlichen

36 Mit einem Beurteilungspegel kleiner als 55 dB(A).

37 Vgl. Senatsverwaltung für Stadtentwicklung und Umwelt (Hrsg.), Änderung zur Berücksichtigung der DIN 4109 in der Bauleitplanung, Rundschreiben Nr. 1/2014.

bewerteten Luftschalldämmmaße werden bereits durch die Einhaltung der Anforderungen der Energieeinsparverordnung (EnEV)[38] erreicht. Eine Festsetzung von Luftschalldämmmaßen der Außenbauteile ist daher nur für die Lärmpegelbereiche IV bis V erforderlich. Die entsprechenden Luftschalldämmmaße wurden dabei für die Fassadenhöhen unterschiedlich festgesetzt, um höhenmäßig unterschiedlichen Lärmpegelbereichen innerhalb der verschiedenen Fassadenbereiche Rechnung zu tragen. Überwiegend wurde das bewertet Luftschalldämmmaß von 45 dB festgesetzt. In den höheren Bereich des Wohnhochhauses konnte das geforderte, bewertete Luftschalldämmmaß auf 40 dB gesenkt werden.

Durch die Festsetzung der Luftschalldämmmaße kann im Bebauungsplan ein ausreichender Schutz von Aufenthaltsräumen zur Tageszeit sichergestellt werden. Für den Nachtzeitraum ist in Verbindung mit der Festsetzung einer Grundrissbindung sowie eines Innenraumpegels von 30 dB(A) innerhalb von schutzwürdigen Aufenthaltsräumen die Einhaltung der Innenschallpegel für Schlafräume gemäß VDI 2719 notwendig. Der Grund für diese weiteren passiven Schallschutzmaßnahmen ist, dass die DIN 4109, davon ausgeht, dass die gegenüber dem Tag um 10 dB höhere Schutzbedürftigkeit der Nacht in den schutzbedürftigen Aufenthaltsräumen von Wohnungen durch den auf den Straßen überwiegend in dieser Dimension niedrigeren nächtlichen Beurteilungspegel kompensiert wird. Beträgt der Unterschied der Beurteilungspegel zwischen Tag und Nacht allerdings weniger als 10 dB, so kann eine auf den Tag ausgelegte Dimensionierung der Schalldämmmaße der Außenbauteile entsprechend höhere Innenraumpegel für die Nacht zur Folge haben. Dies trifft auf das Plangebiet zu. Zur Sicherstellung eines ausreichenden Schutzes von Aufenthaltsräumen während der Nacht wären daher im Sinne der DIN 4109 höhere resultierende Schalldämmmaße erforderlich. Dies würde den Einbau von Fenstern bzw. die Verwendung von sonstigen Bauteilen mit noch höheren Schallschutzklassen erforderlich machen, die mit einem erheblichen finanziellen Mehraufwand verbunden wären. Daher wird der Schutz von Aufenthaltsräumen zur Nachtzeit über die Festsetzung passiver Schallschutzmaßnahmen in Form einer Grundrissbindung und

38 Vgl. Energieeinsparverordnung (EnEV) vom 24. Juli 2007 (BGBl. I S. 1519), zuletzt geändert durch Artikel 3 der Verordnung vom 24. Oktober 2015 (BGBl. I S. 1789).

weiteren passiven Schallschutzmaßnahmen gewährleistet. Mit der Grundrissbindung wird geregelt, dass eine Mindestanzahl von Aufenthaltsräumen in den Wohnungen so angeordnet wird, dass diese zur schallabgewandten Seite ausgerichtet sind. Hierdurch können Wohn- und Schlafräume zu den ruhigen Hofbereichen hin natürlich belüftet werden. Rechtsgrundlage hierfür bildet § 9 Abs. 1 Nr. 24 BauGB. Als weitere passive Schallschutzmaßnahme für bestimmte überbaubare Grundstücksteile ist ein Innenschallpegel auf der Grundlage von § 9 Abs. 1 Nr. 24 BauGB in Verbindung mit der 24. BImSchV[39] festgesetzt. Von dieser Regelung erfasst sind die Gebäudeteile, bei denen es keine ruhige, lärmabgewandte Seite gibt. Dies betrifft insbesondere das Wohnhochhaus. Festgesetzt wurde ein Innenschallpegel von 30 dB(A) für die Nacht für Räume, die überwiegend zum Schlafen benutzt werden (schutzbedürftige Aufenthaltsräume).

3.3.4 Schutz der Außenwohnbereiche

Abschließend sind auch Festsetzungen zum Schutz der Außenwohnbereich auf der Grundlage von § 9 Abs. 1 Nr. 24 BauGB festgesetzt, von denen Balkone und Loggien erfasst werden. Für diese sind vom Gesetz- und Verordnungsgeber zwar keine spezifischen Anforderungen festgelegt worden. Die Handreichung zur Berücksichtigung der Umweltbelange in der räumlichen Planung der Senatsverwaltung für Stadtentwicklung und Umwelt[40] empfiehlt allerdings die Einhaltung des Tagwertes gemäß DIN 18005 (für allgemeine Wohngebiete 55 dB(A)). Bis zum Erreichen der gesundheitlichen Schwellenwerte oberhalb eines Pegels von 65 dB(A) werden Außenwohnbereiche ohne weitere Schallschutzmaßnahmen für verträglich eingeschätzt. Oberhalb 65 dB(A) sollten bauliche Schallschutzmaßnahmen vorgesehen werden. Da dieser Schwellenwert entlang der Altonaer Straße und auch an Fassaden des geplanten Wohnhochhauses überschritten wird, sind hier bestimmte Anforderungen an die Ausführung von Balkonen und Loggien festgesetzt.

---

39 Vgl. Verkehrswege-Schallschutzmaßnahmenverordnung vom 4. Februar 1997 (BGBl. I S. 172, 1253), geändert durch Artikel 3 der Verordnung vom 23. September 1997 (BGBl. I S. 2329).

40 Vgl. LK Argus, Lärmminderungsplanung Berlin, Berlin 2013, S. 23 f.

Durch dieses über die Festsetzungen des Bebauungsplans umgesetzte Lärmschutzkonzept werden die Anforderungen an gesunde Wohnverhältnisse im Plangebiet im Sinne des § 1 Abs. 6 Nr. 1 BauGB gewahrt.

4 Fazit

In den nächsten Jahren wird sich die Stadt Berlin durch das starke Wachstum deutlich verändern. An die Stadtplanung ergeben sich daraus vielfältige Aufgaben. Neben der Schaffung von neuem Wohnraum steht die Weiterentwicklung und Sicherung des Wohnungsbestandes sowie die Erhaltung und Neuschaffung von sozialen und technischen Infrastrukturen im Mittelpunkt. Erklärtes Ziel der Senatsverwaltung für Stadtentwicklung und Umwelt ist es, die Voraussetzungen dafür zu schaffen, dass bis 2020 für ganz Berlin mindestens 15.000 bis 20.000 Wohneinheiten pro Jahr errichtet werden können. Die Bebauungsplanung erfolgt dabei insbesondere in Bereichen, in denen bereits ein gebauter Bestand vorhanden ist, der gesichert und weiterentwickelt werden soll. Gleichzeitig werden sicherlich auch noch die letzten verfügbaren Brachflächen auf eine Verwendung hin überprüft und überplant.

Derzeit hat die schnelle Aktivierung von Wohnbauland eine hohe Priorität, was jedoch nicht zuletzt auch durch die teilweise langen Aufstellungsverfahren von Bebauungsplänen verzögert wird. Die Gründe hierfür liegen in der Komplexität der Bauleitplanverfahren, die mit vielen Beteiligten zu koordinieren sind. Anforderungen ergeben sich insbesondere aus dem Lärmschutz, dem Denkmalschutz sowie dem Natur- und Artenschutz. Diese können nur zum Teil in vorlaufenden Wettbewerbs- oder Gutachterverfahren gelöst werden. Darüber hinaus bestehen auch berechtigte Forderungen bei konfliktträchtigen, kontrovers diskutierten oder herausragenden Projekten die Öffentlichkeit über die gesetzlich vorgeschriebenen Beteiligungsverfahren an der Bauleitplanung zu beteiligen. Die Mitarbeiterinnen und Mitarbeiter der Stadtplanungsämter, welche die Bauleitplanverfahren – oft unterstützt durch private Planungsbüros – durchführen, werden damit immer mehr zu Verfahrensmanagern, welche die oben genannten vielfältigen Ansprüche an die Bauleitplanverfahren koordinieren müssen. Sowohl diese verfahrensbezogenen als auch die fachlich-inhaltlichen Anforderungen müssen sich auch in der Ausbildung an den Hochschulen wiederspiegeln.

Die Planerinnen und Planer sind darüber hinaus gefragt, Möglichkeiten zur Reduzierung der Komplexität im Rahmen des bestehenden Rechts auszuschöpfen. Die Diskussion hierzu ist nicht neu. Bereits in den 1990er Jahren wurde zur Beschleunigung der Bauleitplanverfahren der sogenannte „schlanke“ Bebauungsplan in der Fachliteratur vielfältig behandelt.[41] Dieser soll mit wenigen Festsetzungen flexibel auf sich schnell ändernde Ansprüche im Hinblick auf wechselnde Investoren und Projekte reagieren. Dem entgegen steht die Tendenz bei vorhabenbezogenen Bebauungsplänen oder projektbezogenen Angebotsbebauungsplänen sehr detaillierte und maßgeschneiderte Festsetzungen zu treffen, mit denen nur das vorliegende Projekt umgesetzt werden kann. Hierdurch können zwar bestimmte städtebauliche Aspekte verbindlich gesichert werden. In der Praxis führen diese projektbezogenen Festsetzungen, insbesondere bei der Festsetzung der überbaubaren Grundfläche aber auch dazu, dass bei Änderungen des städtebaulichen Konzeptes regelmäßig auch eine Änderung des Bebauungsplans notwendig ist, wenn eine Befreiung nicht möglich ist.

Von der Planungspraxis mit Interesse verfolgt werden natürlich auch die Ansätze auf Bundesebene zur Novellierung des BauGB. Die Einführung eines urbanen Innenstadtgebietes als neue Kategorie der BauNVO ist ein wichtiger Aspekt für die wachsenden Städte. Eng damit verbunden ist der Aspekt der städtebaulichen Dichte in innerstädtischen Gebieten, vor dem Hintergrund der Schaffung von Wohnraum. So werden die Obergrenzen für das Maß der baulichen Nutzung regelmäßig in den innerstädtischen Lagen Berlins überschritten. Wurde die Überschreitungsregelung des § 17 Abs. 2 BauNVO bereits in der Innenentwicklungsnovelle 2013 angepasst, bleibt es trotzdem immer bei einer Einzelfallentscheidung, die jeweils für sich entsprechend zu begründen ist.[42] Dies gilt gleichermaßen für

41 Vgl. Oberste Baubehörde im Bayerischen Staatsministerium des Inneren (Hrsg.), Schlank Bebauungspläne für Wohngebiete, München 1996; Senatsverwaltung für Bau- und Wohnungswesen (Hrsg.), Handbuch Bauleitplanung, Berlin 2005, S. 13.

42 Ausführlich zu der Neuregelung nach der Innenentwicklungsnovelle 2013, auch im Vergleich zu der Vorgängerregelung: Mitschang, Anforderungen an die Überschreitung der Obergrenzen des Maßes der baulichen Nutzung (§ 17 Abs. 2 BauNVO), in Mitschang (Hrsg.), Umbau im baulichen Bestand, Frankfurt am Main 2015, 207 (239).

Angebotsbebauungspläne, wie auch vorhabenbezogene Bebauungspläne. Wenngleich letztere zwar gar nicht an die Vorgaben der BauNVO gebunden sind, werden diese in der Praxis aber als Leitlinie zur Orientierung angewendet, um die Anforderungen an gesunde Wohn- und Arbeitsverhältnisse nachzuweisen. Wünschenswert aus Sicht der Planungspraxis wäre es jedoch, eine generelle Zulässigkeit oder Erhöhung, in verdichteten Innenstadtbereichen zu ermöglichen, um Standardsituationen einfacher überplanen zu können. Weiter notwendig wären aber auch Änderungen im Hinblick auf die Anpassung der TA Lärm dahingehend, dass auch passive Schallschutzmaßnahmen auf der Grundlage eines Bebauungsplans bei gewerblichem Lärm festgesetzt werden können, damit dieselben Lösungen wie beim Verkehrslärm zum Einsatz kommen können.[43]

43 Ausführlich hierzu: Heyn, Lärmschutz und Innenentwicklung, Frankfurt am Main 2014; Reidt, Beschränkt der Lärmschutz die Innentwicklung?, in: Mitschang (Hrsg.), Innenentwicklung – Fach- und Rechtsfragen der Umsetzung, Frankfurt am Main 2013, S. 243 ff.

Monika Böhm

Anfechtung und gerichtliche Kontrolle von UVP-Fehlern

Abstract: Die Autorin behandelt in diesem Beitrag zwei neuere Entscheidungen des EuGH – das Urteil vom 7. November 2013 (Altrip) sowie das Urteil vom 15. Oktober 2015 (C-137/14) und reflektiert wie sich diese Urteile auf die Anfechtung und gerichtliche Kontrolle von Fehlern bei der Umweltverträglichkeitsprüfung auswirken.

The author deals with two more recent rulings of the European Court of Justice (EuGH) – the judgement of the 7th November 2013 (Altrip) as well as the judgement of the 15th October 2015 (C-137/14) – and reflects how these judgements have an effect on appeal and control of errors in case of the environmental impact assessment.

1 Einleitung

Zwei neuere Entscheidungen des EuGH haben das deutsche Verwaltungsverfahrens- und Prozessrecht ein weiteres Mal in Bewegung gebracht. Die Änderungen beziehen sich zunächst einmal lediglich auf Umweltverträglichkeitsprüfungen. Ausstrahlungswirkungen auf andere Bereiche sind jedoch zu erwarten.

Grundsätzlich ist das europäische Recht von den Mitgliedstaaten nach Maßgabe ihrer eigenen Verfahrensordnungen durchzusetzen. Es gilt der Grundsatz der Verfahrensautonomie. Den Vorgaben des Europarechts muss dabei Genüge getan werden. Zu beachten sind das Äquivalenzprinzip und der Effektivitätsgrundsatz (effet utile).[1] Bezogen auf Verfahrensfehler bedeutet dies, dass die Kriterien bei europarelevanten Sachverhalten nicht ungünstiger sein dürfen als bei solcher nationaler Art. Außerdem darf die Ausübung unionsrechtlich verliehener Rechte nicht unmöglich gemacht

1 Vgl. EuGH, Urt. v. 15.01.2013 – C-416/10 – NVwZ 2013, 347, 352, Rn. 85; EuGH, Urt. v. 12.07.2012 – C-378/10 – NJW 2012, 2715, 2718, Rn. 48. S. a. EuGH, Urt. v. 07.11.2013 – C-72/12–, Rn. 45 unter Verweis auf EuGH, BUND, Rn. 43.

oder übermäßig erschwert werden.[2] Einflüsse gibt es seit geraumer Zeit insbesondere bei der Klagebefugnis.[3]

In seiner Altrip-Entscheidung hat der EuGH am 7. November 2013 neue Maßstäbe für die Geltendmachung von Verfahrensfehlern gesetzt.[4] Durch Urteil vom 15. Oktober 2015[5] wurden weitere Vorgaben aufgestellt, die Schutznormtheorie wurde erweitert, Klagerechte von Verbänden wurden ausgeweitet, die Präklusion von Einwendungen jedenfalls für den Anwendungsbereich der UVP für unzulässig erklärt. Mittlerweile wurde der in beiden Verfahren zentrale § 4 UmwRG geändert[6]. Das BVerwG hat seine Rechtsprechung modifiziert und den Fall Altrip zur weiteren Sachaufklärung an das Berufungsgericht zurück verwiesen.[7]

2 EuGH, Urteil vom 7. November 2013 (Altrip)

Überschwemmungen insbesondere an Elbe und Oder haben die Notwendigkeit des Hochwasserschutzes durch Erweiterung von Retentionsräumen deutlich gemacht. In Rheinland-Pfalz wurde deshalb u. a. ein

---

2 In Deutschland hat dies beispielsweise Einfluss gehabt auf die Rechtsprechung zur Rücknahme europarechtswidriger Verwaltungsakte. Die Regelung des § 48 VwVfG ist insoweit in mehrfacher Hinsicht in modifizierter Form anzuwenden. S. nur Kopp/Ramsauer, VwVfG, § 48, Rn. 8 m. w. Nachw.

3 Siehe nur EuGH, Urt. v. 25.07.2008 – C-237/07 – ZUR 2008, 418 f.; BVerwG, Urt. v. 05.09.2013 – 7 C 21/12 – NVwZ 2014, 64, 65, Rn. 18.

4 Vgl. EuGH, Urt. v. 07.11.2013, a. a. O., (Fn. 1), Gemeinde Altrip/Gebrüder Hört GbR/Willi Schneider gegen Land Rheinland Pfalz, DVBl. 2013, 1597 ff.; ergangen auf Vorlageentscheidung des BVerwG vom 10.01.2012 – 7 C 20.11 – NVwZ 2012, 448. Vgl. dazu Böhm, Die gerichtlichen Kontrollen von UVP-Fehlern, in: Ziekow (Hrsg.), Aktuelle Probleme des Luftverkehrs- Planfeststellungs- und Umweltrechts 2015, Berlin, 2015, S. 65 ff. und dies., Europäisierung des deutschen Verfahrensfehlerrechts, in: Geis/Winkler/Bicherbach, Von der Kultur der Verfassung, Festschrift für Hufen, 2015, 493 ff.

5 Vgl. EuGH, Urt. v. 15.10.2015 – C-137/14 – NVwZ 2015, 1665.

6 Vgl. Gesetz zur Änderung des Umwelt-Rechtsbehelfsgesetzes zur Umsetzung des Urteils des Europäischen Gerichtshofs v. 07.11.2013 in der Rechtssache C-72/12, BGBl. I S. 2069.

7 Vgl. BVerwG, Urt. v. 22.10.2015 – 7 C 15/13 – NVwZ 2016, 308.

Planfeststellungsbeschluss für eine ca. 327 ha große Rückhaltefläche für Hochwasser des Rheins getroffen.[8]

Die Kläger, neben der Gemeinde Altrip noch zwei Eigentümer bzw. Pächter von im vorgesehenen Überschwemmungsgebiet gelegenen Grundstücken, rügten eine Reihe von Verfahrensmängeln, hatten damit aber weder vor dem VG Neustadt[9] noch vor dem OVG Koblenz Erfolg. Die Klage wurde unter Hinweis darauf abgewiesen, dass das Zulassungsverfahren bereits vor Inkrafttreten des UmwRG begonnen worden sei. Im Übrigen wurde bezweifelt, dass die geltend gemachten Verfahrensfehler beachtlich gewesen wären.[10] Das BVerwG setzte das Verfahren aus und legte dem EuGH drei Vorlagefragen vor. Im Kern ging es dabei um die Auslegung des Art. 10a der UVP RL 85/337 in der Fassung der Richtlinie 2003/35. Die maßgeblichen Passagen der Vorschrift lauten:[11]

> *Die Mitgliedstaaten stellen im Rahmen ihrer innerstaatlichen Rechtsvorschriften sicher, dass Mitglieder der betroffenen Öffentlichkeit, ... Zugang zu einem Überprüfungsverfahren ... haben, um die materiell rechtliche und verfahrensrechtliche Rechtmäßigkeit von Entscheidungen, Handlungen oder Unterlassungen anzufechten, ...*

Fraglich war insbesondere, ob folgende Teile von § 4 Abs. 1 UmwRG[12] mit diesen Vorschriften vereinbar sind:

> *(1) Die Aufhebung einer Entscheidung ... kann verlangt werden, wenn eine ...*
> *1. erforderliche Umweltverträglichkeitsprüfung oder*
> *2. erforderliche Vorprüfung des Einzelfalls über die UVP-Pflichtigkeit nicht durchgeführt worden und nicht nachgeholt worden ist.*
> *...*

8 Zum Sachverhalt s. Stüer/Stüer, DVBl. 2013, 1601, 1602; s. im Übrigen OVG Koblenz, Urt. v. 12.02.2009 – 1 A 10722/08.OVG – UPR 2009. 316, OVG: Planfeststellungsbeschluss, keine umfassende Planprüfung (naturschutzrechtliche Mängel, Defizite bei der Umweltverträglichkeitsprüfung, Verletzung artenschutzrechtlicher Vorschriften). S. a. Anmerkung Meitz, ZUR 2014, 40, 41.

9 Vgl. VG Neustadt, Urt. v. 13.12.2007 – 4 K 1219/06 – NuR 2008, 276.

10 Vgl. OVG Koblenz, a. a. O., (Fn. 8), UPR 2009. 316.

11 Die Vorschrift findet sich nun wortgleich in Art. 11 RL 2011/92/EU des Europäischen Parlaments und des Rates v. 13.12.2011.

12 Betroffen waren im Übrigen die Regelungen der § 2 I, III UVPG, §§ 1, 4 und 5 UmwRG, § 61 VwGO.

Im Einzelnen fragte das BVerwG nach:

Frage 1: Dem Zeitpunkt der Anwendbarkeit des Art. 10a[13]: Sollte der Zeitpunkt der Genehmigung oder derjenige der Einleitung des Verfahrens maßgeblich sein? Der EuGH entschied im letzteren Sinne, maßgeblich war der 25.06.2005. Zu diesem Zeitpunkt war das Planfeststellungsverfahren im Fall Altrip schon in Gang gesetzt, aber noch nicht abgeschlossen worden. Mittlerweile wird dieser Geltungszeitraum, zu dem die Richtlinie umzusetzen gewesen wäre, ausdrücklich auch in § 5 UmwRG n.F. genannt.

Frage 2: Dem Anwendungsbereich der Richtlinie. Nach dem EuGH ist diese nicht nur anwendbar bei unterbliebener, sondern auch bei fehlerhafter UVP.[14] Die Regelung des § 4 Abs. 1 UmwRG griff demnach zu kurz.

Frage 3: Können der Richtlinie kumulative Voraussetzungen in dem Sinn entnommen werden, dass nach den Umständen des Falles die konkrete Möglichkeit bestehen muss, dass die angegriffene Entscheidung ohne den Verfahrensfehler anders ausgefallen wäre und dass durch den Verfahrensfehler zudem zugleich eine dem Kläger zustehende materielle Rechtsposition betroffen ist?[15] Diese Frage beantwortete der EuGH nur zum Teil, eine Beschränkung allein bei Auswirkungen des Fehlers auf das Ergebnis ist nur unter bestimmten Voraussetzungen zulässig. Zum Betroffen sein einer materiellen Rechtsposition fehlten dem EuGH genauere Ausführungen des BVerwG.

Eine weitere EuGH-Entscheidung wirft ebenfalls ein Schlaglicht auf die Geltendmachung und Behandlung von Verfahrensfehlern.

3 EuGH, Urteil vom 15. Oktober 2015 – C-137/14 –

In dem i. R. e. Aufsichtsklage der Kommission gegen Deutschland nach Art. 258 AEUV ergangenen Urteil vom 15. Oktober 2015[16] äußerte sich der EuGH zu relevanten Bestandteilen des deutschen Verwaltungsrechts, welche von der Kommission bemängelt wurden. In Frage standen die Beschränkung des gerichtlichen Kontrollumfangs auf die Verletzung subjektiver Rechte

13 EuGH, Urt. v. 07.11.2013, a. a. O., (Fn. 1), Rn. 31.
14 Ebenda, Rn. 36 ff.
15 Ebenda, Rn. 40 ff.
16 Vgl. EuGH, a. a. O., (Fn. 5), NVwZ 2015, 1665.

(„dadurch“) nach § 113 Abs. 1 1 VwGO,[17] die Verfahrensfehlerregelungen in § 4 UmwRG und § 46 VwVfG sowie die materielle Präklusion gemäß § 2 Abs. 3 UmwRG bzw. § 73 IV 3 VwVfG. Zudem war die zeitliche Beschränkung des § 5 Abs. 1, 4 UmwRG streitig.[18]

Nach dem Urteil verstößt die Bundesrepublik Deutschland mehrfach gegen das Unionsrecht. Zunächst in dem gemäß § 46 VwVfG die Aufhebung von Entscheidungen aufgrund von Verfahrensfehlern auf das Fehlen einer Umweltverträglichkeitsprüfung oder der Vorprüfung sowie auf Fälle beschränkt wird, in denen der Rechtsbehelfsführer nachweist, dass der Verfahrensfehler für das Ergebnis der Entscheidung kausal war. Sodann wird die Präklusionswirkung des § 73 IV VwVfG moniert, wonach Klagebefugnis und Umfang der gerichtlichen Prüfung auf Einwendungen beschränkt werden, die bereits innerhalb der Einwendungsfrist im Verwaltungsverfahren, das zur Annahme der Entscheidung geführt hat, eingebracht wurden. Im Übrigen wurde es als unzulässig angesehen, die Klagebefugnis von Umweltverbänden auf Rechtsvorschriften zu beschränken, die Rechte Einzelner begründen. Auch im Rahmen der Begründetheitsprüfung wird eine derartige Beschränkung als unzulässig angesehen. Im Übrigen, also bei einzelnen Klägerinnen und Klägern, wird die Beschränkung auf die Geltendmachung objektiver Rechte jedoch als zulässig angesehen.

---

17 Dahingehend wurde in der Literatur mitunter von einer drohenden „Revolution“ gesprochen, vgl. Ludwigs, Bausteine des Verwaltungsrechts auf dem Prüfstand des EuGH, NJW 2015, 3484.

18 Der EuGH folgte in seinem Urteil der Auffassung von Kommission und Generalanwalt nur zum Teil. Die Rügen bezüglich der Unzulässigkeit einer Beschränkung des zeitlichen Geltungsbereichs von Art. 11 RL 2011/92/EU und Art. 25 RL 2010/75/EU hielt der EuGH für begründet und erklärte die Übergangsvorschriften in § 5 I, IV UmwRG für unionsrechtswidrig, EuGH, a. a. O., (Fn. 5), NVwZ 2015, 1665, Rn. 90 ff. Der Generalanwalt Wathelet hatte sich in seinen Schlussanträgen v. 21.05.2015 der Sichtweise der Kommission vollumfänglich angeschlossen, vgl. GA Wathelet, Schlussanträge v. 21.05.2015, Rechtssache – C-137/14 –.
Europäische Kommission gegen Bundesrepublik Deutschland, http://curia.europa.eu/juris/document/document.jsf?text=&docid=164330&pageIndex=0&doclang=DE&mode=lst&dir=&occ=first&part=1&cid=166155 (Stand 25.02.2016).

4 UVP-Fehler vor den EuGH-Entscheidungen

4.1 Grundstrukturen der UVP

Die 1985 erfolgte Einführung der UVP durch eine inzwischen mehrfach geänderte Richtlinie[19] ist kennzeichnend für die Verfahrensorientierung des europäischen Rechts. Die Richtlinie umfasst Vorgaben für enumerativ aufgezählte Genehmigungs- und Planfeststellungsverfahren,[20] um im Sinne einer wirksamen Umweltvorsorge Auswirkungen von bestimmten Vorhaben auf Umwelt und Gesundheit frühzeitig und umfassend zu ermitteln, zu beschreiben und zu bewerten. Die Ergebnisse der durchgeführten Prüfungen sind bei allen behördlichen Entscheidungen über die Zulässigkeit von Vorhaben so früh wie möglich zu berücksichtigen.[21]

Unmittelbare Rechtsfolgen legten die Richtlinie und ihr folgend das deutsche UVP-Gesetz nicht fest. Eine sog. Nulloption, also die Unzulässigkeit bestimmter Maßnahmen als Ergebnis der UVP, konnte im Entstehungsprozess nicht durchgesetzt werden.[22] Neu war an der UVP für Deutschland nicht der Verfahrensschutz an sich, wohl aber seine von den materiellen Strukturen zunächst einmal unabhängige Stellung. Es wurde deshalb vor der Umsetzung der UVP-Richtlinie in Deutschland auch diskutiert, ob überhaupt ein eigenes Gesetz nötig sei oder aber eine Ergänzung der schon bestehenden Verfahrensvorschriften in den einzelnen Fachgesetzen ausreiche.[23]

---

19 Vgl. Richtlinie 85/337/EWG des Rates (ABl. L 175 v. 05.07.1985, S. 40); Richtlinie 97/11/EG des Rates (ABl. L 73 v. 14.03.1997, S. 5); Richtlinie 2003/35/EG des Europäischen Parlaments und des Rates (ABl. L 156 v. 25.06.2003, S. 17); Richtlinie 2009/31/EG des Europäischen Parlaments und des Rates (ABl. L 140 v. 05.06.2009, S. 114); Richtlinie 2011/92/EU des Europäischen Parlaments und des Rates v. 13.12.2011 (ABl. L 26 v. 28.01.2012); Kopp/Ramsauer, VwVfG, § 63 Rn. 16 m. w. N. S. zur Entwicklung etwa Kment, in: Hoppe, UVPG, 3. Aufl., 2007, Vorb. Rn. 1 ff.; Peters/Balla, UVPG, 3. Aufl., 2006, Einleitung Rn. 3 f.

20 Ursprünglich konnten eine Reihe von Verfahren nach Maßgabe von Art. 4 II i. V. m. Anhang 2 der Ursprungsrichtlinie 85/337/EWG, AblEG 1985 Nr. L 175, S. 40, zunächst durch die Mitgliedstaaten einer Vorprüfung zur Notwendigkeit einer UVP unterworfen werden. Vgl. dazu Kokott/Sobotta, Das BVerwG und das europäische Umweltrecht, NVwZ-Beilage 2013, 48, 50 f. m. w. Nachw.

21 Zur Zwecksetzung vgl. auch § 1 UVPG.

22 Peters/Balla, a. a. O., (Fn. 19), Einleitung Rn. 15.

23 Kment, a. a. O., (Fn. 19), Vorb. Rn. 34 ff.

Zur Umsetzung wurde ein eigenständiges UVP-Gesetz erlassen und die UVP als unselbständiger Bestandteil in die jeweiligen verwaltungsbehördlichen Zulassungsverfahren integriert.[24] Maßgeblich ist insoweit das jeweilige Fachrecht.[25]

Rechtsschutz gegen UVP-Fehler kann in der Folge in Deutschland bislang grundsätzlich nur indirekt erlangt werden, nämlich im Rahmen von Rechtsmitteln gegen die Entscheidung, in die die UVP integriert wurde. In der Rechtsprechung wurde insoweit auf § 46 VwVfG abgestellt.[26] Verfahrensfehler sind nach dieser Norm nur dann beachtlich, wenn zumindest die Möglichkeit besteht, dass die Entscheidung ohne Verfahrensfehler anders ausgefallen wäre.[27] Eine Aufhebung kommt dagegen dann nicht in Betracht, wenn offensichtlich ist, dass der Fehler die Entscheidung in der Sache nicht beeinflusst hat.

Eine gerichtliche Geltendmachung setzte dabei bislang jeweils voraus, dass möglicherweise subjektive Rechte verletzt sind. Dies ist regelmäßig nur dann der Fall, wenn die verletzten Verfahrensvorschriften gerade der Sicherung materieller Rechte dienen.[28] Inwieweit aus dem UVP-Verfahren Drittschutz abgeleitet werden kann und ob Entscheidungen bereits allein wegen eines Verfahrensfehlers aufzuheben sind, war lange Zeit umstritten.[29]

24 S. § 2 I UVPG, dort finden sich auch Vorgaben zum Untersuchungsumfang.

25 Vgl. nur Kopp/Ramsauer, a. a. O., (Fn. 19), § 63 Rn. 19.

26 Vgl. nur BVerwG, Urt. v. 13.12.2007 – 4 C 9/06 – NVwZ 2008, 563, 566 f.; BVerwG, Urt. v. 16.10.2008 – 4 C 5/07 – NVwZ 2009, 459, 463. Dagegen Gassner, Unterlassene UVP – Umwandlung eines Militärflugplatzes in einen Verkehrsflughafen, NVwZ 2008, 1203, 1204 f. m. w. Nachw.

27 S. nur BVerwG, Urt. v. 25.01.1996 – 4 C 5/95 – BVerwGE, 100, 238, 253.

28 Kritisch zur deutschen Rechtsprechung zu den sog. relativen Verfahrensfehlern Schlacke, Zur fortschreitenden Europäisierung des (Umwelt-)Rechtsschutzes, NVwZ 2014, 11, 15 m. w. N.

29 Zum Meinungsstand s. Kopp/Ramsauer, a. a. O., (Fn. 19), § 64 Rn. 31.

In der Lit. wurde das Vorliegen von subjektiven Rechten insoweit bejaht,[30] von der Rechtsprechung des BVerwG[31] dagegen abgelehnt.

4.2 Modifikation durch Umweltrechtsbehelfsgesetz

Im Zuge der Umsetzung der von der Aarhus-Konvention geforderten verbesserten Überprüfung umweltrechtlicher Entscheidungen wurde die UVP-Richtlinie 85/337 durch die Richtlinie 2003/35/EG ergänzt durch einen neuen Art. 10a.[32] In Deutschland wurde vor diesem Hintergrund das UmwRG erlassen.[33]

Für Fehler bei der Anwendung von Verfahrensvorschriften legte das Gesetz in § 4 Abs. 1 UmwRG fest, dass eine Aufhebung einer Entscheidung über ein UVP-pflichtiges Vorhaben nur dann verlangt werden kann, wenn entweder eine UVP oder eine erforderliche Vorprüfung im Einzelfall nicht durchgeführt worden und auch nicht nachgeholt worden ist.[34] In der Lit. hielten dies viele für eine unzureichende Umsetzung der Richtlinie.[35]

Im Anwendungsbereich des § 4 Abs. 1 UmwRG ging gleichwohl der Verfahrensschutz über § 46 VwVfG hinaus.[36] Soweit die Fälle des § 4 Abs. 1 UmwRG betroffen waren, kam es also nicht mehr darauf an, ob die Entscheidung in

---

30 Vgl. Gärditz, Verwaltungsgerichtlicher Rechtsschutz im Umweltrecht, NVwZ 2014, 1, 2 f. m. w. Nachw.; Ziekow, Das Umwelt-Rechtsbehelfsgesetz im System des deutschen Rechtsschutzes, NVwZ 2007, 259, 264; kritisch zum deutschen Modell der Verfahrenskontrolle auch Burgi, DVBl. 2011, 1317, 1321.

31 Vgl. nur BVerwG, Beschl. v. 16.11.1998 – 6 B 110/98 – NVwZ-RR 1999, 429, 430.

32 Schon zuvor war allerdings der EuGH grundsätzlich davon ausgegangen, dass die Verletzung von UVP-Vorgaben klagbar sein muss, vgl. EuGH, Urt. v. 07.01.2004 – C 201–02 – NVwZ 2004, 593, Rn. 54 ff.

33 Entwurf eines Gesetzes über ergänzende Vorschriften zu Rechtsbehelfen in Umweltangelegenheiten nach der EG-Richtlinie 2003/35/EG (Umwelt-Rechtsbehelfsgesetz), BR-Drs. 552/06, S. 7 ff.

34 Schon im Gesetzgebungsverfahren war die Vorschrift umstritten. Vgl. dazu Böhm, Die gerichtliche Kontrolle von UVP-Fehlern, in: Ziekow (Hrsg.), Aktuelle Probleme des Luftverkehrs-, Planfeststellungs- und Umweltrechts 2014, 65, 72 f.

35 S. nur Kment, a. a. O., (Fn. 19), Vorb. Rn. 77; Schlacke, in: Gärditz (Hrsg.), VwGO Kommentar, 2013, § 4 UmwRG, Rn. 44 ff.

36 Vgl. dazu nur Balensiefen, Umwelt-Rechtsbehelfsgesetz, 2013, § 4 Rn. 1 unter Verweis auf die Begründung des Regierungsentwurfs, BR-Drs. 552/06, S. 25.

der Sache durch den Fehler beeinflusst wurde oder nicht. Vorbehaltlich einer Heilung[37] führte deshalb jeder Verstoß gegen § 4 Abs. 1 UmwRG zu einer Aufhebung der Genehmigungsentscheidung. Für andere UVP-Fehler blieb § 46 VwVfG dagegen maßgeblich.[38]

Das BVerwG hielt dabei an seiner ständigen Rspr.[39] fest, dass eine Klagebefugnis bei Verfahrensfehlern nur dann besteht, wenn zugleich die Verletzung einer materiellen Rechtsposition droht. Selbst nach Inkrafttreten des UmwRG sollte dies weiterhin auch für UVP-Fehler gelten.[40] Den diesbezüglichen Verfahrensanforderungen wurden nur dienende Funktionen zugeschrieben, um materielle Rechte und Belange besser durchsetzen zu können, ein eigenständiger drittschützender Charakter wurde dagegen abgelehnt.[41]

5 UVP-Fehler nach den EuGH-Entscheidungen

5.1 Geltendmachung von Verfahrensfehlern

Grundsätzlich muss nun in UVP-Verfahren jeder Verfahrensfehler geltend gemacht werden können.[42] Die Regelung des § 4 Abs. 1 UmwRG mit ihrer Beschränkung auf unterbliebene Umweltverträglichkeits- bzw. Vorprüfungen musste deshalb geändert werden. Bei der Neuregelung konnte aber berücksichtigt werden, dass der Geltendmachung von Verfahrensfehlern für den konkreten Einzelfall vom EuGH auch wichtige Grenzen gesetzt werden.

---

37 Ggfs. auf Grundlage des § 4 I 3 HS 1 UmwRG i. V. m. § 45 II VwVfG.

38 Vgl. dazu nur BVerwG, Beschl. v. 10.01.2012 – C 20/11 – NVwZ 2012, 448, Rn. 31 f.; Ogorek, Die Anfechtung von Planfeststellungsbeschlüssen durch Gemeinden nach Inkrafttreten des Umwelt-Rechtsbehelfsgesetzes, NVwZ 2010, 401, 402; Schlacke, a. a. O., (Fn. 35), § 4 UmwRG Rn. 14 ff. Weitere Nachw. zum Meinungsstand finden sich bei Fellenberg/Schiller, in: Landmann/Rohmer, Umweltrecht, 69. Ergänzungslieferung, 2013, § 4 Rn. 31. S. außerdem Balensiefen, a. a. O., (Fn. 36), § 4 Rn. 3. In der Lit. wurden weitere Vorschriften als generell drittschützend angesehen. Vgl. nur Ziekow, a. a. O., (Fn. 30).

39 Grundlegend BVerwG, Urt. v. 22.12.1980 – 7 C 84/78 – BVerwGE 61, 257, 275.

40 Vgl. BVerwG, Urt. v. 20.12.2011 – 9 A 30/10 –, Rn. 19 ff.

41 Für die Zeit vor Inkrafttreten des UmwRG s. nur BVerwG, Beschl. v. 16.11.1998 – 6 B 110/98 – NVwZ-RR 1999, 429, 430; Siehe auch Fellenberg/Schiller, a. a. O., (Fn. 38), § 4 Rn. 46 m. w. N.

42 EuGH, Urt. v. 07.11.2013, a. a. O., (Fn. 1), Rn. 48.

5.2 Einschränkungen

Ausdrücklich stellt der EuGH zwar in der Altrip-Entscheidung fest:

„Jedenfalls wollte er (gemeint ist der Unionsgesetzgeber) die Möglichkeit, einen Verfahrensfehler geltend zu machen, nicht an die Voraussetzung knüpfen, dass dieser Fehler Auswirkungen auf den Inhalt der angegriffenen endgültigen Entscheidung hatte.“[43]

Gleichwohl wollte er nicht wegen jedes denkbaren Verfahrensfehlers eine Aufhebung der Behördenentscheidung ermöglichen. In der Praxis hätte dies wichtige Vorhaben- und Planungsentscheidungen verzögert, vielleicht sogar unmöglich gemacht.

Vielmehr hielt es der Gerichtshof für zulässig, dass nach dem nationalen Recht eine Rechtsverletzung i. S. d. Art. 10a Buchst. b nicht vorliegt, wenn im konkreten Einzelfall auch ohne den geltend gemachten Verfahrensfehler die angegriffene Entscheidung nicht anders ausgefallen wäre.[44] Europarechtlich ist es also grundsätzlich nicht zu beanstanden, dass nach nationalem Recht eine Rechtsverletzung nur dann vorliegt, wenn ein Verfahrensfehler sich auch im Ergebnis auf den Inhalt einer Entscheidung auswirkt.[45]

5.3 Beweislastumkehr

Allerdings erfährt dieser Grundsatz sogleich wieder eine Einschränkung, indem letztlich eine Beweislastumkehr verlangt wird. Der EuGH moniert nämlich, dass in Deutschland der Rechtsbehelfsführer eine Rechtsverletzung belegen muss, indem er nachzuweisen hat, dass nach den Umständen des Einzelfalls eine Entscheidung ohne den Verfahrensfehler möglicherweise anders ausgefallen wäre. Die Auferlegung der Beweislast aber kann danach die Ausübung von durch die RL 85/337 zugestandenen Rechten wegen der Komplexität von UVP-Verfahren und ihrem weitgehend technischen Charakter übermäßig erschweren.[46] Deshalb darf dem Beschwerdeführer nach der Altrip-Entscheidung des EuGH in keiner Form eine Beweislast auferlegt

43 Ebenda, Rn. 47.
44 Ebenda, Rn. 51.
45 Ebenda, Rn. 49 ff.
46 Ebenda, Rn. 52 ff.

werden. Eine Rechtsverletzung i. S. d. Art. 10a kann demnach nur dann verneint werden, wenn das Gericht oder die zur Entscheidung zuständige Stelle allein auf Grundlage der vorliegenden Unterlagen feststellen kann, dass die angegriffene Entscheidung ohne den geltend gemachten Verfahrensfehler nicht anders ausgefallen wäre.

Zu berücksichtigen sind nach der Altrip-Entscheidung im Übrigen zum einen die Schwere des Fehlers und zum anderen das Betroffen sein von den durch die Richtlinie 84/337 geschaffenen Garantien für die betroffene Öffentlichkeit zum Zugang zu Informationen und zur Beteiligung am Entscheidungsprozess.

In seiner Entscheidung vom 15. Oktober 2015 stellt der EuGH wiederum darauf ab, dass die Beschränkung des Aufhebungsanspruchs in § 4 Abs. 1 UmwRG auf Fälle einer unterbliebenen UVP gegen Art. 11 RL 2011/92/EU verstoße.[47]

Gleichwohl erkannte auch er an, dass nicht jeder Verfahrensfehler zwangsläufig zu einem Aufhebungsanspruch desjenigen führe, welcher diesen geltend mache. Vielmehr wird das Kausalitätserfordernis des § 46 VwVfG grundsätzlich gebilligt, wobei der EuGH forderte, dass die (materielle) Beweislast nicht dem Rechtsbehelfsführer obliegen dürfe.[48]

Trotz abweichender Formulierungen ging der EuGH in seinen Aussagen im Hinblick auf Verfahrensfehler damit nicht über das Altrip-Urteil hinaus. Ein zusätzlicher Änderungsbedarf des deutschen Rechts wurde jedenfalls insoweit folglich nicht begründet.[49]

5.4 Rechtsschutz

Fragt man danach, ob Verfahrensfehler nur durchgreifen, wenn eine materielle Rechtsposition betroffen ist, dann ist letztlich die Frage nach dem Umfang der Klagebefugnis angesprochen. Deren Ausgestaltung liegt grundsätzlich im Gestaltungsspielraum der Mitgliedstaaten, wenn auch wiederum

47 Vgl. EuGH, a. a. O., (Fn. 5), NVwZ 2015, 1665, Rn. 47 ff.

48 Ebenda, Rn. 54 ff.; Siehe auch EuGH, Urt. v. 07.11.2013, a. a. O., (Fn. 1), Rn. 51 ff.

49 Fellenberg, Weiter frischer Wind aus Luxemburg – Zu den Klagemöglichkeiten im Umweltrecht, NVwZ 2015, 1721, 1722.

wegen des Effektivitätsgrundsatzes mit den entsprechenden europarechtlichen Modifizierungen.[50]

In seinem Urteil vom 15. Oktober 2015 wies der EuGH die Rüge hinsichtlich eines Verstoßes von § 113 Abs. 1 1 VwGO gegen Art. 11 RL 2011/92/EU und Art. 25 RL 2010/75/EU zurück. Begründet wurde dies mit dem im jeweiligen Absatz 3 der beiden Richtlinienbestimmungen verankerten Recht der Mitgliedstaaten, zu bestimmen, was als Rechtsverletzung gelten solle.[51] Das Europarecht stehe daher nicht grundsätzlich der Anbindung des Rechtsschutzes an eine Verletzung eines subjektiven Rechts entgegen. Der EuGH schränkte diese Aussage jedoch auf den Rechtsschutz Einzelner ein. Umweltverbände müssten Rechtsverstöße unabhängig vom Vorliegen einer subjektiven Rechtsverletzung rügen können, vgl. § 2 Abs. 5 UmwRG.[52]

Hätte diese Rüge in vollem Umfang Erfolg gehabt, hätte dies weitgehende Konsequenzen nach sich gezogen. Die Beschränkung der gerichtlichen Prüfung einer zulässigen Klage von natürlichen und juristischen Person auf Normen, welche Rechte Einzelner begründen, wäre im Anwendungsbereich der RL 2011/92/EU und der RL 2010/75/EU nicht mehr möglich gewesen, es wäre in diesem Bereich zu einem „Abschied“ vom subjektiven öffentlichen Recht gekommen mit der Folge, dass die Verwaltungsgerichte die Einhaltung sämtlicher Verfahrensvorschriften und materiell-rechtlicher Bestimmungen hätten kontrollieren müssen.[53]

Künftig erhält damit die Rolle der Verbände ein stärkeres Gewicht, wenn es um die Anfechtung von Behördenentscheidungen wegen weniger schwer wiegender UVP-Mängel geht. Mit einer Individualklage kann nicht erreicht

---

50 Ausführlich diskutiert wurde die Frage auf der GfU-Jahrestagung 2013. Kokott/Sobotta, Rechtsschutz im Umweltrecht – Weichenstellungen in der Rechtsprechung des Gerichtshofs der Europäischen Union, DVBl. 2014, 132 ff.; Epiney, Verwaltungsgerichtlicher Rechtsschutz im Umweltrecht im Rechtsvergleich, NVwZ 2014, 465 ff.; Gärditz, Verwaltungsgerichtlicher Rechtsschutz im Umweltrecht, NVwZ 2014, 1 ff.; aus der EuGH-Rspr. vgl. nur Urt. v. 08.03.2011 – C-240/09 – slowakischer Braunbär, NVwZ 2011, 673, 675, Rn. 48.

51 Vgl. EuGH, Urt. v. 15.10.2015, a. a. O., (Fn. 5), NVwZ 2015, 1665, Rn. 31.

52 Ebenda, Rn. 33.

53 Vgl. Ludwigs, Bausteine des Verwaltungsrechts auf dem Prüfstand des EuGH, NJW 2015, 3484, 3485. Ebenso Frenz, Umweltklagen weiter effektuiert: Subjektive Rechte, Präklusion und Entscheidungserheblichkeit von Verfahrensfehlern NuR 2015, 832, 833.

werden, dass die Verwaltungsgerichte auch prüfen, ob die Behörden Vorschriften mit lediglich objektiv-rechtlichem Charakter eingehalten haben; eine derart umfassende gerichtliche Kontrolle ist nur in einem Verbandsklageverfahren nach § 2 UmwRG eröffnet.[54]

5.5 Materielle Präklusion nach § 2 Abs. 3 UmwRG sowie § 73 Abs. 4 3 VwVfG

Der EuGH ging in seiner Entscheidung v. 15. Oktober 2015 außerdem davon aus, dass die materielle Präklusion nach § 2 Abs. 3 UmwRG sowie § 73 Abs. 4 3 VwVfG gegen Art. 11 RL 2011/92/EU und Art. 25 RL 2010/75/EU verstößt. Er begründete dies mit dem Richtlinienziel, welches „nicht nur darin besteht, den rechtsuchenden Bürgern einen möglichst weitreichenden Zugang zu gerichtlicher Überprüfung zu geben, sondern auch darin, eine umfassende materiell-rechtliche und verfahrensrechtliche Kontrolle der Rechtmäßigkeit der angefochtenen Entscheidung zu ermöglichen“.[55] Zugleich machte er jedoch deutlich, dass „der nationale Gesetzgeber [zur Gewährleistung der Wirksamkeit des gerichtlichen Verfahrens] spezifische Verfahrensvorschriften vorsehen [kann], nach denen z. B. ein missbräuchliches oder unredliches Vorbringen unzulässig ist“. Betont wurden also die den Mitgliedstaaten verbleibenden Handlungsspielräume.[56]

In der Literatur wird diesen Maßgaben des EuGH eine weitreichende Wirkung auch für die Praxis zugesprochen, vor allem hinsichtlich einer größeren Relevanz der Öffentlichkeitsbeteiligung.[57] Damit können die beanstandeten Präklusionsvorschriften mit dem jetzigen Inhalt nicht beibehalten werden, soweit sie Rechtsbehelfe i. S. d. RL 2011/92/EU und der RL 2010/75/EU einschränken. In Bereichen, welche nicht durch diese Richtlinien überlagert

54 Vgl. Bunge, NuR 2016, 11, 21.
55 EuGH, a. a. O., (Fn. 5), NVwZ 2015, 1665, Rn. 80.
56 Ebenda, Rn. 81.
57 Bunge, a. a. O., (Fn. 54), 11, 19 f.; Fellenberg, a. a. O., (Fn. 49), 1721, 1723; Sinner, Ein Meilenstein für die UVP?, UPR 2016, 7, 9 ff.; Storost, Anmerkung zu einer Entscheidung des EuGH vom 15.10.2015 (C-137/14), UPR 2016, 36, 37.

werden, hat der nationale Gesetzgeber weiterhin die Möglichkeit, Präklusionsnormen vorzusehen.[58]

Die Auswirkungen der Entscheidung werden unterschiedlich eingeschätzt. *Frenz* bewertet die Maßgaben als einen „weiteren Schritt zur Effektivierung der klageweisen Durchsetzung von Umweltschutzstandards“ zumindest bei Projekten mit einer UVP-Pflicht.[59] Nach *Bunge* kann damit die Qualität des Verwaltungsverfahrens erhöht und die Öffentlichkeits- und Verbändebeteiligung gestärkt werden.[60] Laut *Fellenberg* wird das Verfahren der Öffentlichkeits- und Verbändebeteiligung aufgrund des Wegfalls der Präklusionsnormen „geschwächt, aber nicht bedeutungslos“.[61] Auch *Bunge* gesteht ein, dass die Zulassung von Projekten in Zukunft für die Vorhabenträger und die Behörden mit einem Mehraufwand verbunden sei, etwa aufgrund der Notwendigkeit umfangreicherer Gutachten.[62] Zu Recht hat Berkemann darauf hingewiesen, dass viele der Beanstandungen vorhersehbar waren.[63]

5.6 Zwischenfazit

Insgesamt haben die Urteile des EuGH die Klagerechte von Umweltverbänden und Einzelpersonen gegen UVP-pflichtige Vorhaben deutlich gestärkt. Das Grundsystem des verwaltungsgerichtlichen Rechtsschutzes in Deutschland auf Grundlage der subjektiv-öffentlichen Rechte bleibt aber erhalten.[64] Wenn auch erneute Anpassungen im deutschen Verwaltungsrechtssystem erforderlich sind, ist eine „Revolution“ daher ausgeblieben.[65] Durch Reform des § 4 UmwRG im November 2015 hat der deutsche Gesetzgeber

58 Bunge, ebenda, 11, 16 ff.; Zeissler/Schmitz, Das Urteil des EuGH vom 15.10.2015 in der Rechtssache C-137/14 als Ende der umweltrechtlichen Präklusion?, UPR 2016, 1, 4 ff.

59 Frenz, a. a. O., (Fn. 53), 832, 833; vgl. außerdem zu Recht kritisch Berkemann, Querelle d’Allemand. Deutschland verliert die dritte Runde im Umweltverbandsrecht vor dem EuGH, DVBl. 2016, 205 ff.; Sinner, a. a. O., (Fn. 57), 7 ff. und Beier, Paukenschlag aus Luxemburg? Die gerichtliche Überprüfung von Zulassungsentscheidungen für UVP-pflichtige Projekte, UPR 2016, 48 ff.

60 Vgl. Bunge, a. a. O., (Fn. 54), 11, 16 ff., 21.

61 Fellenberg, a. a. O., (Fn. 49), 1721, 1724 m. w. N.

62 Bunge, a. a. O., (Fn. 54), 11, 21 m. w. N.

63 Berkemann, a. a. O., (Fn. 59), 205 f.

64 Frenz, a. a. O., (Fn. 53).

65 Ludwigs, a. a. O., (Fn. 17).

die Maßgaben hinsichtlich Fehlern bei der UVP bereits umgesetzt (siehe dazu unten). Eine weitere Änderung hinsichtlich der Präklusionsnormen ist erforderlich.[66]

6 BVerwG, Urteil vom 22. Oktober 2015 – 7 C 15.13 –

Das BVerwG hat in seinem Urteil vom 22. Oktober 2015 das Urteil des OVG Rheinland-Pfalz vom 12. Februar 2009, OVG 1 A 10722/08, aufgehoben und den Rechtsstreit um die Rechtmäßigkeit eines wasserrechtlichen Planfeststellungsbeschlusses des Landes Rheinland-Pfalz zur anderweitigen Verhandlung und Entscheidung an das OVG Rheinland-Pfalz zurückverwiesen. Dieses muss jetzt prüfen, ob die von den Klägern geltend gemachten Defizite der UVP vorliegen und die Aufhebung des Planfeststellungsbeschlusses zur Folge haben.

Das BVerwG machte in Anknüpfung an die Altrip-Entscheidung des EuGH deutlich, dass das UmwRG in zeitlicher Hinsicht auch auf Planfeststellungsverfahren anzuwenden ist, welche vor dem 25. Juni 2005 eingeleitet worden waren, in denen der Planfeststellungsbeschluss aber erst nach diesem Zeitpunkt erlassen wurde. Insoweit wird § 5 Abs. 1 UmwRG als unionsrechtswidrig qualifiziert.[67] In seiner neuen Fassung wird deren Erfordernis nun Rechnung getragen.

Die Rechtsfolge des § 4 Abs. 1 UmwRG muss in unionsrechtskonformer Auslegung auf solche Fehler der UVP erstreckt werden, die nach ihrer Art und Schwere den in § 4 Abs. 1 1 UmwRG genannten Fehlern vergleichbar sind, vor allem weil sie der betroffenen Öffentlichkeit die Möglichkeit des Zugangs zu den auszulegenden Unterlagen sowie der Beteiligung am Entscheidungsprozess nehmen. Von den tatsächlichen Feststellungen des OVG Rheinland-Pfalz ausgehend könne nicht ausgeschlossen werden, dass den Klägern ein Anspruch nach § 4 Abs. 1, Abs. 3 UmwRG auf Aufhebung des Planfeststellungsbeschlusses zustehe.[68]

---

66 Bunge, a. a. O., (Fn. 54). Ferner ist geplant, das UmwRG umfassend zu reformieren, auch zur Umsetzung der Vorgaben von Art. 9 III der Aarhus-Konvention.
67 Vgl. BVerwG, a. a. O., (Fn. 7), NVwZ 2016, 308, Rn. 18 ff.
68 Ebenda, Rn. 21 ff.

Fernerhin verstoße, wie der EuGH im Urteil vom 15. Oktober 2015 festgestellt habe, der Ausschluss von Einwendungen i. S. d. § 73 Abs. 4 S. 3 VwVfG gegen Art. 11 RL 2011/92/EU.[69]

Obwohl nun der EuGH in seinem Urteil vom 15. Oktober 2015 nicht davon ausgegangen war, dass immer auch die Verletzung eines materiellen Rechts erforderlich ist, verschärfte das BVerwG die diesbezüglichen Anforderungen.[70] Auch das Fehlen materieller subjektiver Rechte steht demnach einem Aufhebungsanspruch nicht von vornherein entgegen. Ob § 113 Abs. 1 S. 1 VwGO gegen Europarecht verstößt, ist demnach nicht maßgeblich. Für die Durchführung von Umweltverträglichkeitsprüfungen geht nach Auffassung des BVerwG vielmehr § 4 Abs. 3 UmwRG vor. Damit habe der nationale Gesetzgeber es ermöglicht, dass Beteiligte nach § 61 Nr. 1 und 2 VwGO unabhängig vom Vorliegen einer materiellen Rechtsposition erfolgreich klagen können. Die Verletzung eigener Rechte ist für die Begründetheit einer Klage demnach nicht erforderlich.

7 Reform des UmwRG

Im November 2015 wurde das UmwRG reformiert, um den im EuGH-Urteil vom 7. November 2013, C-72/12, aufgestellten Maßgaben Genüge zu tun.[71]

Geändert wurde § 4 UmwRG. Der Kreis absoluter Verfahrensfehler in § 4 Abs. 1 UmwRG wurde ausgeweitet. Entscheidungen über die Zulässigkeit

---

69 Ebenda, Rn. 25 ff.

70 Ebenda, Rn. 23. In seiner Altrip-Entscheidung (Rn. 55 f.) hatte der EuGH ebenfalls das Kriterium der Beeinträchtigung einer materiellen Rechtsposition des Beschwerdeführers angesprochen. Das BVerwG hatte in der Vorlagefrage 3 im Altrip-Verfahren auch danach gefragt, ob eine Aufhebung nur dann in Betracht komme, wenn durch den Verfahrensfehler zugleich eine dem Kläger zustehende Rechtsposition betroffen ist. Nähere Ausführungen dazu fehlen jedoch. Der EuGH stellte deshalb darauf ab, er könne den Gründen der Vorlageentscheidung nicht entnehmen, ob die Prüfung des Kriteriums für die Entscheidung des konkreten Rechtsstreits zweckdienlich wäre. Insoweit bestehe kein Anlass zur Äußerung. Vgl. aber Kokott/Sobotta, a. a. O., (Fn. 50). Zur Problematik s. a. die Schlussanträge des Generalanwalts Pedro Cruz Villalón v. 20.06.2013 im Altrip-Verfahren, Rn. 84 ff.; außerdem die Stellungnahme der EU-Kommission v. 26.04.2013 im Vertragsverletzungsverfahren gegen die Bundesrepublik Deutschland, Nr. 2007/4267.

71 Vgl. BGBl. I S. 2069, Gesetz zur Änderung des UmwRG zur Umsetzung des Urteils des EuGH v. 07.11.2013, C-72/12.

bestimmter Vorhaben müssen nun auch aufgehoben werden, wenn die erforderliche Öffentlichkeitsbeteiligung nach § 9 UVPG oder § 10 BImSchG weder durchgeführt noch nachgeholt wurde (Nr. 2) oder ein anderer Verfahrensfehler vorliegt, der nicht geheilt wurde, nach seiner Art und Schwere den zuvor genannten Fällen vergleichbar ist und der betroffenen Öffentlichkeit die Möglichkeit der gesetzlich vorgesehenen Beteiligung am Entscheidungsprozess genommen hat (Nr. 3). Der neue § 4 Abs. 1 a UmwRG ordnet an, dass für solche (relativen) Verfahrensfehler, die nicht unter Absatz 1 fallen, § 46 VwVfG gilt. Im Fall einer Unaufklärbarkeit der Fehlerkausalität wird die Beeinflussung der Sachentscheidung ausdrücklich vermutet.

Welche Verfahrensfehler müssen in diesem Rahmen nun überprüft werden können? Anknüpfen kann man an in der deutschen Literatur bereits angesprochene Fehler:[72]

- Bei der Bekanntmachung zu Beginn des Beteiligungsverfahrens (§ 9 UVPG).
- Bei der Auslegung der Unterlagen zur Einsicht für die Öffentlichkeit (§ 9 Ib UVPG).
- Bei der öffentlichen Bekanntmachung der Zulassungsentscheidung (§ 9 II UVPG).
- Bei der zusammenfassenden Darstellung der Umweltauswirkungen (§ 11 UVPG).
- Bei der Unterlassung einer Vorprüfung (§ 3a UVPG).
- Bei deren unzureichender Dokumentation (§ 3c UVPG).

Auf den ersten Blick sind insoweit die Unterschiede beispielsweise zur Beachtlichkeit von Fehlern bei der Bauleitplanung nach §§ 214 f. BauGB nicht sehr groß. Ob diese aber unionsrechtlich unbedenklich sind, ist ebenfalls umstritten.

Unberücksichtigt bleiben im UmweltR die Maßgaben bezüglich der materiellen Präklusionsvorschrift in § 2 Abs. 3 UmwRG. Das EuGH-Urteil vom 15. Oktober 2015 war bei Ausarbeitung der Gesetzesreform noch nicht gesprochen.

72 Aufzählung nach Fellenberg/Schiller, a. a. O., (Fn. 38), § 4 Rn. 32; vgl. auch Schlacke, a. a. O., (Fn. 28).

8 Zusammenfassung und Ausblick

Das nationale Umwelt(verfahrens)recht hat mit den behandelten EuGH-Entscheidungen weitreichende Modifikationen erfahren. Als Konsequenz muss eine konkrete Verwaltungsverfahrensfehlerlehre entwickelt werden. Bei nicht absoluten Verfahrensfehlern wird in der Praxis zukünftig der Begründungsaufwand der Behörde größer.[73] Damit die Vermutungswirkung nicht greift, empfiehlt es sich, insbesondere für eine möglichst gute Dokumentation der vorgenommenen Informations- und Aufklärungsschritte zu sorgen und die Transparenz des Behördenhandelns weiter zu erhöhen.

Bei nicht absoluten Verfahrensfehlern wird in der Praxis zukünftig der Begründungsaufwand der Behörde größer. Damit die Vermutungswirkung nicht greift, empfiehlt es sich, insbesondere für eine möglichst gute Dokumentation der vorgenommenen Informations- und Aufklärungsschritte zu sorgen und die Transparenz des Behördenhandelns weiter zu erhöhen.

Die Ausweitung der Klagerechte für Verbände und der Wegfall der Präklusion stellt die Behörden und Gerichte ebenfalls vor Herausforderungen. Die Auswirkungen bleiben abzuwarten. Durch den Wegfall der Präklusion bei UVP-pflichtigen Verfahren entfallen wichtige Abschichtungsmöglichkeiten. Die Behördenarbeit wird schwerer, die Projektträger werden sich noch mehr als bisher überlegen, ob sie sich auf ein Verfahren überhaupt einlassen wollen. Weitere Verurteilungen durch den EuGH sind zu befürchten.[74] Das Aarhus Compliance Committee hält die Ausweitung der Klagebefugnisse für Umweltverbände auch auf nicht dem Umweltschutz dienende Vorschriften für erforderlich. Aufgezeigt wird außerdem der in § 4 Abs. 2 UmwRG enthaltene pauschale Verweis auf §§ 214 f. BauGB und ob insbesondere die in § 215 Abs. 1 BauGB enthaltene Präklusion unionsrechtskonform ist. Schließlich ist die UVP-Änderungsrichtlinie 2011/92/EU bis zum 15. Mai 2017 umzusetzen.[75] Ob unter dem Strich tatsächlich mehr an Umweltschutz erreicht werden kann, muss sich erst noch zeigen.

---

73 In diesem Sinne auch BVerwG, Urt. v. 21.01.2016 – 4 A5.14 – (Presseerklärung, Urteilsbegründung lag jedenfalls am 22.04.2016 noch nicht vor).

74 Vgl. zu Anforderungen Berkemann, a. a. O., (Fn. 59).

75 S. nur Mitschang, Umsetzung der UVP-Änderungsrechtlinie in: ders. (Herausg.), Update: Aktuelle Anforderungen des Umweltschutzes in der Bauleitplanung, 2016, 255 ff.

Autorenverzeichnis

Dr. Matthias Blessing, LOH Rechtsanwälte, Berlin
Prof. Dr. Monika Böhm, Philipps-Universität Marburg
Dr. Stephan Gatz, Richter am Bundesverwaltungsgericht, Leipzig
Prof. Dr. Stephan Mitschang, Technische Universität Berlin
Prof. Dr. Christian-W. Otto, Technische Universität Berlin
Helmut Petz, Richter am Bundesverwaltungsgericht, Leipzig
Prof. Dr. Olaf Reidt, Rechtsanwalt, Redeker Sellner Dahs, Berlin
Jens Saurenhaus, Vorsitzender Richter am OVG Nordrhein-Westfalen, Münster
Prof. Dr. Alexander Schink, Staatssekretär a. D., Technische Universität Berlin
Dr. Wolfgang Schrödter, Hauptgeschäftsführer Nieders. Städtetag a. D., Rechtsanwalt, Wedemark
Dr. Tim Schwarz, Bezirksamt Mitte von Berlin
Dr. Joachim Tepperwien, Richter am Nieders. Oberverwaltungsgericht, Lüneburg

Berliner Schriften zur Stadt- und Regionalplanung

Herausgegeben von Stephan Mitschang

Band 1 Stephan Mitschang (Hrsg.): Umweltprüfverfahren in der Stadt- und Regionalplanung. 2006.

Band 2 Stephan Mitschang (Hrsg.): Stadt- und Regionalplanung vor neuen Herausforderungen. 2007.

Band 3 Stephan Mitschang (Hrsg.): Flächennutzungsplanung – Aufgabenwandel und Perspektiven. 2007.

Band 4 Stephan Mitschang (Hrsg.): BauGB-Novelle 2007. Neue Anforderungen an städtebauliche Planungen und die Zulassung von Vorhaben. 2008.

Band 5 Stephan Mitschang (ed. / Hrsg.): Soil Protection Law in the EU. Bodenschutzrecht in der EU. 2008.

Band 6 Stephan Mitschang (Hrsg.): Innenentwicklung – Fach- und Rechtsfragen. 2008.

Band 7 Stephan Mitschang (Hrsg.): Klimaschutz und Energieeinsparung in der Stadt- und Regionalplanung. 2009.

Band 8 Stephan Mitschang (Hrsg.): Fach- und Rechtsprobleme der Baunutzungsverordnung. 2009.

Band 9 Stephan Mitschang (Hrsg.): Aktuelle Fach- und Rechtsfragen des Lärmschutzes. Bauleitplanung, Fachplanung und Zulassung von Bauvorhaben. 2010.

Band 10 Stephan Mitschang / Gerd Schmidt-Eichstaedt (Hrsg.): Die Umweltprüfung in der Regionalplanung. 2010.

Band 11 Ulrich Battis / Jens Kersten / Stephan Mitschang: Rechtsfragen der ökologischen Stadterneuerung. 2010.

Band 12 Stephan Mitschang (ed. / Hrsg): Energy Efficiency and Renewable Energies in Town Planning Law. Energieeffizienz und Erneuerbare Energien im Städtebaurecht. 2010.

Band 13 Stephan Mitschang (Hrsg.): Planen und Bauen im Außenbereich. 2010.

Band 14 Stephan Mitschang (Hrsg.): Aktuelle Fragestellungen des Städtebau- und Umweltrechts –Ansatzpunkte für eine BauGB- und BauNVO-Novelle. 2011.

Band 15 Tim Schwarz: Die Umweltprüfung in gestuften Planungsverfahren. Möglichkeiten und Grenzen der Koordination und Abschichtung im Rahmen der Umweltprüfung in der Raumordnung und der Bauleitplanung. 2011.

Band 16 Stephan Mitschang (ed. / Hrsg.): Urban Planning Law under EU-Influence. Städtebaurecht unter EU-Einfluss. 2011.

Band 17 Stephan Mitschang (Hrsg.): Bauen und Naturschutz. Aktuelle Fach- und Rechtsfragen nach dem Inkrafttreten des BNatSchG 2010. 2011.

Band 18 Stephan Mitschang (Hrsg.): Gerüche, Feinstaub und Gefahrstoffe in der Bauleitplanung und bei der Zulassung von Bauvorhaben. 2011.

Band 19 Stephan Mitschang (Hrsg.): Klimagerechte Stadtentwicklung – Die neuen Regelungen der BauGB-Novelle 2011. 2012.

Band 20 Stephan Mitschang (Hrsg.): Stärkung der Innenentwicklung – BauGB-Novelle 2012/13. 2013.

Band 21 Stephan Mitschang (Hrsg.): Windenergie – Ausbau und Repowering in der Stadt- und Regionalplanung. 2013.

Band 22 Stephan Mitschang (Hrsg.): Innenentwicklung – Fach- und Rechtsfragen der Umsetzung. 2014.

Band 23 Benjamin Heyn: Lärmschutz und Innenentwicklung. Ist der Lärmschutz notwendiges Korrektiv oder störendes Hemmnis für die Innenentwicklung? 2014.

Band 24 Stephan Mitschang (Hrsg.): Konfliktfelder und aktuelle Entwicklungen bei städtebaulichen Planungen. 2014.

Band 25 Stephan Mitschang (Hrsg.): Umbau im baulichen Bestand – Fach- und Rechtsfragen. 2015.

Band 26 Stephan Mitschang (ed./Hrsg.): Privatisation of Planning Powers and Urban Infrastructure / Privatisierung von Planung und städtischen Infrastrukturen. 2015.

Band 27 Stephan Mitschang (Hrsg.): Erneuerbare Energien und Netzausbau in der räumlichen Planung. 2015.

Band 28 Stephan Mitschang (Hrsg.): UPDATE: Aktuelle Anforderungen des Umweltschutzes in der Bauleitplanung. Fach- und Rechtsfragen der Stadt- und Regionalplanung. 2016.

Band 29 Stephan Mitschang (Hrsg.): Fach- und Rechtsfragen des Bebauungsplans. 2016.

Band 30 Stephan Mitschang (Hrsg.): Fach- und Rechtsfragen des Verfahrens und der Sicherung von Bauleitplänen. 2017.

Band 31 Stephan Mitschang (Hrsg.): Schnittfelder von Bauleitplanung und raumbezogenen Fachplanungen. Fach- und Rechtsfragen in der Planungspraxis. 2017.

www.peterlang.com